ちくま学芸文庫

戦争における
「人殺し」の心理学

デーヴ・グロスマン 著
安原和見 訳

戦争における「人殺し」の心理学●目次

戦争における「人殺し」の心理学

ON KILLING by David A. Grossman

献辞

貴公子や高僧はかつらをつけた御者に戦車を操らせ、
昂然と桂冠を戴いて時代の栄華を味わう。
その足元で、見下され、見捨てられ、槍に取り囲まれた男たち。

傷だらけの軍にあって死ぬまで戦う者たち、
戦場の埃と轟音と絶叫に茫然と立ちすくむ者たち、
頭を割られ、目に流れ込む血をぬぐうこともできぬ者たち。

胸に勲章を飾った将軍たちは王に愛でられ、
意気揚々と馬にまたがり、高らかにらっぱを鳴らして行進する。
その陰で、泥にまみれて城を攻め、無名のまま死んでゆく若者たち。

だれもが美酒と富と歓楽を謳い、
堂々たる美丈夫の君主を讃えようとも

私は土と泥を謳い、埃と砂を謳おう。

だれもが音楽と豪華と栄光と黄金を愛でようとも、
私は一握の灰を、口いっぱいの泥を謳おう。
雨と寒さに手足を失い、倒れ、盲いた者どもを讃えよう。

神よ、そんな者どものことをこそ
謳わせたまえ、語らせたまえ――アーメン

ジョン・メースフィールド「神に捧ぐ」

謝辞

私は以前から戦争に興味があった。名将軍の指揮する作戦行動という意味での戦争ではない……そうではなく、戦争の実態、殺人の実際に興味があったのだ。アウステルリッツやボロディノで軍隊がどんな配置をとっていたかということより、ひとりの兵士がほかの兵士をどんなふうに、そしてどんな感情に動かされて殺すのか、そちらのほうにはるかに興味をそそられた。

レオ・トルストイ

この研究では数々の立派な男女に助けられた。この分野で私と同じ方向を見、また私の前を進んでいる多くの人々。いまここで、かれらに大きな感謝を捧げたい。

つねに変わらず支えてくれる、並外れて我慢強い妻ジーンに感謝したい。そして母サリー・グロスマンに、またわが共謀者たる父ドゥエイン・グロスマンに感謝したい。父は調査に何時間も協力してくれ、またアイデアを貸してくれた。父がいなかったらこの本を世に出すことはできなかっただろう。

アーカンソー州立大学のインディアン大隊に感謝したい。かれらは合衆国陸軍最高の予備役将校訓練部隊（ROTC）だ。このROTC幹部団の同僚たる軍人兼学者たち、アーカンソー州立大学の教職員中の親しい友人たちに感謝したい。とくにジャン・キャンプには、原稿の最終チェックと引用文の出典の確認の際にたいへんお世話になった。そしてだれより、アーカンソー州ROTCの若き幹部諸君に感謝したい。私は現在、光栄にもかれらに講義をする立場にあるが、軍人の道へかれらを導くのは私にとって大きな名誉である。ボブ・レンハート少佐、リッチ・フッカー大尉、ボブ・ハリス中佐、ドゥエイン・トゥエイ少佐／博士、そして不屈のわが同志、ハロルド・シールとエラントゥ・ヴィオヴォイドに感謝したい。同僚にして友人、そして私と信念を同じくするかれらは、何度も書き直したお粗末な原稿に辛抱強く目を通し、多くの時間と努力を費やして、執筆に協力してくれた。

また、著作権代理人のリチャード・カーティスに感謝したい。本書の誕生に尽力してくれたうえに、書きあがるまで長いあいだ辛抱強く待っていてくれた。また、リトル・ブラウン・アンド・カンパニーの編集者、ロジャー・ドナルドとジョフ・クロスクに感謝したい。本書の価値を認め、売り物になる本に仕上げるために長期にわたって精力的に協力してくれた。

合衆国陸軍大学のきら星のごとき軍人兼学者のみなさんに感謝したい。かれらとともに仕事ができるのは私にとって名誉である。ジャック・ビーチ大佐、ジョン・ウォッテンドーフ大佐、ホセ・ピカート中佐をはじめ、PL100委員会の仲間たち全員に感謝したい。また、ウェスト・ポイントの陸軍士官学校の優秀な生徒諸君に感謝したい。ボランティアでひと夏じゅう面接調査を手伝ってくれ、本書に述べる仮説の裏づけ調査を助けてくれた。イギリスはキャンバリーの英国陸軍士官大学で、ともに学んだ同窓生たちに感謝したい。かれらのおかげで、人生最良の、そして最も知的興奮に満ちた時を過ごすことができた。

そしてまた、二〇年以上にわたって私を教育し、指導し、親しくつきあい、また命令を与え、その知恵と経験を忍耐強く伝授してくれた、傑出した兵士のみなさんに感謝したい。ドナルド・ウィングローヴ曹長、カーメル・サンチェス一等軍曹、グレッグ・パーリア中尉、イヴァン・ミドルミス大尉、ジェフ・ロック少佐、エド・チャンバレン中佐、リック・エヴェレット中佐、ジョージ・フィッシャー大佐、ウィリアム・H・ハリスン少将ほか、お世話になった方々は数知れない。この方々のほとんどはいまその階級にはないが、ここには私がいちばんお世話になった時代の階級のままで記した。

オースティンのテキサス大学のジョン・ウォーフィールド博士とフィリップ・パウエル博士に感謝したい。知恵と知識という宝庫を惜しみなく提供してくださり、私を信頼して自由に研究を進めさせてくださった。また、ジョージア州コロンバスのコロンバス大学のジョン・ルポ博士とヒュー・ロジャーズ博士に感謝したい。私が歴史を愛することを学んだのはおふたりのおかげである。

本書の執筆にあたっては、最近のすぐれた著作を大いに利用させていただいた。ここで、その著者の方々の名を挙げて感謝しなければならない。パディ・グリフィス、グウィン・ダイア、ジョン・キーガン、リチャード・ゲイブリエル、リチャード・ホームズ、以上の方々である。パディ・グリフィスはかけがえのない師にして友であり、私のイギリス留学中は共に過ごした仲間でもあった。リチャード・ホームズやジョン・キーガンとともに、彼は今日この分野における世界一流の巨人のひとりである。そしてまた、リチャード・ホームズにもここでとくに感謝しておきたい。彼の著書『戦争という行為』に収められた膨大な考察や体験談を引用できなければ、本書を完成にこぎ着けるのははるかに困難だっただろう。これから何世代にもわたって、ホームズのすぐれた著作は、戦闘における人間の行動を研究する者にとって欠くことのできない参考書となるにちがいない。意見交換を通じて、彼がほんものの紳士であり、親切な人物であり、また最高の軍人兼学者だということがよくわかった。

さらに、個人の体験談を集めた貴重かつ稀有な研究資料の名を挙げて、ここで感謝しなければならない。それは、『ソルジャー・オヴ・フォーチュン』誌である。母国アメリカへ戻ったとき、唾を吐きかけられ、侮辱され、さげすまれてトラウマを負ったベトナム帰還兵というイメージは、たんなるおとぎ話ではない。文字どおり何千何万という実例に基づいているのだ——ボブ・グリーンの傑出した著作『ホームカミング』に記録されているとおりである。非難と糾弾の大合唱に囲まれたベトナム帰還兵は、多少なりとも安心できる全国的なフォーラム、中立的な雰囲気のなかで自分の体験を語り、共感を得られるフォーラムはただひとつしかない、と感じている。それが『ソルジャー・オヴ・フォーチュン』誌なのだ。この季刊誌に偏見を抱き、そこに掲載されたというだけで、頭の軽いマッチョの文章と決めつける人々には、まず本書にあげた体験談を読んでいただきたい。この思いもかけなかった資料を推薦してくれたハリス大佐にはとくに感謝したい。彼が個人的に収集した同誌のコレクションに、私は大いにお世話になった。そしてなにより、体験談の引用に協力してくださった、「ソルジャー・オヴ・フォーチュン」のアレックス・マッコル大佐（退役）に感謝しなければならない。役職者が紳士で、口約束さえあればほかにはなにも要らない組織がいまも残っている——これはうれしいことだった。

最後に、殺人にたいするおのれの反応を記録してきた、あらゆる時代のもと兵士たちに最大の感謝を捧げたい。そしてまた、面接調査に応じてくれた私と同時代の方々に。リッチ、トム、ブルース、デーヴ、〈軍曹〉（ワン！）、シープドッグ委員会のみなさん（いまでも私たちは楽しい秘密を共有している）をはじめ、深く秘してきた体験を語ってくれた一〇〇人もの方々に。だれにも語れずにいた秘密を夫が涙ながらに打ち明けているとき、隣に座ってその手を握っていた妻の方々に。ブレンダ、ナン、ロレイン、そしてそのほか何十人という女性たち。面接に応じた方々は、みな匿名を条件に胸のうちを明かしてくださったのだが、本書はみなさんに負うところがあまりに大きいので、ここでどうしても感謝しておきたい。

ここにあげた方全員にお礼を申し上げたい。実際、私は多くの巨人たちの肩に乗っているのだ。とはいえ、この堂々たる高みから書かれた本書の内容については、その文責はすべて私ひとりにある。したがって、本書に述べた見解は、必ずしも国防省やその関係部署、ウェストポイントの米国陸軍士官学校、あるいはアーカンソー州立大学の見解と一致しているとはかぎらない。

デーヴィッド・A・グロスマン
アーカンソー州ジョーンズボロ
アーカンソー州立大学にて

†——性別についての簡単な注

戦争は、往々にして男女差別的な状況を生みがちである。しかし、死神という採用担当者は完全に機会均等だ。グウィン・ダイアはこう述べている。

ゲリラ戦や革命闘争では、ほとんど例外なく女性も男性と並んで戦ってきた。そして、人を殺すのに女性のほうが著しく劣っているという証拠はなにひとつない——この事実を当然と思うかどうかは、戦争を男の問題ととらえるか、人類の問題ととらえるかによる。

ひとりの例外を除いて、私が面接調査した相手は全員が男性だった。兵士を題材にとると、戦争の話ではどうしても〈彼〉という言葉が使われがちである。しかし、実際には

〈彼女〉であっても少しもおかしくはない。本書では全体に男性形が使われているが、それは単にそのほうが便利だからにすぎない。戦争にまつわる名誉には灰色の部分も多いが、その名誉から女性を排除するつもりは毛頭ないことを、ここでお断りしておく。

はじめに

殺人と科学——足元の危うさ

家畜を屠殺する季節のことだった。当時はまだそういうことが行われていたのだ——レーク・ウォビゴンで最後まで続けていたのは、ホクステッター夫婦、ロリーとユーニスだったと思う。冷たい秋風が吹きはじめ、肉を貯蔵する季節になると、夫婦は飼っていた豚を屠殺したものだ。子供のころ、私はおじに連れられて、いとこといっしょに豚の屠殺を見に行ったことがある。おじはロリーの手伝いをすることになっていたのだ。

今日では、肉をとるために家畜を殺すときは、急速冷凍貯蔵所に家畜を送り、係員に手数料を払って殺してもらう。豚を屠殺すると、しばらくは豚肉を食べる気がしなくなる。豚どもが屠殺されるのを嫌がっているのがわかってしまうからだ。仲間が連れて行かれたきり戻って来なかった場所へ、無理やり引きずって行かれるのを嫌がるのである。

それは、子供にとっては大した見世物だった。生きた肉の塊を見、ほかの動物の生きた内臓を見るのだから。きっと気分が悪くなるだろうと思っていたのだが、予想ははずれた——できるだけ近くで見ようと、夢中でにじり寄っていったほどだ。

いまでも憶えているが、いとこも私も興奮に我を忘れて、囲いの外から豚に小石をぶつけはじめた。豚が飛び上がったり、きいきい鳴きながら逃げまわるのが面白くてたまらなかった。と、ふいにがっしりした手に肩をつかまれた。くるりとふり向くと、すぐ目の前におじの顔があった。「こんどそんなことをしてるのを見つけたら、腰が抜けるほどぶちのめしてやるからな、わかったか?」私たちはふたりとも震え上がった。

おじが怒ったのは、どうやら屠殺と関係があるらしいと子供心にもわかった。屠殺は儀式であり、儀式らしく行われていたのだ。手早くすまされるその儀式は、あくまでも厳粛に進められていた。冗談を言う者はおらず、会話もほとんどない。男も女も、自分の仕事に没頭していた。だれもがなにをすべきかよく心得ていた。そしてどんなときでも、食料になる動物たちへの畏敬の念があった。私たちが豚に石をぶつけたことは、その儀式をふみにじる行為だったのである。儀式は粛々と続けられた。

ロリーは、自分で自分の豚を屠殺した最後の男になった。ある年、彼は事故を起こした。ナイフが滑って豚に致命傷を与えられず、傷ついた豚は彼の手を逃れて走りまわった末に倒れたのだ。それ以後、彼は豚を飼うのをやめた。自分にはそんな資格がないと思ったのである。

すべては過去のことだ。レーク・ウォビゴンで育つ子供たちには、もう屠殺を目にする機会はないだろう。

あれは強烈な体験だった。生と死の境界があいまいになるという体験。

人が手元にあるものでなんとかやっていた時代、自力で生きていた時代、大地から穫れるものを食べ、地と神のはざまで生きていた時代。そんな時代は失われた。この地上から失われただけでなく、記憶からも失われてしまった。

ギャリスン・キーラー「豚の屠殺」

なぜ、殺人について研究しなければならないのか。セックスについて研究すると言えば、やはり同じように、なぜセックスを？　と問われるだろう。この二つの問いには共通する部分が多い。リチャード・ヘクラーはこう指摘している――「神話では、アレス（戦争の神）とアプロディテ（愛の女神）の結婚からハルモニア（調和の女神）が生まれた」。つまり平和は、性と戦争とをふたつながら超克してはじめて実現するのだ。そして戦争を超克するためには、少なくともキンゼー（米国の動物学者。人間の性行動の研究で有名）やマスターズ（米国の婦人科医。男女の性行動の研究で有名）やジョンソン（米国の心理学者。人間の性行動について研究）のような真摯な研究が必要である。どんな社会にも盲点がある。人間が直視することが非常にむずかしい側面、と言い換えてもよい。今日の盲点は殺人であり、一世紀前には性だった。

何百万年ものあいだ、人間は家族ともども洞穴や小屋やひと間きりの家で暮らしていた。拡大家族、つまり祖父母、両親、そして子供たちがみな、たった一枚の壁に守られ、たったひとつの焚き火のまわりに身を寄せ合っていた。そして何千年何万年ものあいだ、家族全員が雑魚寝している部屋のなかで、夫婦はふつう夜の暗闇にまぎれて性交するほかなかったのである。

私はかつて、アメリカに住むジプシー家族のなかで育った女性に面接調査したことがある。大きな共同のテントのなか、おば、おじ、祖父母、両親、いとこ、兄弟姉妹に囲まれて眠っていたそうだ。幼いころ、彼女にとってセックスとは、おとなが夜にする変てこでうるさくて少し煩わしいことだったという。

そんな環境には、ひとりひとり別々の寝室など存在しない。人間の歴史から見ればつい最近まで、寝室はおろか寝台さえ、ふつうの人間にとってはとんでもない贅沢だったのだ。現代の性生活の基準から見ると耐えがたく思えるかもしれないが、そんな状況にもそれなりに利点がなくはない。ひとつは、子供の性的虐待が起こらないということだ。少なくとも、全家族がそれを知っていて、暗黙のうちに認めているのでないかぎりは無理である。もうひとつ、この古くから続いてきた生活様式には、ちょっと見にはわからない利点がある。人生のあらゆる時期を通じて、すなわち誕生から死までのあらゆる時期に、セックスが目の前に存在するということだ。それが人間にとって日常的で必要不可欠な営みであり、大した神秘性などないということをだれも否定できないのである。

しかし、ヴィクトリア時代と呼ばれる時代が訪れるころには、状況はすっかり変わっていた。平均的な中流階級の家族が、いつの間にか複数の部屋のある住居で暮らすようになったのである。子供たちは、〈原光景〉を目にすることなく成長するようになる。あれよあれよという間に、セックスは人目に触れない、秘密のベールに覆われた、神秘的で恐ろしい不潔な行為になってしまった。西欧文明に性の抑圧の時代が始まったのである。

この抑圧された社会では、女性は首から足元まで全身を覆い、家具の脚さえ布で隠された。それが脚だというだけで、この時代の繊細な感受性には耐えられなかったのである。だがこの社会は、性を抑圧するのと同時に、どうも性にとり憑かれていたようだ。現在知られている形のポルノグラフィが花開き、幼児売春が盛んに行われ、子供の性的虐待が波紋のように世代から世代へと広がりはじめた。

セックスは、人間の生の自然で必須の営みである。セックスのない社会は一世代で消滅してしまう。性を抑圧すると同時に性にとり憑かれるというこの悲惨な分裂状態を脱しようと、今日の社会は長く苦しい道のりをたどりはじめている。しかし、性の否認をようやく脱しはじめたはいいが、その向かう先には新たな否認が待っているだけかもしれない。そしてその新たな否認のほうが、ひょっとしたらはるかに危険かもしれないのだ。

新たな抑圧、殺人と死にまつわる抑圧は、先の時代の性の抑圧とまったく同じパターンをたどっている。歴史を通じて、人間は死と殺人を身近に見ながら生きていた。病気、怪我の後遺症、あるいは老齢のために、人々は自分の家で死んだ。自宅から遠く離れた地で死んだ場合は別として、亡骸は自分の家（つまり洞穴や小屋）に運び込まれ、家族の手で葬儀にそなえて浄められた。

映画「プレイス・イン・ザ・ハート」でサリー・フィールドが演じたのは、今世紀初めの小さな綿農園で働く女性だった。彼女の夫は射殺され、亡骸が家に運び込まれる。ここで、何世紀ものあいだ何百万何千万という妻たちが演じてきた儀式が始まる——死んだ夫の裸身を愛情をこめて洗い浄め、頬を涙で濡らしながら葬儀の身支度をさせるのだ。

あの時代には、家畜を殺して臓物を抜くという処理は、どの家族も自前ですませていた。死は生の一部であり、生きるために殺生が欠かせないのは否定しようもない事実だった。殺生という行為には残酷な側面はなかったし、仮にあるとしてもまれだった。人間は生のなかに死の占める位置を理解しており、人間が生きつづけるために死なねばならない動物の地位を尊重していた。アメリカ・インディアンは殺した鹿の魂に赦しを乞い、アメリカの農民は屠殺される豚の尊厳を侵そうとはしなかったのだ。

ギャリスン・キーラーが「豚の屠殺」に記録しているように、ほとんどの人間の日常的かつ季節的な営みにとって、屠殺は必要欠くべからざる儀式だった。人類が誕生してから今世紀のなかばまで、ずっとそうだったのである。二〇世紀の初頭には都市が勃興してきたが、最も工業化の進んだ社会でさえ、やはり人口の大半は田舎で暮らしていた。夕食に鶏肉料理をつくろうと思えば、主婦は庭に出て自分で絞めるか、子供たちに絞めさせていた。子供たちは、季節ごとにくりかえされる日常的な殺生を目撃しながら成長した。そんな子供たちにとって、殺生はまじめで厄介でいささか退屈な仕事であり、だれもが日常生活のなかでふつうにやっていることだったのである。

当時は冷蔵庫もなかったし、食肉処理場も霊安室も病院もほとんどなかった。そしてこの古くからの生活様式にあっては、生まれてから死ぬまで一生を通じて、死と殺生はつねに目の前にあった――みずから手を下すか、見飽きた観客として関わるかの違いがあるだけだった。そしてそれが、日常的な人間の存在の、必要不可欠にしてありふれた一面であることは、だれにも否定しようのない事実だったのである。

　ところが、数世代前から状況は大きく変わりはじめた。食肉処理場と冷蔵庫のおかげで、人は自分の家畜を殺す必要がなくなった。医学の進歩によって病気は治せるようになり、青年期や壮年期に命を落とす人間は、昔にくらべて格段に減ってきた。さらに、老人ホームや病院や霊安室のために、老人の死さえも目に触れなくなりつつある。自分の食糧がどこから来るのか、身をもって知ることのないまま子供は成長するようになった。そしていつの間にか、それがどんな形のものであれ、殺生はおおっぴらにできない、神秘的で恐ろしく不潔な行為だ、と西欧文明は決めつけてしまったようだ。しかも、その傾向はますます強まっている。

　ささいなことから奇怪な現象にいたるまで、その影響は広範囲に及んでいる。ヴィクトリア時代の人々が布を巻いて家具の脚を隠したように、いまでは殺生用の細工を隠すためにネズミとりには覆いがつけられている。医学的な動物実験を行う研究所は襲撃され、人命を救うための研究が、動物の権利を主張する人々によってつぶされている。これらの活動家は、何世紀もの動物実験の積み重ねによる医学的成果を享受していながら、いっぽうでは研究者たちを攻撃しているのだ。ロサンゼルスに本部を置く活動グループ、ラスト・

チャンス・フォア・アニマルズの会長、クリス・デローズはこう語っている。「一匹のラットを殺すことであらゆる病気が治療できるようになるとしても、私に言わせればなんの違いもない。生命という観点では、生き物はみな平等である」。

こうした新たな感受性には、いかなる殺生も耐えがたく感じられる。毛皮や革のコートを着ていれば罵声を浴びせられたり、暴力をふるわれたりする。この新たな秩序にあっては、肉を食べる者は差別主義者（人種でなく生物の種の）、犯罪者と糾弾される。動物の権利を主張する運動家、イングリッド・ニューカークは言う。「ネズミは豚であり、豚は少年である」。鶏を殺すことをナチのユダヤ人大虐殺《ホロコースト》になぞらえて、彼女は「ワシントン・ポスト」にこう語っている。「強制収容所では六〇〇万の人間が殺されましたが、今年一年だけで、食肉処理場では六〇億羽のブロイラーが殺されるのです」。

現代社会は殺生を抑圧しているが、そのいっぽうで、暴力的で無惨な死にざまや、ばらばら殺人などの描写にたいする新たな強迫観念がはびこっている。バイオレンス映画、なかでも「十三日の金曜日」や「ハロウィン」や「悪魔のいけにえ」といったスプラッタ・ムービーの人気、ジェイソンやフレディなどの〈ヒーロー〉崇拝、大量死《メガデス》だの銃とバラ《ガンズンローゼズ》といった名称のロックバンドの人気、殺人や暴力犯罪の急増——これらはすべて、暴力を抑圧すると同時にそれにとり憑かれるという、奇怪で悲惨な分裂のもたらす現象だ。

性と死は、生き物にとって必須で自然な生の一部である。性のない社会は一世代で消え失せてしまうだろうが、殺生のない社会もその点は同じである。毎年何百万何千万というネズミを駆除しなかったら、わが国のあらゆる大都市はたちまち居住に堪えなくなる。穀倉地帯や穀物倉庫でも、毎年何百万何千万というネズミを退治しなければならない。これを怠れば、世界のパン籠どころか、アメリカは自国の食糧をまかなうこともできなくなり、世界中で数多くの人が飢餓に直面することになるだろう。

ヴィクトリア時代のお行儀のよい感性にも、それなりの価値、あるいは社会にとって有益な点がなかったわけではないし、原始共同体的な就寝習慣に回帰しようと本気で考える人は少ないだろう。同様に、殺生に対して現代的な感性を持ち、その感性をよしとする人々は、だいたいにおいて心の優しい誠実な人間であり、多くの意味でわが種族の最も理想的な性格を体現していると言ってよい。かれらの信念は、長い目で見れば計り知れない価値を秘めている。科学技術の進歩によって、私たちはあらゆる種（自分自身も含めて）を絶滅させる力を得たのだから、自制を学び、克己を身につけることは絶対に必要である。だが同時に、生き物の自然の秩序に、死が確固たる位置を占めていることを忘れてはならない。

性や死や殺生といったごく自然な現象が隠されてしまうと、社会はその自然な現象を否定し歪曲するという反応を起こすようだ。現代では、科学技術の進歩によって現実の一側面が人の目に触れなくなっている。そのために、逃げようとしている対象そのものが奇怪な夢となってとり憑いて離れない、現代社会はそのような症状を呈しているのではないだろうか。否認は妄想の一種であり、妄想は夢を生む。妄想の魅力的な罠に人々が深くはまり込んでゆくと、社会にとって危険な悪夢が生まれる危険性も増大する。

今日、私たちは性の抑圧という悪夢から覚めたばかりだ。それなのに、こんどは新たな否認の夢、すなわち暴力と恐怖の否認に陥りかけている。本書は、殺生という現象に科学的調査という客観的な光を当てようとする試みである。A・M・ローゼンソールはこう教えている。


人類の病いは、咳やくしゃみといった外に現れる症状のみで診断されるのではなく、魂の熱を計ることも大切である。というより、熱が出たときにすばやく手当てができることのほうが大切かもしれない。

歴史が理性のもろさを示しているとすれば、私たちの経験が教えているのは、無知や偏見の放置は助長につながり、助長は憎悪の勝利をもたらすということである。


「放置は助長につながる」。だからこそ、本書では攻撃を研究し、暴力を研究し、殺人を研究するのだ。本書の目的を具体的に言えば、西欧型の戦争における殺人という行為を科学的に研究すること。そしてまた、人間が戦闘で殺し合うときに発生する心理的・社会的な現象および代償について、やはり科学的に研究することである。

シェルダン・ビドウェルは、この種の研究は本質的に「足元が危うい」と考えていた。「なぜなら、兵士と科学者との関係は戯れの域を出たためしがないからである」。私はその危険地帯にあえて足を踏み入れ、兵士と科学者との真摯な関係を築きたいと思った。それだけではなく、兵士と科学者と歴史学者の〈三角関係〉を試みに築いてみたかったのである。

私はこの三角関係を生かして、これまでタブーとされていた、戦闘における殺人というテーマを五年計画で研究してきた。その目的は、殺人というタブー扱いのテーマを掘り下げて、以下の点について明らかにしてゆくことである。

☆人間に生来備わっている同種殺しに対する強力な抵抗感と、その抵抗感を克服するために数世紀にわたって軍が開発してきた心理的機構について。
☆戦争において残虐行為が果たす役割と、残虐行為によって軍が力を得ると同時に罠にはまる、そのメカニズムについて。
☆人を殺すときに味わう感情について。戦闘での殺人に対する一般的な反応の段階と、殺人にともなう心理的代償について。
☆殺人への抵抗感を克服するために開発され、現代の戦闘訓練に応用されて、恐るべき成功をおさめた条件づけの技術について。
☆ベトナムで戦った米兵は、まず心理操作を受けて、歴史上ほかに例を見ない大量殺人を可能にされた。そして次に、戦士社会に例外なく存在する必要不可欠な浄めの儀式を心理的に拒絶された。さらに最後には、西欧の歴史にかつて先例がないほど激しく、自分自身の社会から非難・糾弾された。なぜこんなことになったのだろうか。わが国の兵士たちが、ベトナムで自分自身の祖国から受けた仕打ち──そのために、アメリカの三〇〇万ものベトナム帰還兵とその家族、そして今日の社会は悲劇的な代償を支払わされている。その代償についても研究する。

☆私たちの社会の亀裂が、マスコミや対話型テレビゲームの暴力と結びついて、わが国の子供たちに無差別に殺人の条件づけを行っている。そのメカニズムについて解明することが、最後の、そしておそらく最も重要な本書の目的だと思う。ある意味で、それは軍が兵士たちを条件づけするメカニズムに非常によく似ているが、違うのは安全装置がまったくないことだ。子供たちをこんな目に遇わせているせいで、わが国は恐ろしくかつ悲劇的な代償を支払っている。その点についても見てゆくことにしよう。

†──私的な覚書

私は兵士として二〇年間軍に在籍している。第八二空挺師団で軍曹、第九(先端技術試験)師団で小隊長を務め、第七(軽)歩兵師団で参謀幕僚および中隊指揮官を務めた。また落下傘歩兵、陸軍のレンジャーの資格ももっている。北極圏のツンドラ地帯、中米のジャングル、NATO本部、ワルシャワ条約諸国、そして無数の山々や砂漠に配置されてきた。また、第一八空挺兵団下士官校から英国陸軍幕僚大学まで、さまざまな兵学校を卒業している。学部では歴史学を学んで最優等で卒業し、大学院では心理学を専攻し、卒業の際にはカッパ・デルタ・パイに入会を認められた。光栄にも、ウェストモアランド将軍の共同講演者として、全米ベトナム帰還兵連合本部の代表者の前に立ったことがあり、全米ベトナム帰還兵連合の第六回年次大会では基調演説をさせていただいた。中学校のカウンセラーからウェスト・ポイントの大学教授まで、さまざまな教職についた経験もある。そして現在は、アーカンソー州立大学の軍事学教授であり、軍事学部の学科長をも務めている。

しかし、このような経歴にもかかわらず、リチャード・ホームズ、ジョン・キーガン、パディ・グリフィスなど、以前にこの分野に足を踏み入れた人々と同じく、私は戦闘で人を殺したことがない。おそらく、みずからも心理的な重荷を背負っていたならば、研究に必要な冷静さや客観性を保つことはできなかっただろう。しかし、本書を埋めつくす証言の語り手は、現実に人を殺したことのある人々である。

これまでだれにもしたことのない話を初めて打ち明けた、という人が非常に多かった。これはカウンセラーとして教えられてきたことでもあり、また人間の性質に関わる基本的な真理だと信じていることでもあるのだが、心に痛手を受ける体験をしたとき、それをだれにも話さずにいると深く傷つくことになりやすい。人に話すことは、自分の体験を客観的に眺めるのに役立つ。だが内に秘めたままにしていると、私が心理学を教えた学生のひとりがかつて言ったように、「生きながら内側から喰い荒らされる」ことになる。また、心の腫れ物を切除することで訪れるカタルシスには、大きな治療効果がある。苦しみを語ることは苦しみを分かち合うこと――これがカウンセリングの真髄である。そしてこの時期、多くの苦しみが語られた。

本書の最終的な目的は殺人の精神力学を解明することだが、私が研究を始めたそもそもの動機は、殺人というタブーに風穴をあけるのに役立ちたいと思ったことだ。そのタブーのために、本書の証言者をはじめとする何百万もの人々が、みずからの苦しみを語ることができずにいるのだから。そしてまた、この研究を通じて得た知識を用いて、まず戦争が起きるメカニズムを理解し、次にわが国をむしばむ現代の暴力犯罪の増加についてその原因を究明したいとも思った。本書がその目的を達成しているとすれば、それは体験を語ってくれた人々の協力のおかげである。

本書の初期の草稿は、数年前からベトナム帰還兵のあいだには何部も出回っていて、たくさんの帰還兵の方々がその草稿にていねいに目を通し、修正したり感想を述べたりしてくださった。この本を読んで奥さんにも勧めてくださった方も多い。するとその奥さんがほかの奥さんに勧め、その奥さんがこんどはご主人に勧めてくださる。そのくりかえしで、たくさんの方々に目を通してもらうことができた。帰還兵ご本人や奥さんから何度も連絡をいただき、本書を通じて、戦闘の際にあったことを伝えたり理解したりできた、と知らせていただいた。苦しみのなかから理解が生まれ、理解から生を癒す力が生じる。そしておそらくは、暴力によってむしばまれているこの国を癒す力も。

本書に発言をそのまま引用することを許してくれた方々は、人類の知識を豊かにするために、他者を信頼してみずからの経験を語ってくれた、高貴にして勇敢な男たちである。その多くは戦闘で人を殺した経験がある。しかし、かれらは自分の命、そして戦友の命を守るために殺したのであり、かれらとその同胞にたいして、私は心底から称賛と愛情をおぼえる。ジョン・メースフィールドの詩「神に捧ぐ」は、私がどんな文章を書いてもとても及ばない、すばらしい献辞になっている。ただ言うまでもないが、『殺人と残虐行為』の部では、この賛辞に例外があることを明らかにする。

私は婉曲な用語は使っていないし、また〈殺人者〉と〈犠牲者〉について明瞭かつ客観的に述べようと努めている。そのゆえに、もし読者がそこに関係者にたいする私の倫理的な価値判断や非難を感じたとしたら、それはまったくの誤解である。この点は是非ともはっきりさせておきたい。

アメリカ人は何世代にもわたって、祖国に自由をもたらすために身体的・精神的に大きな痛手と恐怖とを耐え忍んできた。ジョージ・ワシントンに従い、アラモでクロケットやトラヴィスと肩を並べて戦い、奴隷制という大きな過ちを正し、多くの人命を犠牲にしたヒトラーの悪事に終止符を打った——本書に発言を引用させていただいたのは、それと同様の人々なのだ。どんな犠牲もいとわず、国の呼びかけに応えた人々なのである。成人してからの年月をずっと兵士として生きてきた者として、先人が示してきた自己犠牲と献身の伝統を、ささやかながら支えてこられたことを私は誇りに思っている。そんな先人たちをおとしめたり、その思い出と名誉を汚すつもりはない。ダグラス・マッカーサーがいみじくも言ったように、「戦争がどんなにおぞましい悲劇であろうとも、祖国の呼びかけに応えてみずからの生命を捧げ投げ出す兵士たちは、その高貴さにおいてもっとも進化した人類である」。

兵士たち──その証言が本書の根幹をなしているのだが──は戦争の本質を見抜いている。かれらは「イーリアス」に登場するどんな人物にも劣らぬ偉大な英雄だが、にもかかわらず、本書で語られることばは、かれら自身のことばは、戦士と戦争が英雄的なものだという神話を打ち砕く。ほかのあらゆる手段が失敗し、こちらにその「つけがまわって」くるときがあること、政治家の誤りを正すため、そして〈人民の意志〉を遂行するために、自分たちが戦い、苦しみ、死なねばならぬときがあることを、兵士たちは理解しているのだ。

マッカーサーは言う。「兵士ほど平和を祈る者はほかにいない。なぜなら、戦争の傷を最も深く身に受け、その傷痕を耐え忍ばねばならないのは兵士だから」。これら兵士たちのことばには知恵がある。〈一握の灰〉、〈口いっぱいの泥〉、〈雨と寒さに手足を失い、倒れ、盲いた者ども〉の話には知恵がこもっている。ここに知恵がある、耳を傾けるがよい。

合法的に戦われた戦闘で人を殺した兵士たちを責めるつもりなど、私にはまったくない。また同じく、殺さないことを選んだ多くの兵士たちを裁くつもりもない。そんな兵士はたくさんいるのだ。実際に本書でその証拠を挙げてゆくが、多くの歴史的状況において、発砲しない兵士は火線部隊の大半を占めていたのである。その隣に立つことになっていたかもしれない一兵士としては、大義と国と仲間を守ろうとしなかったかれらに不快を感じずにはいられない。しかし、かれらが負っていた重荷と払った犠牲について多少なりと理解してきた人間としては、かれらの存在を、そしてかれらが体現しているわが人類という種に備わった高貴な性質を、やはり誇りに思わずにはいられない。

一般に、健全な人間は殺人というテーマには不安を抱くものだ。本書にとりあげる特定のテーマや分野のなかには、不快感や反感を起こさせるものもあるだろう。できれば目をそむけたい問題だから。しかし、カルル・フォン・クラウゼウィッツがいましめているように、「おぞましさのあまり目をそむけたくなる部分があるからといって、その営為について考えまいとしてもむだである。いや、むだどころか有害でさえある」。ナチの強制収容所を生き延びたブルーノ・ベテルハイムは、人間が暴力に対処できない根本的な理由は、それに真っ向から直面するのを避けていることだ、と述べている。私たちは、〈暴力という闇の美〉に惹かれる自分自身を認めようとせず、攻撃性を非難・抑圧するばかりで、真正面から見すえて理解し、制御しようとしないのである。

最後に付け加えておきたい。殺す側の苦しみを中心に据えたために、犠牲者のこうむった苦痛については突っ込んでとりあげることができなかったかもしれない。その点は、あらかじめここでお詫びしておく。アレン・コールとクリス・バンチが書いているように、「引金を引くやつは、それを受ける側の人間ほど痛い目を見ることはないんだ」。殺した者の苦しみの中核には、殺された者の苦痛と喪失がある。それはつねに、殺した者の魂の奥に鳴り響いているのだ。

レオ・フランコウスキはこう述べている。「文明は例外なく盲点を生む。それについては文明は考えることさえしない。その真実を知らないからではない、知っているからだ」。本書で発言を引用した帰還兵たちは、この文明の盲点に顔をこすりつけられてきた。ある帰還兵が語っているように、私たちはたしかに〈セックスについて学んでいる童貞〉である。だが兵士たちなら、みずからが高い代償を支払って学んできたことを、ほかの者に教えてやることができる。私の目的は、戦闘における殺人の心理学的な側面を理解し、国の呼びかけに応え、人を殺した――あるいは代償を支払っても殺さないことを選んだ――男たちの、心理的な傷と傷痕を探ることである。

人間が戦い、殺し合うのはなぜなのか、その理由を私たちは一度として理解したことがない。いまこそ、拒絶反応を克服して理解しなくてはならない。また、人間が人間を殺そうとしないのはなぜなのか、という問いも同じように重要である。なぜなら、互いに互いを殺し合うという、人間行動のなかでも究極的かつ破壊的なこの側面を理解しなければ、その側面に働きかけることもできないからだ。そしてそれができなければ、現代文明には存続の見込みがないからである。

第一部

殺人と抵抗感の存在

【セックスを学ぶ童貞の世界】

したがって、こう考えるべきであろう——平均的かつ健全な個人、すなわち戦闘の精神的・肉体的なストレスに耐えることのできる者でも、同胞たる人間を殺すことに対して、ふだんは気づかないながら内面にはやはり抵抗感を抱えているのである。その抵抗感のゆえに、義務を免れる道さえあれば、兵士はなんとか敵の生命を奪うのを避けようとする。いざという瞬間に、良心的兵役拒否者となるのである。

S・L・A・マーシャル「発砲しない兵士たち」

そこで、私はそろそろと上半身を引き上げてトンネルに入り、腹這いになった。危険はないと思って、短銃身のスミス&ウェッソンの三八口径（トンネルでの戦闘用に父が送ってくれた）をわきに置き、かたわらの懐中電灯のスイッチを入れてトンネル内を照らしてみた。

そこに、一五フィートと離れていないところに、ベトコンがひとり腰をおろしていた。腰の雑嚢から米をつかみだして食べている。たがいに見つめ合った時間は永遠とも思えたが、実際にはほんの数秒のことだっただろう。

こんなところで本当に人に会うとは思わなかったという驚きのためか、それとも完全に人畜無害な状況だったせいか、私たちはどちらも反応しなかった。

ややあって、ベトコンは米の入った雑嚢を足元におろし、こちらに背を向けて遠ざかっていった。ゆっくりと奥へ這い進んでゆく。私のほうは、懐中電灯のスイッチを切り、あとじさりをして下のトンネルに戻ると、来た道を引き返して出口に向かった。二〇分ほどあとで知らせが届いた。五〇〇メートル先のトンネルから出てきたベトコンを、別の分隊が殺したという。

あの男にまちがいないと思った。今日でも、私は固く信じている――サイゴンでビールを飲みながらあいつと私が話し合っていれば、ヘンリー・キッシンジャーが和平会談に出席するより、ずっと早く戦争を終わらせることができただろう。

マイクル・キャスマン「三角トンネルのネズミ」

殺人を研究するうえでまず理解したいのは、平均的な人間には、同類たる人間を殺すことへの抵抗感が存在するということだ。そしてまた、その抵抗感の程度と本質についても見てゆきたい。それが、この第一部の目的である。

本研究の一環として、実戦経験のある古参兵を対象に面接調査を開始したときのこと。戦闘の精神的外傷に関する心理学理論について、ある気むずかしい軍曹と話し合ったことがある。彼は馬鹿にしたように笑いだし、「そんなやつらになにがわかるもんか。童貞どもが寄ってたかってセックスの勉強をするようなもんじゃねえか。それも、ポルノ映画ぐらいしか手がかりはないときてる。たしかに、ありゃセックスみたいなもんだよ。ほんとにやったことのあるやつはその話はしねえもんな」

戦闘における殺人の研究は、ある意味でセックスの研究に非常によく似ている。殺人は、はなはだしく強烈な、個人的にして私的な体験である。心理学的に見れば、その体験においては破壊的な行為が生殖行為と非常によく似た性質を帯びてくる。ハリウッドが見せてくれる戦闘描写や、その描写の基になっている文化的な神話は、体験したことがない者にとっては殺人を理解するのに役立つように思える。だがそれは、ポルノ映画を見て性行為のごく私的な本質がわかるような気がするのと同じである。成人映画を見れば、たしかに未体験者でもセックスの方法はわかるかもしれない。しかし、生殖行為というきわめて私的で強烈な体験が、映画を見て理解できるとはだれも思わないだろう。

私たちの社会は、セックスに惹かれるのと同じぐらい殺人にも惹かれている――同じぐらい、どころではないかもしれない。なぜなら、私たちはセックスにはいささか辟易しているし、この方面には個人個人の体験というかなり広い基盤が存在しているからだ。私が勲章をもらった軍人だと知ると、子供たちはたいてい即座にこう尋ねてくる。「人を殺したことある？」または「いままで何人ぐらい人を殺した？」

この好奇心はどこから来るのだろう。かつてロバート・ハインラインはこう書いた――生きる喜びは「よい女を愛し、悪い男を殺すこと」にあると。私たちの社会に、殺人に対してそれほどまでに強い関心があるとすれば、そしてまた、それが成人男子にふさわしい、性行為と同等の行為として多くの人々に認識されているとするならば、この破壊的行為はどうして、生殖行為とちがって具体的かつ系統的に研究されてこなかったのだろうか。

数世紀のあいだに数名のパイオニアが現れて、この種の研究の基礎を築いてきた。その研究についてはこの第一部で見てゆくつもりだが、取っかかりとしてはS・L・A・マーシャルがうってつけだろう。これらのパイオニアのなかでも、最も後世に影響を与えた偉大な研究者である。

平均的な兵士が戦闘において人を殺すのはなぜか。それは彼の祖国と上官がそう命じるからにほかならず、自分と仲間の命を守るために必要だからだ――第二次世界大戦以前にはずっとそう信じられてきた。殺さないことがあるとすれば、それは兵士がパニックを起こして逃げ出したからだと、だれもが決めてかかっていた。

第二次世界大戦中、米陸軍准将S・L・A・マーシャルは、いわゆる平均的な兵士たちに戦闘中の行動について質問した。その結果、まったく予想もしなかった意外な事実が判明した。敵との遭遇戦に際して、火線に並ぶ兵士一〇〇人のうち、平均してわずか一五人から二〇人しか「自分の武器を使っていなかった」のである。しかもその割合は、「戦闘が一日じゅう続こうが、二日三日と続こうが」つねに一定だった。

マーシャルは第二次大戦中、太平洋戦域の米国陸軍所属の歴史学者であり、のちにはヨーロッパ作戦戦域でアメリカ政府所属の歴史学者として活動した人である。彼の下には歴史学者のチームがついていて、面接調査に基づいて研究を行っていた。ヨーロッパおよび太平洋地域で、ドイツまたは日本軍との接近戦に参加した四〇〇個以上の歩兵中隊を対象に、戦闘の直後に何千何万という兵士への個別および集団の面接調査が行われたのである。その結果はつねに同じだった。第二次大戦中の戦闘では、アメリカのライフル銃兵はわずか一五から二〇パーセントしか敵に向かって発砲していない。発砲しようとしない兵士たちは、逃げも隠れもしていない（多くの場合、戦友を救出する、武器弾薬を運ぶ、伝令を務めるといった、発砲するより危険の大きい仕事を進んで行っている）。ただ、敵に向かって発砲しようとしないだけなのだ。日本軍の捨て身の集団突撃にくりかえし直面したときでさえ、かれらはやはり発砲しなかった。

問題は、なぜかということだ。なぜ兵士たちは発砲しなかったのか？　歴史学者、心理学者、そして兵士としての観点から私はこの問題を研究し、戦闘における殺人のプロセスについて調査を進めてきたが、それによってしだいにわかってきたことがある。戦闘中の殺人に関する一般的な学説では、ひとつ重大な要因が見落とされているということだ。そこを考慮すれば、上記の問題も含めてさまざまな疑問が解けるはずだ。その要因とはすなわち、ほとんどの人間の内部には、同類たる人間を殺すことに強烈な抵抗感が存在する、という単純にして明白な事実である。その抵抗感はあまりに強く、克服できないうちに戦場で命を落とす兵士が少なくないほどだ。

こう聞いて、「あまりに当然の」話だと思う人もいる。「人を殺すのがむずかしいのは当たり前だ」とそういう人は言うだろう。「私はどんなことがあっても人を殺すことはできない」と。だが、それは間違っている。適切な条件づけを行い、適切な環境を整えれば、ほとんど例外なくだれでも人が殺せるようになるし、また実際に殺すものだ。また逆に、

「戦闘になればだれだって人を殺すさ。相手が自分を殺そうとしていれば」と言う人もいるだろう。しかし、それはいっそう大きな誤りである。この第一部で見てゆくように、歴史を通じて、戦場に出た大多数の男たちは敵を殺そうとしなかったのだ。自分自身の生命、あるいは仲間の生命を救うためにすら。

第1章　闘争または逃避、威嚇または降伏

対立を解決する道は、闘争か逃避のふたつしかない。私たちの文化にはそういう考えかたが深く組み込まれているし、教育機関はそれにほとんど異を唱えようとしない。アメリカ軍は従来、この考えかたを自然法則のレベルにまで祭り上げるという方針をとってきた。

リチャード・ヘクラー「戦士魂とはなにか」

戦場の人間心理が誤解されてきた根本原因をあげるとすれば、ひとつには戦場のストレスに闘争・逃避モデルを誤って当てはめたせいだ。闘争・逃避モデルとは、危険に直面した生物は、生理的・心理的な一連のプロセスを経て、闘争または逃避にそなえて態勢を整えるという考えかたである。この闘争か逃避かという二分法は、危険に直面した生物の選択肢として適切ではあるが、ただ例外がある。その危険が同種の生物に由来する場合だ。同種の生物から攻撃された場合の反応には、威嚇と降伏という選択肢が加わるのである。動物界に見られるこの同種間の反応パターン（すなわち闘争、逃避、威嚇、降伏）を人間の戦争行為に応用するというのは、私の知るかぎりではまったく新しい試みである。

同種間の抗争では、ふつうはまず逃避か威嚇が選ばれる。ヒヒや雄鶏を観察してみると、

逃避を選択しなかった場合でも、相手が同種であれば即座に喉首に飛びかかるような反応は示さない。双方とも本能的に一連の威嚇行動に移るが、この段階では相手に危害を加えることはまずない。視覚的・聴覚的に、自分が危険で恐ろしい敵だと相手に納得させるのが目的だ。

同種の敵を威嚇によって撃退できなかった場合は、とるべき選択肢は闘争、逃避、降伏の三つになる。しかし、かりに闘争という選択肢がとられても、死にいたることはまずない。コンラート・ローレンツが指摘したように、ピラニアやガラガラ蛇はどんな相手にでも噛みつくが、敵が同種のときはピラニアは尾で打ち合うだけ、ガラガラ蛇は取っ組み合うだけである。こんなきわめて抑制された、生命に危険の及ばない闘争では、ある時点でどちらかが敵の獰猛さと勇敢さに恐れをなすのがふつうだ。そうなると、とるべき選択肢は降伏か逃避かのふたつだが、降伏という選択肢のとられる頻度はびっくりするほど高い。たいていは勝者にへつらい、身体の弱い部分をわざとさらけ出すという形をとる。同種の生物に降伏した場合は、殺されたり、それ以上危害を加えられることはないと本能的に知っているのだ。この威嚇と疑似闘争と降伏というプロセスは、無用の死を防ぐという意味で種の存続にとって不可欠である。このプロセスがなかったら、大きくて経験豊富な敵と遭遇した若い雄はことごとく殺されてしまう。つまり若い雄は、敵に威嚇されてかなわないと思ったら降伏すればよいのだ。そうすれば死なずにすみ、いずれは雌を得て遺伝子を後世に伝えることができる。

本物の攻撃と威嚇のあいだには明らかな一線がある。オックスフォードの社会心理学者ピーター・マーシュは、ニューヨークの不良グループにもこの原則が当てはまると述べている。また〈いわゆる未開の部族および戦士〉にも、世界中のほとんどの文化にも当てはまるという。どこでも同じ〈攻撃のパターン〉があり、どこでも「きわめて組織化され、高度に儀式化された」威嚇と疑似闘争と降伏のパターンがある。このような儀式によって、比較的実害のない威嚇と誇示にのみ力が注がれる結果になっているのだ。これによって生み出されるのは、〈完全な幻影としての暴力〉である。攻撃もあり競争もあるが、実際の暴力は〈ごくごくわずかなレベル〉にとどまっているのだ。

グウィン・ダイアはこう結論する。「たしかに、人間を本気で切り裂きたがる精神病《サイコ》質者《パス》もたまにはいる」が、抗争に加わるほとんどの人間にとっては、実際には〈体面、示威、利益、そして損害の抑制〉のほうが大事なのである。平和時だけでなく、歴史を通じて接近戦を戦ってきた若者たち（ほとんどの社会で、戦闘に送り出されるのは、伝統的に若者――すなわち青年期にある男性だった）も、敵を殺そうとはほとんど思っていない。不良どうしの抗争の場合と同じく、戦争でも威嚇こそが肝心なことなのだ。

次にあげるのは、パディ・グリフィスの「南北戦争の戦術」からの引用である。これを読むと、南北戦争のウィルダーネス（ヴァージニア州の森林地帯。南北戦争中に戦場になった）の戦役では、深い森林地帯での戦闘だっただけに、音声による威嚇が効果的に使われていたことがわかる。

声はすれども姿は見えず、大声で叫んでいれば中隊でも連隊のふりができた。のちに聞いた話では、両軍のさまざまな部隊が「大声に怯えて」持ち場から逃げ出していたという。

大声に怯えて部隊が逃げ出すというのは、威嚇がもっとも効果的に使われた例と言ってよいだろう。闘争という選択肢をとるまでもなく、敵に逃避という手段を選ばせることができたのだから。

攻撃に対する反応の一般的なモデルである闘争・逃避モデルに、威嚇と降伏という選択肢を加えることによって、戦場での多くの行動が説明しやすくなる。人は恐怖に襲われると、前脳で考える（つまり人間の心で考える）のをやめてしまい、文字どおり中脳（獣の脳と本質的には変わらない部分）で考えるようになる。そして獣の心のなかでは、いちばん声の大きな者、あるいは自分を大きく見せた者が勝者なのである。

古代ギリシアやローマの羽飾りつき兜も威嚇のひとつの例である。羽飾りがついていると実際より背が高く見え、手ごわい敵に見える。まぶしく輝く甲冑を着けていれば横幅が広く見え、はつらつとして見える。近現代史において、こんな羽飾りのたぐいがもっともてはやされたのはナポレオン時代である。兵士は色あざやかな制服を身につけ、高く突っ立ってかぶりにくいシャコー帽をかぶっていた。その目的は、実際よりも背を高く見せ、手ごわい敵だという恐怖感を与えることにほかならない。

同様に、威嚇しあう二頭の獣のように、戦闘中の人間は咆哮を発する。何世紀ものあいだ、兵士たちの鬨《とき》の声は敵の血を凍らせてきた。ギリシアの重装歩兵の方陣《ファランクス》の鬨の声であろうと、ロシアの歩兵の「フラー！」であろうと、スコットランドのバグパイプの悲鳴であろうと、あるいはわが国の南北戦争の南軍の叫び声であろうと、兵士はつねに本能的に、実戦に突入する前に非暴力的な手段で敵を威圧しようとする。それと同時に、味方どうし互いに励ましあい、自分で自分の獰猛さに奮い立ち、また同時に敵の不愉快な叫び声をかき消すための、非常に効果的な手段ともなっているのである。

先にあげたのは南北戦争時の話だが、同様の例は現代にもある。以下にあげるのは陸軍歴史資料からの抜粋で、朝鮮戦争中の砥平里《チピョンニ》の防衛戦におけるフランスの歩兵大隊の行動を述べた箇所だ。

［北朝鮮側の］兵士たちは、フランス軍が占拠した小山から一〇〇ないし二〇〇ヤード手前で整列し、そこから攻撃を開始した。笛やらっぱを吹き鳴らし、銃剣を構えて走ってくる。その突撃のどよめきが始まったとき、フランス軍の兵士たちは携帯用のサイレンを鳴らしはじめ、一分隊が中国軍めがけて走りはじめた。大声でわめき、正面や側面に手榴弾を投げつつ突っ込んでゆく。両軍が二〇ヤードまで迫ったとき、中国軍は急にまわれ右をして、反対方向に走りだした。こうして戦闘は一分とたたずに終わった。

ここでもやはり、小部隊による威嚇（サイレン、手榴弾、銃剣突撃）によって、数にまさる敵軍が浮足立ち、ついには逃避という選択肢をとったわけである。火薬の登場によって、兵士は絶好の威嚇手段を手に入れた。パディ・グリフィスはこう語る。

［南北戦争の記録には］連隊がめちゃくちゃに発砲したという話が出てくる。いちど発砲しだすと、弾薬が尽きるか、興奮が醒めるまで兵士たちは発砲しつづけたという。発砲というのはきわめて前向きな行為であり、したがって感情の物理的なはけ口として絶

好であるから、受けた訓練も将校による制止も、本能の前にあっさり吹っ飛んでしまったのである。

圧倒的な音響と圧倒的な威嚇力で、火薬は戦場を制覇した。純粋に殺傷力だけが問題だったのなら、ナポレオン戦争ではまだ長弓が使われていただろう。長弓の発射速度と命中率は、銃腔に旋条のないマスケット銃よりはるかに高かったからである。しかし、中脳で考えている怯えた人間の場合、弓矢で「ヒュン、ヒュン」やっていたのでは、同じように怯えていてもマスケット銃を「バン！　バン！」鳴らしている敵にはとてもかなわない。

言うまでもなく、マスケット銃やライフル銃を撃つという行為は、生物の本性に深く根ざした欲求、つまり敵を威嚇したいという欲求を満足させる。と言うよりむしろ、なるべく危害を与えたくないという欲求を満たすのである。このことは、敵の頭上に向けて発砲する例が歴史上一貫して見られること、そしてそのような発砲があきれるほど無益であることを考えればわかる。

兵士には一般に、ただ発砲するだけのために空に向かって無駄撃ちをするという傾向があるが、このことを初めて記録に残した人物にアルダン・デュピクがいる。一八六〇年代、フランス軍将校を対象にアンケートを行って、戦闘のなんたるかについて徹底的に研究したのである。この種の研究としては非常に早い例といえる。ある将校の答えは率直そのものだ。「かなり多くの兵士たちが、まだ敵から遠く離れているうちに空に向かって発砲していた」。またある将校はこう述べている。「自軍の兵士のなかには、危険にわれを忘れて狙いもつけずに空に向かって発砲する者もいた。恐怖を紛らすと同時に、発砲という行動に酔いたがっているように見えた」。

パディ・グリフィスも、デュピクと同様の傾向を指摘する。戦闘に巻き込まれた兵士は、敵にまったく危害を及ぼすことができないときでさえ（というより、むしろそんなときだからこそ）銃を発砲したいというやみくもな衝動を感じる、というのだ。グリフィスは次のように書いている。

> ブラッディ・レーン、マリーズ・ハイツ、ケネソー、スポットシルヴェニア、コールド・ハーバー（いずれも南北戦争の戦場）といった名高い〈虐殺場〉でさえ、攻撃部隊は防衛線のまぎわまでやって来ただけでなく、そこに何時間もぶっ通しで、それどころか実際には何日間もとどまっていられた。つまり、南北戦争時のマスケット銃は、敵が非常に密集した陣形をとっているときでさえ、遠距離から多数の人間を殺傷する力がなかったのである。近距離であればたしかに多数の人間を殺すことができ、また実際に殺しもしたが、非常に手早く片づけたとはいいがたい［傍点グロスマン］。

グリフィスの推計によると、ナポレオン戦争または南北戦争のころの一連隊（一般に二〇〇から一〇〇〇人規模）は、平均三〇ヤードの射程距離から掩蔽《えんぺい》のない敵連隊にマスケット銃を発砲する場合、平均して一分に一人か二人しか殺せなかったという。このような発砲は、「疲労が極限に達するまで、あるいは日没で交戦が終了するまで続いた。死傷者数が多いのは戦闘が長く続いたからであって、命中率がとくに高かったからではない」。

つまり、ナポレオン戦争および南北戦争時代の兵士は、信じられないほど無能だったわけである。これは銃砲に問題があったからではない。ジョン・キーガンおよびリチャード・ホームズの「兵士たち」には、一七〇〇年代後半のプロシアによる実験がとりあげられている。敵の部隊を表す高さ六フィート、長さ一〇〇フィートの標的に対して、滑腔のマスケット銃を使って歩兵大隊に発砲させたところ、射程二二五ヤードでは命中率が二五パーセント、一五〇ヤードで四〇パーセント、七五ヤードになると六〇パーセントだった。つまりこれが、その部隊の潜在的な殺傷能力ということだ。だが、一七一七年のベオグラードの戦いでは、「帝国軍の二個大隊がトルコ軍に銃火を浴びせたが、敵がわずか三〇歩まで近づいてきてもたった三二名のトルコ兵しか倒せず、たちまち圧倒されてしまった」。

ときにはひとりも倒せないことさえある。ベンジャミン・マッキンタイアは、一八六三年のヴィクスバーグ（南北戦争の激戦地）における夜間の銃撃戦を直接体験した人物だが、このときは敵味方ともに一滴の血も流さずに終わったと書いている。「二個中隊の兵士が、同数ほどの敵に対して、一五歩と離れていないところからなんども一斉射撃をくりかえした。それでいてただのひとりも死傷者が出ないことがあると聞けば、そんなバカなと思うだろう。だが、この場合がそうだった」。黒色火薬時代のマスケット銃は、たしかに効果的な武器とは言いがたい。しかしそれにしても、平均して一分あたりひとりかふたりしか殺傷できないという例はくりかえし見られるのだ。

（第二次世界大戦時の機関銃もそうだが、大砲射撃の場合はまったく話がちがう。黒色火薬時代の戦場でも、砲撃の殺傷率は五〇パーセントに達することもある。今世紀の戦争では、戦死者の大半はつねに砲撃によるものだった。これは主として、大砲や機関銃などの組扱いの火器《クルー・サーブド・ウエポン》の場合は集団心理が作用するためである。この問題については、『殺人の解剖学』の部で詳しく述べる。）

先塡《ご》め式マスケット銃は、射手の熟練度や銃の状態によって、一分間に一発から五発の弾丸を発射できた。この時代の平均的な射程距離なら、ゆうに五〇パーセントを超す命中率を期待できたのだから、殺傷数は一分あたり一〇〇人単位になるはずであり、わずかひとりかふたりというのはおかしい。これらの部隊の殺傷能力と殺傷実績とがそのまま結びつかないのは、兵士の側に原因がある。つまり、標的のときとちがって、生きて呼吸をしている敵に相対すると、兵士の圧倒的多数が威嚇段階に後退して、敵の頭上めがけて発砲してしまうのだ。

リチャード・ホームズは、すぐれた著作「戦争という行為」において、さまざまな歴史上の戦闘での命中率を調べている。一八九七年、ロークス・ドリフトで英国兵士の小集団が、はるかに数にまさるズールー族に包囲されたことがある。密集する敵の大軍に直射距離から一斉射撃をくりかえしたのだから、当たらないはずがないように思えるし、命中率が五〇パーセントでも低すぎるぐらいだ。ところがホームズの推計によると、実際にはひとり倒すのに約一三発の弾丸が必要だったという。

同様に、一八七六年六月一六日、ローズバッド・クリークで、クルック将軍率いる部隊は二万五〇〇〇発の銃弾を費やしたが、インディアンの死傷者は九九人、つまり命中率は二五二分の一だった。また、一八七〇年のヴィッセンブルクの戦いのとき、フランス軍は要塞化した陣地を防衛するため、開けた戦場を進撃してくるドイツ軍に発砲したが、四万八〇〇〇発を費やして倒したドイツ兵は四〇四名だった。つまり命中率は一一九分の一である（しかも、死傷者の一部、というよりおそらく大多数は、砲撃によるものなのはまちがいない。それから考えると、フランス軍の命中率は驚くべき低さということになる）。

第一次世界大戦中に英国軍の小隊を率いたジョージ・ルーペル中尉も、やはり同じ現象に遭遇している。空に向かって発砲するのをやめさせるには、銃剣を抜いて塹壕を見まわり、部下の「しりを蹴飛ばしてこっちに注意を向けさせ、もっと低く撃てと命令する」しかなかったという。この傾向はベトナムの銃撃戦でも見られる。敵ひとりを殺すのに五万発以上の銃弾が費やされたのである。ベトナムで海兵隊第一師団の衛生兵だったダグラス・グレアムは、敵味方の銃弾をかいくぐって負傷兵の救援に向かったというが、「銃撃戦のさなか、だれにも当たらない無駄弾《だま》丸があんなに多いとは驚いた」と語っている。

未開部族の戦争では、実際に戦うことより威嚇が目的なのが見え見えである場合が多い。リチャード・ゲイブリエルによれば、ニューギニアの未開部族は狩猟のときにはたくみに弓矢を扱うのに、部族間の戦闘では矢尻の羽根を抜いてしまうという。戦争になると、この不正確な役立たずの矢だけを使うのである。同様に、アメリカ・インディアンは〈見なし攻撃〉、つまり敵にただ触れるだけの行為を、実際に殺すことよりはるかに重視していた。

この傾向は、西欧の戦争の源流にも見ることができる。サム・キーンによれば、ギリシアの都市国家間の戦争は「アメリカン・フットボールの試合より大して危険でなかった」とハーバードのアーサー・ノック教授は好んで言っていたそうだ。アルダン・デュピクの指摘によれば、征服に次ぐ征服の生涯に、アレクサンダー大王が敵の剣に失った兵士はわずか七〇〇名だったという。敵軍の犠牲者はもちろんはるかに多かったが、その大半は戦闘が終わったあと（戦闘じたいは、ほとんど無血の押し合いだったようだ）、背中を向けて逃げ出したときに殺されたものだ。カルル・フォン・クラウゼヴィッツも同様のことを述べている。歴史上の戦闘では、どちらかが戦闘に勝利して敗軍を追跡しているときが、主として死者の出るときなのである（その理由については、『殺人と物理的距離』の部でくわしく見てゆく）。

これから見てゆくように、現代的な訓練または条件づけの技術を応用すれば、威嚇したいという人間の性向をあるていど克服できる。事実、戦争の歴史は訓練法の歴史と言ってよいほどだ。兵士の訓練法は、同種である人間を殺すことへの本能的な抵抗感を克服するために発達してきたのである。高度な訓練を受けた近代的な軍隊が、ろくに訓練もされていないゲリラ部隊と交戦する――こんな戦闘はさまざまな状況下で起きているが、そのような場合、訓練が不十分な兵士は本能的に威嚇行動をとる（たとえば空に向かって発砲するなど）傾向があり、高度に訓練された兵士の側にそれが非常に有利に働いている。ローデシア戦の復員軍人であるジャック・トンプスンは、このような未訓練の部隊との戦闘を体験している。ローデシアでは、直接戦闘の手順は「背嚢を捨てて銃手に向かって突進する、だった……どんなときでもな。［ゲリラは］有効な銃撃ができなくて、弾丸はこっちの頭の上を飛んでいくだけなんだ。だから、銃撃戦ではたちまちこっちが優位に立って、味方をひとりでも失うことはめったになかった」という。

現代戦においては、訓練および殺人能力におけるこの心理的・技術的な優位性が、つねに決定的な要因として働いている。イギリスのフォークランド攻撃や、一九八九年のアメリカのパナマ侵攻のときもそうだった。これらの紛争では侵略者側が圧倒的な勝利を収め、彼我の殺傷率の差は信じられないほど大きかったが、少なくともその一部は、両軍の訓練の程度と質の差によって説明できる。

的を外すというのは、はっきりと空に向かって撃つこととは限らない。軍の射撃場を二〇年体験してきたが、よほど銃口を高い位置に向けないかぎり、わざと外しているのかどうか、はたから見ていてわかるものではない。つまり、故意に的を外すという手は、ごく隠微な不服従の方法として使えるということだ。

私の祖父のジョンはその格好の実例である。第一次世界大戦のとき、祖父は銃殺執行部隊の一員に任命されたのだが、にもかかわらず囚人をひとりも殺さなかったことをなにより自慢にしていた。「かまえ、ねらえ、撃て」の順で命令が来る。「ねらえ」の号令で囚人にねらいをつければ、「撃て」の号令と同時にねらった相手に当てられる。そこで、「ねらえ」の命令で囚人からわずかにそれたところにねらいをつけ、「撃て」で引金を引いても当たらないようにしていたわけである。この手で軍を出し抜いたことを、祖父は死ぬまで自慢にしていたものだ。言うまでもなく、囚人はほかのメンバーによって銃殺されているわけだが、祖父の良心は痛まないのである。兵士というものは、何世代も前から同じことをしてきたのではないだろうか。当て損なう権利を行使することによって、権力を出し抜いてきたのではないかと思えるのだ。

もうひとつ絶好の例をあげよう。これはある傭兵ジャーナリストの記録で、エデン・パストラ（またの名をコマンダンテ・ゼロともいう）のコントラ部隊の一員として、ニカラグアの川岸で民間人を乗せた川船を待ち伏せしていたときの話である。

スルドのことばを私は一生忘れないだろう。戦闘が始まる前、パストラの長広舌をまねて、彼は全部隊にこう言ったのだ。"Si mata una mujer, mata una piricuaco; si mata un nino, mata un piricuaco." piricuaco というのは狂犬という意味の軽蔑語で、サンディニスタ（ニカラグアの民族解放戦線の兵士）のことだ。要するにスルドが言ったのは、「女を殺したら、サンディニスタをひとり殺すことになるんだ。子供を殺したら、サンディニスタをひとり殺すことになるんだ」ということだ。かくして、私たちは女子供を殺しに出ていったのである。

このときも、私は実際に待ち伏せをする一〇人のなかに入っていた。射界の障害物を除いてから物陰に引っ込み、女子供や一般人を乗せた川船がやって来るのを待った。だれもが物思いに沈んでいた。この任務の内容について口にする者はひとりもいなかった。私たちの背後数ヤード、スルドはジャングルに隠れてそわそわと行ったり来たりしている。

……七〇フィートの川船の力強いディーゼル機関が、ゆうに二分も前から大きな断続音を響かせていた。船が現れると同時に射撃開始の合図がくだる。RPG－7〔ロケット弾〕が弧を描き、船の上を通りすぎて対岸のジャングルに飛びこむ。M－60〔機関銃〕が火を噴く。私は私で、FAL（軽量自動小銃）の二〇発連射を始めた。薬莢がジャングルの羽虫のように飛び交い、弾倉は次々にからになってゆく。だがどの弾丸も、船のはるか上をむだに飛び過ぎてゆくだけだった。

これに気づいて、スルドがジャングルから走り出てきた。スペイン語で口汚く罵りながら、すでに姿を消した船に向かってAK〔ライフル〕を撃ちまくる。ニカラグアの農民は屈強の兵士で、臆病者ではない。だが、人殺しでもなかった。私はほっとしたのと誇らしいので声をたてて笑いながら、荷物をまとめてその場をあとにした。

ドクター・ジョン「民主革命同盟のアメリカ人」

この〈むだ撃ちの陰謀〉のありかたに注意してほしい。事前にひとことも相談があったわけではない。にもかかわらず、射撃の訓練を受け、撃てと命じられた兵士全員が、申し合わせたように無能な兵士を演じている。何世紀も前から何百万という兵士がとってきた単純な策略に回帰しているのである。銃殺執行隊のメンバーだった私の祖父と同じく、したくないことをさせようとする権威を出し抜くことにひそかに大きな喜びを感じているのだ。

威嚇よりもさらに驚くべき行動をとる兵士がいる。これまたきわめて明白な事実なのだが、敵の頭上めがけて発砲するどころか、まったく発砲しない兵士がいるのである。この点で、かれらの行動は動物界の〈降伏〉という行動に非常によく似ている。つまり、敵の攻撃性と断固たる態度を前にして、逃避、闘争、威嚇のいずれもとらず、おとなしく〈降伏〉という選択肢をとるわけだ。

すでに見たとおり、S・L・A・マーシャル将軍は、第二次世界大戦の米軍兵士のうち発砲した者は一五ないし二〇パーセントだったと結論した。マーシャルもダイアも述べているように、現代の戦場では軍は分散しているので、発砲率の低さはそのためかもしれない。攻撃の抑制と発動のメカニズムを左右する複雑な公式において、分散というのはたしかにひとつの要素ではある。しかし、数名の銃手が持ち場に着いているところへ敵が接近してくるという状況にあっても、実際に発砲するのはただひとりで、残りの者は伝令を務めたり、弾薬を補充したり、負傷者を手当てしたり、目標を観測するといった「必要不可欠な」任務を遂行しようとする傾向があるという。また、発砲している兵士の多くは、自分のまわりに非発砲者がおおぜいいることに気がついている、とマーシャルははっきり指摘している。だが、このような受け身の人間がいるからといって、発砲している兵士の士気がそがれることはなかったようだ。逆に、発砲しない者の存在が、さらに発砲をうながす効果を及ぼしているようなのである。

第二次大戦の戦場では、どの軍にも同じぐらいの割合で非発砲者がいたにちがいない、とダイアは述べている。「日本軍やドイツ軍のほうが、進んで殺そうとする者の割合が高かったとすれば、実際に発砲された銃弾の数量はアメリカ軍の三倍から五倍にはなったはずである。だが、そうではなかった」

マーシャルの観察は、米軍だけでなく第二次世界大戦のあらゆる軍の兵士に当てはまる。このことは膨大な証拠に裏づけられている。それどころか、きわめて説得力ある資料が示しているように、同類である人間を殺すのをためらう傾向は、戦争の歴史を通じてつねにはっきりと現れているのである。

一九八六年、イギリス防衛作戦分析所のフィールド調査部門がこんな研究を行った。すなわち、一九～二〇世紀の一〇〇を越す戦闘の記録を調査するとともに、パルス式レーザー光を使った模擬戦を行って、歴史上の軍隊の殺傷能力を分析したのである。その目的は（とくに）、マーシャルの指摘した非発砲者の数が、それ以前の戦争にもあてはまるかどうか確認することだった。歴史上の戦闘の実績と、模擬戦の被験者（与えられた〈武器〉に殺傷力はなく、〈敵〉にもわが身にも物理的な危険が及ぶ恐れはまったくなかった）の実績とを比較した結果、被験者による殺傷能力のほうが実際の記録よりもはるかに高いことが確かめられた。研究者らは、マーシャルの説は完全に正しいと結論し、模擬戦よりも実際の戦闘で犠牲者の率が著しく低いのは、「［戦闘に］参加することへのためらいがおもな原因である」と指摘している。

しかし、レーザーの模擬戦や戦闘の再現といった手間をかけなくても、多くの兵士が戦闘への参加をためらってきたことは明らかである。その気で探せば、証拠はいたるところに転がっていたのである。

第2章　歴史に見る非発砲者

南北戦争の非発砲者

アメリカ南北戦争の新兵を想像してみよう。

どちらの軍に属していようと、徴集兵だろうと志願兵だろうと、頭がからっぽになるまでくりかえし教練を受けさせられる。なんの経験もない新兵のうちは、時間さえあれば際限なく装塡訓練をやらされる。数週間もすれば、マスケット銃の装塡と発砲など目をつぶっていてもできるようになるはずだ。

指揮官というものは、ずらりと並んだ兵士がそろって発砲する図として戦闘を思い描く。敵に向かって一斉射撃をくりかえすひとつの機械。そんな機械を形作るひとつの歯車に兵士を仕立てあげること、それが指揮官の目標である。教練は指揮官にとって基本的な道具なのだ。いざ戦闘となったときにみずからの任務を果たせるように、指揮官は日ごろからこの道具をせっせと用いるわけである。

教練というものの起源は、遠くギリシアの方陣《ファランクス》にまでさかのぼる。戦場で成功するにはどうしたらよいか、手厳しく思い知らされてきた結果として生まれてきたのだ。この時代の教練を完成させたのはローマ人であり、やがて射撃訓練が必要になるとフリードリヒ大王によって科学となり、さらにナポレオンによって大量生産されるにいたる。

兵士の条件づけとプログラミングに教練がいかに大きな力を発揮するか、今日ではよく理解されるようになった。J・グレン・グレイの著書「戦士たち」にはこう書かれている。疲労困憊して「頭がぼんやりし、明晰な意識が失われ」ても、兵士は「軍という組織の細胞として機能し、期待されるとおりに行動する」ことができる。「その行動が自動化されているからである」。

軍隊は、教練を通じて条件反射を植えつける。ジョン・マスターズの「マンダレーを過ぎる道」には、その条件反射の顕著な例が見られる。第二次世界大戦中の、ある機関銃班の行動について述べたくだりである。

一番［銃手］は一七歳、私の知った顔だった。二番［副銃手］がその左側に腹這いになっていた。頭を敵のほうに向け、手には装塡済みの弾倉を持っている。一番から「交換！」の声がかかったら即座にセットしようと待ち構えているのだ。一番が発砲しはじめると、日本軍の機関銃が近距離から応戦しはじめた。一番は最初の連射を顔と首に受けて即死した。だが、機関銃の後ろに陣取ったままではなく、右側に転がって持ち場を離れてから息を引き取った。死ぬ直前には左手が上がって二番の肩を叩いている。これは〈交代〉の合図なのだ。二番は機関銃の前から死体を押し退ける必要もなかった。すでに空席になっていたからである。

銃手は、この〈交代〉の合図を教練でたたき込まれていたのだ。重要な武器である機関銃の前が無人になってはいけないので、銃手が持ち場を離れるときは必ずこの合図を出すことになっているわけだ。しかし、それがこんな状況でも出るのはまさに条件反射の証拠である。脳を撃ち抜かれていてもなお、死ぬ前に無意識に合図をしてしまうほど、その条件づけは強力にしみついていたわけである。

グウィン・ダイアは次のように書いているが、これはまさに核心を衝いているといってよいだろう。すなわち、「〈訓練〉というより〈条件づけ〉(パブロフの犬とほとんど同じ意味での)というほうがおそらく適当だろう。なぜなら一兵卒に求められるのは思考ではなく、……戦闘のストレス下にあっても、まったく自動的にマスケット銃の装塡と発砲を行う能力だからである」。この条件づけは、〈文字どおり何千時間もの反復訓練〉、およびこれと表裏一体の〈身体的暴力という昔ながらの動機づけ、すなわちしくじったときの懲罰〉によって達成される。

南北戦争の武器は、一般に先塡め式、黒色火薬の施条マスケット銃だった。発砲するには、弾丸一発と火薬を紙で包んだ弾薬包が必要である。この弾薬包をかみ破って、火薬を銃身に流し込み、弾丸を入れて深く押し込み、撃発雷管をつけ、打金を起こし、発砲するという手順になる。火薬を銃身の奥に落とし込むのは重力に頼っていたから、作業はすべて立って行われる。戦闘は座業ではなかったわけだ。

撃発雷管の発明と弾薬を包む油紙の出現によって、銃はだいたいにおいて雨天でも使えるようになった。油紙のおかげで火薬が湿らなくなり、撃発雷管によって信頼性の高い点火方法が実現したからである。激しい豪雨のときは別として、銃が正しく動作しないのは、火薬より先に弾丸を填めたとき（くりかえし教練を受けていれば、まずこんな失敗はしない）か、撃発雷管をはめる穴が目詰まりしたとき（発砲をくりかえすと起きがちだが、簡単に直せる）だけになったのだ。

誤って二重に弾丸を装填すると、多少は厄介だったかもしれない。戦闘の興奮のさなかでは無理もないことだが、すでに装填済みなのを忘れて二発めをその上から詰めてしまうのは珍しいことではなかった。しかし、それでも発砲できなくなるわけではない。銃身は頑丈だし、黒色火薬は比較的威力が弱い。工場での試験やこの時代の試射などでは、複数の弾丸を填めたらどうなるかしばしば実験されているし、銃身の先端まで目いっぱい弾丸を填めて実験が行われた例もある。そのような状態で発砲すると、いちばん奥の弾丸が点火されて、ほかの弾丸はその勢いで銃身から押し出されるだけなのである。

この時代の銃は手早く正確に操作できた。ふつう一分間に四、五発は撃てたはずである。訓練のとき、あるいは施条マスケット銃で狩りをするとき、命中率は少なくともプロシア軍の実験結果より劣ることはなかったはずだ。つまり、幅一〇〇フィート、高さ六フィートの標的に対して、射程距離二二五ヤードで二五パーセント、一五〇ヤードで四〇パーセント、七五ヤードで六〇パーセントということである。言い換えれば、射程七五ヤードで二〇〇名の連隊が発砲した場合、最初の一斉射撃で敵を一二〇名倒せることになる。一分に四発撃てるとすれば、最初の一分間で四八〇名を殺せる計算だ。

南北戦争の兵士は、かつて地球上に現れたうちで訓練も装備も最も行き届いていた兵士だったにちがいない。そしてついに戦闘の日がやって来た。この日のために教練を受け、長い行軍を耐えてきたのだ。ところがその日の訪れとともに予想も幻想もすべて打ち砕かれ、こんなはずではなかったと思うことになる。

最初のうちは、一列に並んだ兵士がそろって銃を撃つという構図はそのとおりかもしれない。指揮官がしっかり手綱を握っており、地勢がさほどばらばらでなければ、しばらくは連隊間で一斉射撃の応酬という形の戦闘が続くかもしれない。しかし、そんな斉射のうちからもうなにかが狂っている。とんでもなく、恐ろしく狂っている。ふつう、交戦は三〇ヤードほどの距離から行われる。しかし、最初の一分間で敵の兵士が何百人もなぎ倒されるはずが、連隊全体で一分にひとりかふたりしか殺せないのだ。鉛玉を雨あられと浴びて敵の陣形は総崩れになるかと思いきや、そのまま何時間もぶっ通しで銃火の応酬が続くのである。

遅かれ早かれ（たいていは早かれのほうだが）、そろって斉射を行っていた長い横隊が崩れはじめる。混乱のさなか、火薬の煙と銃の轟きと負傷者の悲鳴に包まれるうちに、兵士は機械の歯車からひとりの人間に戻り、自分のやりたいことをやりはじめる。銃の装塡をする者もいれば、武器を手渡す者、負傷者の介抱をする者がいる。わずかながら逃げだす者もいるし、煙に巻かれて迷う者、手ごろなくぼみを見つけて身を隠す者もいる。そしてほんのひと握りの兵士だけが発砲を続けるのだ。

第二次世界大戦中の資料にかぎらず、無数の歴史資料が伝えているのはこういうことだ。すなわち、先塡め式マスケット時代、ほとんどの兵士は戦闘中にせっせと別の仕事をしていたのである。ずらりと並んだ兵士が敵に発砲するというイメージは、南北戦争に従軍した兵士の生々しい証言にひっくり返される。これはグリフィスが著書に引いているもので、アンティータム（南北戦争激戦地）の戦いについて語ったことばである。「さあ大変だ。こうなったら兵卒も将校も……そのへんの烏合の衆と変わりやしない。早く銃を撃とうとあわてまくって、みんながてんでに弾薬包を破り、弾丸を塡め、銃を仲間に渡したり、発砲したりする。その場に倒れるやつもいれば、まわれ右してとうもろこし畑に逃げ込むやつもいる」。

これが、記録にくりかえし現れる戦闘の姿なのだ。マーシャルの第二次世界大戦の研究でも、この南北戦争の描写でも、実際に敵に発砲しているのはごく一部の兵士だということがわかる。ほかの兵士たちは弾薬をそろえたり、弾丸を装塡したり、仲間に銃を手渡したり、あるいはどこへともなく消え失せたりしていたのである。

進んで敵に発砲する兵士のために、ほかの者が銃の装塡その他の雑用を引き受けるというのは、例外的どころかごく一般的な現象のようだ。グリフィスの収集した事例には、ほかの者から応援されて発砲を続けた兵士の例が無数に登場する。南北戦争の際に、ひとりで一〇〇発、二〇〇発、信じられないことに四〇〇発もの弾丸を発砲した兵士もいたという。支給される標準的な弾薬数がたった四〇発だった時代、四〇発も発射したら銃が汚れて清掃しなければ使えなかった時代の話である。つまり、あまり攻撃的でない戦友から、武器も弾薬も供給されていたと考えるしかないのだ。

敵の頭上高く発砲する、進んで発砲する者の手助けをする（装塡を引き受けるなど）。このふたつのほかに選択肢はもうひとつある。デュピクはこのことをよく理解していた。「脱落して姿を消す者もいる。かれらを襲ったのが銃弾か、それとも前進することへの恐怖なのか、いったいだれにわかるだろう」。軍事心理学の分野で当代一流の著述家である、リチャード・ゲイブリエルはこう述べている。「ワーテルローやセダン規模の戦いでは、単にその場に倒れて泥のなかにじっとしているだけで、発砲しなくてすみ、また上官の命令に逆らって攻撃を拒否する必要もなくなる。銃火におびえる兵士がこんなチャンスに気づかないはずはない」。実際、誘惑は大きかっただろうし、その誘惑に負けた者も多かったにちがいない。

敵の頭上高く発砲する（威嚇）、前進せずに脱落する（一種の逃避）というのはわかりやすい選択肢だ。またこのほかに、銃の装塡を引き受けるなどして、望んで発砲する者の手助けをする（消極的な闘争）という広く受け入れられた選択肢もあった。にもかかわらず、黒色火薬時代の戦闘においては、何千という兵士がおとなしく降伏するという道を選んでいる。つまり、「発砲しているふりをする」ことで、敵に対しても指揮官に対しても降伏していたのである。こんな〈偽装発砲〉の傾向を雄弁に物語っているのが、南北戦争中に戦場から回収された、複数の弾丸を装塡した銃の存在である。

放棄された銃の矛盾

「南北戦争コレクター事典」の著者F・A・ロードによれば、ゲティズバーグの戦いのあと、二万七五七五挺のマスケット銃が戦場から回収されたという。このうち九〇パーセント近く（二万四〇〇〇挺）は装塡されたままだった。その装塡された銃のうち一万二〇〇〇挺には複数の弾丸が装塡されており、うち六〇〇〇挺は三発から一〇発もの弾丸が詰め込まれていた。なんと二三発も装塡されていた銃もあったという。しかし、装塡されたままの銃がこれほど数多く戦場に残されていたのはなぜなのだろう。そしてまた、少なくとも一万二〇〇〇名の兵士が戦闘中に複数の弾丸を誤って装塡したことになるが、いったいどうしてそんなことが起きるのだろうか。

黒色火薬時代の戦場では、装塡済みの銃は貴重だった。立ったままで、短い射程をはさんで敵と顔を見合わせながら発砲していたわけだから、銃が装塡されたままになっている時間はごく短いはずである。兵士の時間の九五パーセント以上は銃の装塡に費やされ、発砲している時間は五パーセント足らず。ほとんどの兵士が敵をできるだけ早く効率的に殺そうと必死になっていたとすると、兵士の九五パーセントは発砲済みのからの銃を手にしているはずだ。死傷者の手に、装塡され、打金が起こされ、雷管の取り付けられた銃が握られていれば、たちまち取り上げて発砲したにちがいない。

もちろん、突撃をかけている途中で撃ち殺されたり、マスケット銃の射程距離外から砲撃にやられた者も多かった。このような場合は発砲するチャンスがなかったわけであるが、犠牲者の九五パーセントがそのような兵士だということはほとんど考えられない。戦闘中には銃を発砲するものだと全員が思っていたとすれば、倒れた兵士の多くはからの銃をもって死んでいるはずだ。装塡されたままの銃が落ちていれば、戦線の移動にともなって通りかかった兵士に拾い上げられ、発砲されているだろう。

ここから明らかなのは、ほとんどの兵士は敵を殺そうとしていなかったということだ。おおよそ敵の方向に発砲することさえしなかったわけである。マーシャルが結論したように、兵士の大半は戦闘中に発砲することに対して、身内に抵抗感を抱えていたように思える。ここで重要なのは、そんな抵抗感はマーシャルが発見するずっと以前から存在していたということ、そして銃に複数の弾丸が装塡されていたのは、多くの場合（ほとんどとは言わないまでも）この抵抗感のためだったということである。

先塡め式の銃は、立った態勢で弾丸を装塡しなければならない。しかもこの時代の将校は、肩と肩が触れ合うほど火線部隊を密に並べたがった。このふたつの条件が重なると、発砲していないのをごまかすのは（マーシャルが研究した時代とは違って）非常にむずかしくなる。こういう一斉射撃状況下では、デュピクの言う権威者と仲間とによる〈相互監視〉が、発砲をうながす強力な圧力を生み出したにちがいない。

ここには、一斉射撃のあいだに隠れていられるような、〈現代の戦場における孤立と分散〉状況は存在しない。一挙手一投足が、肩を並べて立つ戦友の目にさらされているのだ。それでもどうしても発砲できない、したくないとすれば、ごまかす手段はただひとつ、銃を装塡し（弾薬包を破り、火薬を流し込み、弾丸を塡め、深く押し込み、雷管をつけ、打金を起こす）、肩にかまえ、だが実際には発砲しないことだ。近くの者が発砲したときに合わせて、銃の反跳のまねをするぐらいはしただろう。

ここに兵士の鑑ともいうべき勤勉な兵士がいる。混乱と阿鼻叫喚と硝煙渦巻くさなかにあって、慎重に確実に弾丸を装塡する。その彼の行動には、上官の目にも仲間の目にも、称賛こそすれとがめるべき点など見つかりはしないのだ。

なにより驚くべきは、思考も麻痺する当時の反復訓練を受けていながら、この発砲しない兵士たちがその訓練に真っ向から逆らっているということだ。しかもそれでいて、なにより大事な装塡訓練に関してだけは、教練教官を一貫して〈失望〉させつづけているわけである。どうしてこんなことが起きるのだろうか。

複数の弾丸を装塡された銃が捨てられていたのは、誤って装塡したから捨てただけだと考える人もいるかもしれない。たしかに、いくら際限なく訓練を受けたとは言っても、戦争のさなかには頭が混乱して誤って二重装塡することもあるかもしれない。しかし、それでも発砲できないわけではない。最初の弾丸の勢いで二発めは押し出されてしまうだけなのだから。めったにないことだが、弾丸が途中で引っかかったり、なにかの理由で銃が作動しなくなったとしても、あっさり捨ててしまって別のを拾えばすむ。だが、ここで起きているのはそういうことではないのだ。いま問わねばならないのは、なぜ発砲というステップだけが飛ばされているのかということだ。両軍の全部隊を合わせて少なくとも一万二〇〇〇人もの兵士が、そろいもそろって同じ過ちをしでかすなどということがどうして起きるのだろうか。

ゲティズバーグの一万二〇〇〇の兵士たちは、戦闘のショックで頭が混乱し、誤って二重装塡をしでかしたあと、発砲するまもなく全員殺されたのだろうか。それとも、全員がなんらかの理由で自分の銃を捨て、別のを拾ったのだろうか。あるいは火薬が湿っていたのかもしれない（油紙で保護されてはいるが）。しかし、一万二〇〇〇挺もの銃にいちどにそんなことが起きるものだろうか。それに、うち六〇〇〇人は二重どころか三重四重に装塡して、それでもなお発砲していないのだ。これはなぜだろう？　単なるミスもあっただろうし、火薬が悪くなっていた場合もあるだろうが、しかし圧倒的多数の兵士については、考えられる理由はこれしかないと思う。つまり、第二次世界大戦の兵士のうち、八〇～八五パーセントが敵に発砲できなかったのと同じ理由なのだ。これら南北戦争の兵士たちが（教練による）強力な条件づけを克服したという事実は、生得的な本能の力がどれほど強いか、そしてまた、道徳を重んじる意志がいかに崇高な行為を生み出すかをはっきりと物語っている。

第二次世界大戦の戦闘の直後にマーシャルが兵士に尋ねなかったら、銃手の驚くべき無能ぶりが明らかになることはなかっただろう。ということはつまり、南北戦争もふくめて第二次大戦以前の戦争については、当時の銃手の成績を知る手だてはないわけである。なにしろ質問する者がいなかったのだから。したがって手持ちの資料から推測するしか道はないわけで、その手持ちの資料が語っているのはこういうことだ――黒色火薬時代の兵士の少なくとも半数は発砲せず、発砲した者のなかでも、実際に敵をねらって発砲した者はごくひと握りだった。

パディ・グリフィスが明らかにしたところでは、黒色火薬時代の銃撃戦では、平均的な連隊の命中率は一分間にひとりかふたりだった。この命中率の低さの理由を、私たちはようやく理解できるようになったところだ。そしてまた、この低い命中率がマーシャルの説を強力に裏付けていることもわかってきた。当時の施条マスケット銃では、少なくともプロシア軍と同等の命中率を上げることが潜在的には可能だったはずだ。つまり、射程七五ヤードで六〇パーセントということである。それなのに、現実の成績はその足元にも及んでいない。

第二次世界大戦の場合と同じく、連隊の火線に並ぶ銃手のうち、実際に敵に向かって発砲していた者がほんの一部だったとすれば、そしてほかの者は勇敢にも、火線に並んだまま敵の頭上めがけて発砲したり、あるいはまったく発砲していなかったのだとすれば――それならば、グリフィスのあげた数字にも納得がゆくというものである。

この数字を見せられると、これは「骨肉相争う」内戦に特有の現象ではないかと考える人もいる。しかし、ジェローム・フランク博士は、著書「核時代における正気と生存」のなかでそのような説に明快な反論を加えている。一般的に言って、内戦は他の戦争よりも残酷で、長引きがちであり、歯止めが効かなくなりやすいというのである。またピーター・ワトスンの「精神の戦争」にはこう指摘されている。「同じように規範からはずれた行動であっても、直接関係のない他者より、身内のなかから出た行動のほうがけしからぬふるまいと見なされ、激しい報復を引き起こすものである」。昔のヨーロッパにおけるキリスト教の党派間の激しい抗争、今日のアイルランドやレバノンやボスニアの内戦、レーニン派、毛沢東派、トロツキー派による共産主義者内部の対立、さらにはルワンダその他のアフリカの部族戦争の恐ろしさを見れば、このことはあまりにも明らかだろう。

私の考えでは、ゲティズバーグの戦場に捨てられていた銃のほとんどは、戦闘の最中に発砲することができなかった、あるいはしたくなかった兵士のものだ。かれらは発砲しないままに殺されたり、負傷したり、敗走したりしたのである。この一万二〇〇〇人のほかに、やはり同じぐらいの数の兵士が、同じように複数の弾丸を装填した銃をもって戦場をあとにしたにちがいない。

マーシャルが見いだした第二次大戦の八〇～八五パーセントの兵士と同じように、だれにも気づかれず、声もあげないままに、かれらはいざという瞬間に良心的兵役拒否者になったのだ。同類たる人間を殺すことができない自分に気づいたのである。この時代のマスケット銃があきれるほど役立たずだったのは、そもそものためだったわけだ。これがゲティズバーグで起きたことである。たとえ同様の資料がなくても、深く追究してみれば、ほかの黒色火薬時代の戦場でも同じことが起きていたことがわかるはずだ。

その適例が、コールド・ハーバーの戦い（南北戦争中の戦闘）である。

〈コールド・ハーバーの八分間〉

コールド・ハーバーの戦いについては、ここでぜひともくわしく検討してみたい。一見すると、八〇～八五パーセントの非発砲者という説に対する強力な反論材料になりそうに思えるからである。

一八六四年六月三日早朝、ユリシーズ・S・グラント将軍の指揮下、四万の北軍兵士はヴァージニア州コールド・ハーバーに南軍を攻撃した。ロバート・E・リー将軍率いる南軍は、周到に塹壕を掘り、大砲を配置していた。それはポトマックの北軍がかつて遭遇したことのない状況だった。南軍の構えについて、ある新聞記者が次のように記している。

「縦横に走る壕《ほり》、なかには複雑に入り組んでジグザグを描く壕もあり、……対向する前線に縦射するための壕もあり、ずらりと並ぶ大砲の列も見える」。同六月三日の夕方、周到に塹壕を用意していた南軍には被害らしい被害も出ていなかったが、攻撃側の北軍では、七〇〇〇名以上の兵士が死傷あるいは捕虜になっていた。

南北戦争史の決定版というべきすぐれた数巻本のなかで、ブルース・カットンはこう述べている。「ちょっと考えると、コールド・ハーバーの惨状は誇張しようもないし、またその必要もないと思える。ところがどういうわけか（おそらくはグラントを冷酷かつ鈍感な人殺しとして描きたいからだろうが）、南北戦争の戦闘のなかで、これほど歪曲された戦いはほかにないのである」。

ここでカットンが言っているのは、おもに北軍の犠牲者数が誇張されている（コールド・ハーバーの戦いは実際には二週間にも及んだのだが、一日の戦いで一万三〇〇〇の戦死者が出たとされることが多い）ことだが、彼はまた、〈コールド・ハーバーの八分間〉に七〇〇〇人（あるいは一万三〇〇〇人）が犠牲になったという名高い話が間違いであることをも明らかにしている。完全な間違いというわけではないが、あまりにも単純化されすぎているというのだ。連携もへったくれもない支離滅裂な北軍の突撃が、最初の一〇分から二〇分でほぼ撃退されたというのはまったくそのとおりである。しかし、攻撃衝力が失われても北軍兵士は逃げようとせず、殺戮はいつまでも終わらなかったのだ。カットンはこう書いている。「この驚異的な戦闘のなかでもとくに驚くべきは、前線全域にわたって、撃退された側［北軍兵士］がいっこうに退却しなかったことである」。退却せず、この戦争で北軍と南軍の兵士がくりかえしやってきたことがそのまま再現された。「南軍の火線から四〇〜二〇〇ヤードの位置に北軍兵士は踏みとどまり、急ごしらえの浅い塹壕を掘って発砲しつづけた」のである。もちろん南軍も北軍に向かって発砲を続けたし、翼側や後衛からは、恐ろしいほど短い射程距離でひんぱんに砲弾が飛来した。「戦闘のすさまじい騒音は一日じゅう続いた。突撃と撃退の連続だった薄暗い夜明けのころにくらべると、午後のなかばには戦闘の勢いはいくらか弱まっていたのだが、歴戦の古参兵でもないかぎり、騒音のみからそれと察することはできなかった」。

グラント軍から膨大な数の死傷者が出るまでには、八分ではなく八時間以上かかっているのである。そしてナポレオン時代から今日まで、ほとんどの戦争でそうだったように、その大半は歩兵の銃撃ではなく砲撃による犠牲者だった。

戦場の殺傷率に初めて見るべき変化が現れるのは、大砲（厳しい監督と相互監視のプロセスが働く）が導入されてからのことだ（あとで見るように、目標から離れていればいるほど、一般に大砲の有効性は高まる）。要するにこういうことだろう――S・L・A・マーシャルが調べた第二次大戦の銃手たちと同じく、ライフルやマスケットで武装していたそれ以前の戦争の兵士たちも、心理的な理由から、その圧倒的多数が同類たる人間をどうしても殺せなかったのだ。武器そのものに問題はなく、肉体的には殺す能力はじゅうぶんあったにもかかわらず、いざという瞬間になると、だれもが胸の奥で良心的兵役拒否者になり、目の前に立っている人間を殺す気になれなかったのである。

すべてが、ここにひとつの力が作用していることを示している。つまり、先に述べた心理的な力である。教練よりも、仲間の圧力よりも強く、自己保存本能さえもしのぐ強い力。その影響は、黒色火薬の時代や第二次世界大戦だけでなく、第一次世界大戦にも見ることができる。

第一次世界大戦の非発砲者

ミルトン・メイター大佐は、第二次世界大戦で歩兵中隊の指揮官を務めた人である。マーシャルの説を強力に裏づけるみずからの体験を語ってくれたほかに、第一次大戦の退役軍人から聞いた話を紹介してくれた。戦闘のときに発砲しない兵士が大勢いるから気をつけろ、と複数の先輩から注意されたというのである。

一九三三年に初めて軍務に就いたとき、メイターはおじに戦闘体験を語ってくれるよう頼んだ。おじは第一次世界大戦に従軍した人なのである。「驚いたことに、おじがなによりよく憶えていたのは〈発砲しようとしない徴集兵〉のことだった。『こっちがドイツ人に発砲しなかったら、ドイツ人もこっちに発砲しないだろうと思ってたんだ』と、そんなふうに言っていたな」。

また、メイターが一九三七年にROTC（予備役将校訓練部隊）に所属していたころ、第一次世界大戦で塹壕戦を経験してきたある人物が、講義のときにこう言っていたという――自分の体験からして、発砲しようとしない兵士は将来の戦争でも問題になると思う、と。「敵の射撃運動連撃《ファイア・アンド・ムーブメント》の標的にされないためには発砲しなきゃならんのに、どうしてもそれがわからない兵士がいるというんだね。そんな兵士に銃を撃たせるのがどれだけむずかしいか、ことばを尽くして力説していたよ」。

人を殺すことへの抵抗感が存在すること、それは少なくとも黒色火薬の時代から存在していたらしいこと、このことを示す資料は膨大に存在する。敵を殺すことをためらうあまり、多くの兵士は闘争という手段を採らず、威嚇、降伏、逃避の道を選ぶのだ。戦場では、このためらいが強烈な心理学的力として作用する。この力を当てはめ、また理解することによって、軍事史、戦争の本質、そして人間の本質を新しい視点からとらえなおすことができるだろう。

第3章　なぜ兵士は敵を殺せないのか

何百年も前から、個人としての兵士は敵を殺すことを拒否してきた。そのせいで自分の生命に危険が及ぶとわかっていてもである。これはなぜなのだろうか。そしてまた、これがあらゆる時代に見られる現象であるとすれば、そこにはっきり気づいた人間がなぜひとりもいなかったのだろうか。

なぜ兵士は敵を殺せないのか

発砲しない兵士と聞くと、ベテランのハンターなら「ははあ、のぼせだな」と言うかもしれない。まったくそのとおりである。しかし、そもそも「のぼせ」とはなんだろうか。そしてまた、なぜ人は狩猟の最中に「のぼせ」て獲物を撃てなくなるのだろうか（兵士の殺傷不能とハンターの殺傷不能との関係については、あとの部でくわしく見てゆく）。この問いには、ここでもまたS・L・A・マーシャルに答えてもらおう。

マーシャルは、第二次世界大戦中ずっとこの問題を研究してきた。敵に発砲しない何千という兵士について、先人のだれよりもよく理解したうえで、彼はこう結論している。「平均的かつ健全な……者でも、同胞たる人間を殺すことに対して、ふだんは気づかないながら内面にはやはり抵抗感を抱えているのである。その抵抗感のゆえに、義務を免れる道さえあれば、なんとか敵の生命を奪うのを避けようとする。……いざという瞬間に、［兵士は］良心的兵役拒否者となるのである」。

マーシャルは、戦闘の力学と心理をよく知っていた。第一次大戦の実戦経験者だから、第二次大戦で戦った兵士に戦闘への反応を質問したとき、彼にはよくわかった。他人ごとではなかったからである。マーシャルはこう書いている。「平穏な防衛地区に移されると心底ほっとしたのをよく憶えている。……そこなら安全だからというより、これでしばらくは人を殺さなくてすむと思うと、じつにありがたい気持ちになるのだ」。マーシャルの表現を借りれば、第一次大戦の兵士の哲学は「見逃してやれ、こんどやっつけよう」だった。

ダイアもまたこの問題を真剣にとりあげ、理解を深めていった。彼の調査に応じた人々がよく知っていたこと、そしてダイア自身も理解していたのはこういうことだ——「人は強制されれば人を殺す。それが自分の役割だと思えば、そして強い社会的圧力を受けていれば、人はおよそどんなことでもするものだ。しかし、人間の圧倒的多数は生まれながらの殺人者ではない」。

この問題にまともにぶち当たることになったのが、アメリカ陸軍航空隊（現アメリカ空軍）である。第二次大戦中、撃墜された敵機の三〇〜四〇パーセントは、全戦闘機パイロットの一パーセント未満が撃墜したものだとわかったのである。ゲイブリエルによれば、ほとんどの戦闘機パイロットは「一機も落としていないどころか、そもそも撃とうとさえしていなかった」。これらのパイロットが敵機を撃てなかったのは、たんに恐怖にかられたからにちがいないと思う人もいるだろう。しかし、パイロットはふつう小集団をなして飛んでおり、集団を率いるのは撃墜実績のあるパイロットである。この歴戦のパイロットが先頭に立って危険な空域に突っ込んでゆき、ほかの非撃墜者たちもそのあとに勇敢に従っているのだ。ところがいざという瞬間になると、敵機のコクピットに人間の顔が見える。パイロット、飛行機乗り、〈空の兄弟〉のひとり、恐ろしいほど自分とよく似た男の顔。そんな顔を目にしては、ほとんどの兵士が相手を殺せなくなるのも無理はない。戦闘機のパイロットも爆撃機のパイロットも、自分と同種の人間と空中戦を戦うという恐ろしいジレンマに直面する。これがあるから、かれらの任務は特別に困難なのである（空中戦における殺人力学の問題、およびパイロット養成のため空軍が〈殺人者〉を選抜しようとして見いだした驚くべき事実については、あとのほうで述べる）。

ごくふつうの人間は、なにを犠牲にしても人を殺すのだけは避けようとする。このことはしかし、戦場の心理的・社会的圧力の研究ではおおむね無視されてきた。同じ人間と目と目が会い、相手を殺すと独自に決断を下し、自分の行動のために相手が死ぬのを見る――戦争で遭遇するあらゆる体験のうちで、これこそ最も根源的かつ基本的な、そして最も心的外傷《トラウマ》を残しやすい体験である。このことがわかっていれば、戦闘で人を殺すのがどんなに恐ろしいことか理解できるはずだ。

イスラエルの軍事心理学者ベン・シャリットは、著書『抗争と戦闘の心理学』のなかで、マーシャルの研究に触れてこう述べている。「明らかに、多くの兵士は敵に向かって直接発砲しようとしない。理由はいくらも考えられるが、ひとつには直接的な攻撃行動をとることへのためらいもあるのではないかと思われる（奇妙なことに、これについてはあまり論じられていない）」。

なぜこの問題はあまり論じられないのだろう。兵士が人を殺せないとすれば、強制され、条件づけされ、物理的にも精神的にも後押しされないかぎり、ふつうの兵士は人を殺そうとしないとすれば、どうしてこれまでそのことが理解されなかったのだろうか。

イギリスの陸軍元帥イヴリン・ウッドは、戦場で嘘が必要なのは臆病者だけだと言っている。戦闘中に発砲しなかった兵士を臆病者と呼ぶのはまったく当たっていないと私は思うが、発砲しなかった兵士が、人に知られては困る部分を抱えていたのはまちがいない。少なくともあまり自慢できない部分、後日談ではごまかしたい部分を持っていたのである。

ここで重要なのは、（一）強烈なトラウマ的体験、罪悪感に満ちた体験は、例外なく忘却と欺瞞と虚偽が網の目のようにからみあう状況を生み出すこと。（二）そのような状況が何千年も続くと、その間に各個人の忘却と欺瞞と虚偽、そして文化全体の忘却と欺瞞と虚偽とが緊密にからまりあって、やがては完全に制度化されてしまうこと。（三）だいたいにおいて、男性の自我がつねに選択的記憶、自己欺瞞、虚偽を正当化してきた制度はふたつあること。すなわちセックスと戦闘である。なんといっても、「恋と戦さは手段を選ばず」なのだ。

何千年ものあいだ、人は性について理解していなかった。セックスのことは非常によく理解していて、それが子供をつくる行為であり、立派に役に立つのは知っていた。しかし、性が個人にどんな影響を与えるかということはまったくわかっていなかったのだ。ジグムント・フロイトら今世紀の研究者が性について研究するまで、人間の一生にセックスがどんな役割を果たしているのか、ほんとうのことはなにひとつ知らずにいたのである。何千年間も、真の意味でセックスを研究してこなかったのだから、理解できるはずもなかった。セックスを研究するのは自分自身を研究することであり、したがって客観的な観察がむずかしい。神話と偏見に満ちたこの分野は、個人の自我や自尊に大きく関わっているだけに、とくに研究がむずかしいのだ。

自分が不能もしくは冷感症だったとして、それを他人に話す人がいるだろうか。かりに二世紀前の夫婦の大多数が不能や冷感症に悩んでいたとしても、それがいまに伝わっているだろうか。二〇〇年前の教育ある人ならたぶんこう言うだろう。「赤ん坊は次々に生まれているじゃないか。みんながやるべきことをやっている証拠だよ」。

また、一〇〇年前の研究者が、子供の性的虐待が社会にはびこっていることを発見したとして、その研究者はどう思われただろうか。フロイトが発見したのはまさしくそういうことだった。そんなことをほのめかしたというだけで、フロイトは個人的に中傷を受け、専門家としては同僚からも社会からも軽蔑される破目になった。この社会に子供の性的虐待がめずらしくないという事実が認められ、ようやくそれと取り組むことができるようになるまで、なんと一〇〇年も待たねばならなかったのだ。

権威と信用のある人物が、個別に、そして尊厳をもってひとりひとりに尋ねてみるまで、この文化における性の実態を知るすべはなかった。そしてようやくわかってきてからでさえ、自分で自分の姿を見えなくしている目隠しを社会全体がかなぐり捨てるには、じゅうぶんな準備と啓蒙が必要なのだ。

寝室でなにが行われているか理解していなかったのと同じように、私たちは戦場でなにが起きているか理解していない。生殖行為について無知だったように、破壊行為についてもまったく無知なのだ。殺すのが務めであり責任である戦場で敵を殺さなかった兵士は、あとでそのことを打ち明けるだろうか。二〇〇〇年前の兵士の大多数が戦場で義務を果たしていなかったとしたら、その事実がいまに伝わっているだろうか。当時の将軍ならこう言っただろう。「敵を大勢殺しているじゃないか。戦争には勝ったじゃないか。兵士がやるべきことをやっている証拠である！」S・L・A・マーシャルが戦争の直後に関係者に質問するまで、戦場で何が起きているか知るすべはなかったのである。

人間は基本的に、自分に最も身近なことを認識できない。哲学者と心理学者はこのことを早くから知っていた。サー・ノーマン・エンジェルはこう述べている。「単純で重要な問題ほど問われることが少ない。これは、人間の奇妙な知の歴史とじつによく符合している」。哲学者にして軍人でもあったグレン・グレイは、第二次大戦での個人的な体験に基づいてこう述べている。「自分自身について、そしてまたわれわれのしがみついているこの回転する地球について、あくまでも自分を見失うことなく追究し、ついに真実に到達できる人間はほとんどいない。戦争中の人間はとくにそうである。偉大なる軍神マルスは、その領域に足を踏み入れた者の目をくらませようとする。そして出てゆこうとする者には、寛容にも忘却の川《レーテ》の水を手渡してくれるのだ」。

自己欺瞞の霧を通してものを見ていた職業軍人が、厳然たる事実——そのために一身を捧げてきたはずの務めをいざというときに果たせない、あるいは自分の部下の多くが務めを果たすより死を選ぶという——に直面したら、彼のそれまでの人生はすべて嘘になってしまうだろう。そうなったら、持てる力をすべてふりしぼって、自分の弱さを否定しようとするにちがいない。軍人というものは、自分の失敗、あるいは部下の失敗については書こうとしないものだ。ごくわずかな例外を除けば、印刷されるのは英雄と栄光の話ばかりである。

知識が乏しいひとつの理由は、セックスと同じく戦闘にも、期待と神話が重くまとわりついているからだ。接近戦でほとんどの兵士が敵を殺さないというのが本当なら、人が自分自身について信じたいと思っていることは嘘だということになる。何千年にもわたって軍事史や文化が教えてきたことは嘘だということになるのだ。しかし、私たちの文化や歴史が伝えてきた認識は、正確で公平で信用できるものなのだろうか。

アルフレッド・ヴァーグツは、著書「軍人精神の歴史」のなかで、軍事史はひとつの制度と化していると批判している。軍人精神を育てるプロセスに大きな役割を果たしてきたというのだ。ヴァーグツの主張によれば、軍事史はつねに「個人や軍を正当化する論に重点を置き、社会的に重要な事実を軽んじている」という。「あからさまに軍の権威を正当化するためではないにせよ、軍事史の大半の部分は少なくともそれを傷つけないように書かれている。軍の秘密をあばかず、弱さや優柔不断や病弊を暴露しないように書かれているのだ」。

ヴァーグツが描いてみせるのは、何千年も前から、軍人と歴史家が強めあい支えあって、相互の栄光と勢力の拡大に努めてきたというイメージである。これはあるていどやむを得ないことかもしれない。昔から、戦場で多くの敵を殺してきた者ほど、権力者への道を切り拓くことが多かった。現代を別とすれば、人間の歴史ではつねに支配者はそのまま軍人でもあったのだ。そしてだれでも知っている通り、歴史を書くのは勝利者の側である。

歴史学者として、兵士として、そして心理学者として、私はヴァーグツの批判は当たっていると思う。何千年も前から、戦場に出た兵士の大多数が、同類たる人間を殺すことにひそかにためらいを感じていたのだとしたらどうだろう。職業軍人もその事績を記録する年代記作者たちも、兵士たちを叱咤激励する側なのである。みずからの無能を後代に伝えるようなことをするはずがない。

情報化の進んだ現代社会では、殺人はたやすいという神話の助長にマスコミが大きく貢献しており、殺人と戦争を美化するという社会の暗黙の陰謀に加担する結果になっている。ジーン・ハックマンの「バット21」（ある空軍将校が気まぐれに自分の身近な人々を殺してしまい、自分の行為に恐れおののく）のような例外はあるものの、だいたいにおいて映画に登場するのはジェームズ・ボンドであり、ルーク・スカイウォーカーであり、ランボーであり、インディ・ジョーンズだ。かれらはあたりまえのような顔をして何百人もの人間を殺してゆく。ここで重要なのは、マスコミの描く殺人も、これまで社会が描いてきた図と同じく実態からはほど遠く、鋭い洞察など薬にしたいほどもないということだ。

第二次大戦のマーシャルの調査が発表されてからも、非発砲者というテーマが軍にとって直視しづらい問題であることに変わりはない。雑誌「アーミー」（陸軍の発行する最も権威ある軍事雑誌）に、メイター大佐は第二次大戦の歩兵中隊指揮官としての体験を書いている。そして、自分の体験はマーシャルの説を強力に裏づけるものだったと述べ、さらに非発砲者の存在は第一次大戦でも深刻な問題だったことを示すエピソードを紹介したのち、手厳しくも適切な苦言を呈している。

「長年の軍隊生活をふりかえってみても、部下に確実に発砲させる方法を正規の講義で教わった憶えはないし、そんな問題を討論した憶えもまったくない」。「戦時のイタリアでは歩兵指揮・戦闘の講義を受け、一九六六年にはカンザス州のフォート・レヴェンワースの指揮幕僚大学で正規の教育を受けている」にもかかわらずである。「また、この『アーミー』誌であれほかの軍の発行物であれ、この問題について論じた記事を読んだ憶えもない」。メイター大佐はこう結論する。「この問題については、暗黙の箝口令が布かれているようにさえ思える。『どうしていいかわからない、だから知らないことにしよう』というわけだ」。

たしかに箝口令が布かれているような気はする。ピーター・ワトスンの「精神の戦争」によれば、マーシャルの調査結果は学界や心理学・精神医学の分野ではおおむね無視されてきたが、アメリカ陸軍はきわめて真剣に受け止め、マーシャルの提案にもとづいて数多くの訓練法が開発されたという。この訓練法の変更によって、マーシャルの研究によれば朝鮮戦争では発砲率が五五パーセントに上昇し、さらにスコットによればベトナムでは九〇〜九五パーセントに上昇している。現代の軍人のなかには、第二次大戦とベトナムの発砲率の格差を根拠に、マーシャルは間違っていたと主張する者もいる。軍の指揮官というものは、いざ戦闘となったとき、配下の兵士の大多数が務めを果たさないなどとはどうしても信じられないのだ。だがこれらの懐疑論者は、第二次大戦以降に取り入れられた革命的な矯正法や訓練法の有効性を正しく認識していないのである。

私が面接調査を行ったとき、発砲率を一五パーセントから九〇パーセントへ高める訓練法のことを〈プログラミング〉とか〈条件づけ〉と呼ぶ帰還兵が何人かいた。それはどうやら、古典的なオペラント条件づけ（パブロフの犬やB・F・スキナーのラットのような）の一種のことらしかった。これについては『ベトナムでの殺人』の部でくわしくとりあげる。あまりぞっとしない問題だし、軍の訓練プログラムは目をむくような成功を収めているし、おまけにこの問題が公式には認知されていないこともあって、恐ろしい秘密が隠されているのではと疑う人もいるかもしれない。しかし、この問題があまり注目されていないのは、極秘の基本計画のせいなどではない。哲学者にして心理学者であるピーター・マリンの言葉を借りれば、〈大がかりな無意識の隠蔽〉のせいなのである。これによって、社会は戦闘の本質から目をそむけているのだ。戦争についての心理学・精神医学の文献にさえ、「一種の狂気が作用している」とマリンは書いている。〈殺人に対する嫌悪感および殺人の拒絶〉は〈戦闘に対する急性反応〉と呼ばれ、〈殺戮および残虐行為〉によるトラウマは「〈ストレス〉と呼ばれる。まるでエグゼクティブの過労のことでも話しているかのようだ」。「［精神医学および心理学の］文献をいくら読んでも、実際に戦場で起こっていることはちらとも見えてこない。戦争のほんとうの恐ろしさも、そこで戦う者が受ける影響についても」。心理学者として、マリンのこの指摘はまったく正しいと私は思う。

いままでは、この種の問題を五〇年以上も機密にしておくのはまず不可能だ。軍のなかでも心ある人々（たくさんのマーシャルやメイターたち）は声をあげているのだが、かれらの訴える真理に耳を貸そうとする者がいないのである。

これは軍の陰謀などではない。たしかに隠蔽もあり、「暗黙の箝口令」もあるが、それは文化による陰謀である。私たちの文化は、何千年も前から戦闘の本質を忘却し、歪曲し、あるいは偽ってきた。セックスについても同様の罪悪感と沈黙の陰謀があったが、そちらはようやく払拭されようとしている。こんどは戦争の実態を覆い隠している陰謀を打破する番だ。

第4章　抵抗の本質と根源

同類たる人間を殺すことへの抵抗はどこからくるのだろう。学習か、本能か、理性か、環境か、遺伝か、文化的な要因か、社会的な要因か。それとも、そのすべてが結びついて生じるのだろうか。

生の本能（エロス）と死の本能（タナトス）についてのフロイトの学説は、きわめて洞察に富んでいる。フロイトは、人間のなかでは超自我《スーパーエゴ》（良心）とイド（個々の人間のうちに潜む破壊的な動物的衝動の不気味な集まり）がつねに闘っており、その闘いを調停するのがエゴ（自我）だと考えた。ある才人の言を借りれば、「鍵のかかった暗い地下室で、殺人狂の卑猥なサルと潔癖症のオールドミスがいがみあっており、それを臆病な会計係が仲裁している」ようなものだ。

戦場では、このイドとエゴとスーパーエゴとタナトスとエロスがひとりひとりの兵士のなかでせめぎ合っている。イドはこん棒のようにタナトスを振りまわし、エゴに向かって殺せとわめきたてている。スーパーエゴはここでは中立の立場のようだ。ふだんは悪である行為を、権威と社会がいまは善だと言っているからである。にもかかわらず、兵士に殺人を思い止まらせるものがある。それは何だろうか。生の力であるエロスだろうか。これまで考えられてきたよりも、エロスははるかに強力なのだろうか。

戦場におけるタナトスの存在と顕在化は明らかであり、これについては多くのことが語られてきた。しかし、ほとんどの人間のうちに、タナトスより強力な衝動が存在するとしたらどうだろうか。すべての人間は分かちがたく相互に依存しあっており、一部を傷つけることは全体を傷つけることだと理解する力が、個々の人間のうちに本能的に備わっているとしたら。

ローマ皇帝マルクス・アウレリウスは、のちにローマを滅ぼすことになる蛮族と壮絶な戦いを続けながらも、この力を理解していた。一五〇〇年以上も前に彼はこう書いている。「この宇宙を動かすものの繁栄と成功、それどころかその存続さえも、ひとりひとりの人間の存在に依存している。すべてが連鎖をなして切れめなくつながっている。因果の連鎖だろうと、ほかの要素の連鎖だろうと、そのほんの一部でも傷つけることは全体を傷つけることなのである」。

マルクス・アウレリウスから二〇〇〇年近くを経て、同じ思想に到達した者がいる。ホームズの記録しているあるベトナム帰還兵によれば、彼とともに戦った海兵隊員たちは、戦闘のあとにある悟りに達していたという。「自分たちが殺した若いベトナム人は、個の存続というより大きな戦争では同志なのだと感じるようになった。顔のない〈世間〉との戦争では、あの若者たちと自分たちとは生涯通じて仲間なのだと」。ホームズは、アメリカ兵の精神について時代を超えた鋭い考察を残している。「北ベトナムで歩兵を殺すことで、アメリカの歩兵は自分の一部を殺していたのである」。

この真理から人が目をそむけるのはそのためかもしれない。殺人への抵抗の大きさを正しく理解することは、人間の人間に対する非人間性のすさまじさを理解することにほかならないのかもしれない。グレン・グレイは第二次大戦の体験から罪悪感と苦悩に駆られ、この問題について考え抜いたあらゆる自覚的な兵士の苦悩をこめてこう叫ぶ。「私もまたこの種に属しているのだ。私は恥ずかしい。自分自身の行いが、わが祖国の行いが、人類全体の行いが恥ずかしい。人間であることが恥ずかしい」。

グレイは言う。「良心に反する行為を命じられた兵士が抱く疑問、そこに始まる戦争にたいする感情の論理は、ついにはここまで達するのである」。このプロセスが続けば、「良心に従って行動することができないという意識から、自分自身に対する嫌悪感にとどまらず、人類全体に対するこの上なく激しい嫌悪感が生じる場合がある」。

人間の身内にひそんで、同類である人間を殺すことへの強烈な抵抗を生み出す力、その本質を理解できるときはこないのかもしれない。しかし理解はできなくても感謝することはできる。この力があればこそ、人類はこれまで存続してきたのだ。戦争に勝つことが務めである軍の指揮官は悩むかもしれないが、ひとつの種としては誇りに思ってよいことだろう。

殺人への抵抗が存在することは疑いをいれない。そしてそれが、本能的、理性的、環境的、遺伝的、文化的、社会的要因の強力な組み合わせの結果として存在することもまちがいない。まぎれもなく存在するその力の確かさが、人類にはやはり希望が残っていると信じさせてくれる。

第二部

殺人と戦闘の心的外傷

【精神的戦闘犠牲者に見る殺人の影響】

国家は習慣的に〈戦争のコスト〉を金銭、生産量の低下、あるいは死傷した兵士の数で評価する。軍の機関が、個々の人間の苦しみという点から戦争のコストを評価することはまずない。しかし人間を中心に考えるとき、戦争でもっとも高くつく科目のひとつはつねに精神的損害なのである。

リチャード・ゲイブリエル「もう英雄は要らない」

第5章　精神的戦闘犠牲者の本質――戦争の心理的代価

リチャード・ゲイブリエルはこう述べている。「今世紀に入ってからアメリカ兵が戦ってきた戦争では、精神的戦闘犠牲者になる確率、つまり軍隊生活のストレスが原因で一定期間心身の衰弱を経験する確率は、敵の銃火によって殺される確率よりつねに高かった」。

第二次大戦中、精神的な理由で4F（軍務不適格）と分類された男性は八〇万人に昇る。こうしてあらかじめ精神的・情緒的に戦闘に不適な者を除外しようとしたにもかかわらず、アメリカの軍隊は精神的虚脱のためにさらに五〇万四〇〇〇の兵員を失っている。なんと五〇個師団が作れるほどの数だ。第二次大戦中のアメリカ軍では、精神的戦闘犠牲者として除隊される者の数が補充される新兵の数より多かった時期もあるほどなのである。

短期間で終わった七三年の第四次中東戦争では、イスラエルの戦闘犠牲者のほぼ三分の一は精神的な理由によるものであり、対するエジプト軍でも事情は同じだったようである。八二年のレバノン侵攻の際には、イスラエルの精神的戦闘犠牲者は死者の二倍にも達している。

スウォンクとマーシャンによる第二次大戦研究はあちこちで引用されているが、それによれば、戦闘が六日間ぶっ通しで続くと全生残兵の九八パーセントがなんらかの精神的被

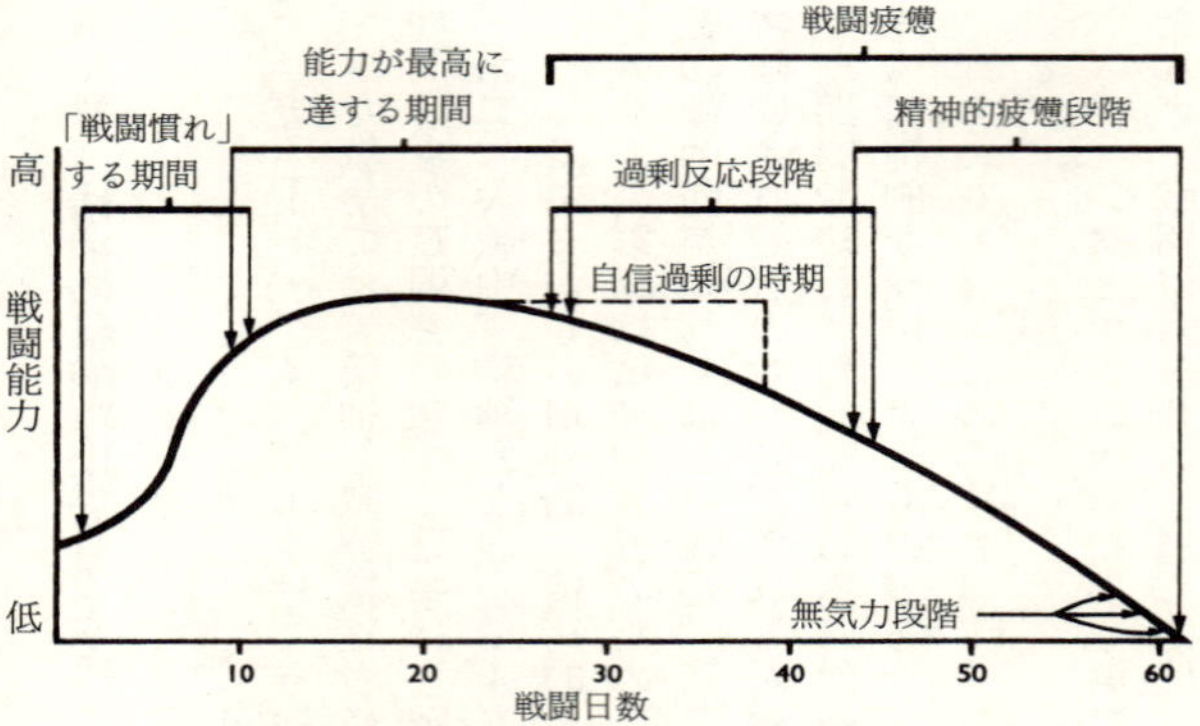

ストレスおよび戦闘疲憊が平均的兵士の戦闘能力に及ぼす影響

出典：スウォンクおよびマーシャン、1946

害を受けている。また、継続的な戦闘に耐えられる二パーセントの兵士に共通する特性として、〈攻撃的精神病質人格〉の素因をもつという点があげられるという。

第一次大戦のイギリス軍は、兵士が確実に精神的戦闘犠牲者になるまでには数百日かかると考えていた。しかし、これほど兵士がもったのは、約一二日間戦ったら四日間の休暇を与えて戦闘から外すという交替制をとっていたからである。これに対して第二次大戦時のアメリカ軍は、最高で八〇日間連続して戦場にとどめるという方針をとっていた。

これは興味深いことだが、何カ月も連続して戦闘のストレスにさらされるというのは、今世紀の戦場でしか見られない現象だ。前世紀までは、何年もつづく攻城戦のときでさえ、戦闘からはずれる休暇期間は非常に長かった。おもに火砲や戦術がまだ未熟だったために、ひとりの人間が数時間以上もつづけて実際の危険にさらされることはめったになかったのだ。戦時には精神的戦闘犠牲者は必ず出るものだが、物理的・兵站《へいたん》的な許容量が増大して、人間の精神的許容量を完全に超えるような長期の戦闘が可能になったのは今世紀に入ってからなのである。

精神的戦闘被害の発現

リチャード・ゲイブリエルの「もう英雄は要らない」では、精神的戦闘被害のさまざまな症状や発現例が歴史的に検討されている。ゲイブリエルがあげているのは、疲労症状、錯乱状態、転換ヒステリー、不安状態、妄想および強迫状態、そして人格障害である。

†——疲労

身体的・精神的な疲憊（極度の疲労）状態であり、最初期の症状のひとつ。しだいに無愛想になり、ちょっとしたことでいらだち、仲間とのあらゆる共同作業に興味を失い、身体的・精神的な努力の必要な仕事や活動はすべて避けようとする。いきなり泣きだしたり、発作的に激しい不安や恐怖に襲われるようになる。音への過敏症や過度の発汗や動悸といった身体症状が現れることもある。このような疲労症状は、より進んだ完全な虚脱に至る前段階である。さらに戦闘を続けるよう強制されると例外なく虚脱を起こす。後送し休暇を与える以外に有効な治療法はない。

†——錯乱状態

疲労はすみやかに現実からの病的解離に移行しやすい。これが錯乱状態の特徴である。自分がだれでここがどこなのかわからなくなる場合が多い。環境に対処できず、精神的に現実から逃避する。症状としては譫妄《せんもう》、病的解離、躁鬱的な気分の変動があげられる。よく目立つ反応としてガンザー症候群がある。冗談を言いはじめ、とっぴな行動をとり、あるいはユーモアや軽口に恐怖をまぎらそうとする。

錯乱状態における異常の程度は、たんなる神経症的なものから明らかな精神異常まで広範にわたっている。テレビシリーズにもなった映画「マッシュ」に見られるユーモア感覚は、軽度のガンザー症候群の好例だ。いっぽう以下の手記に描かれるのは、重度のガンザー症候群に陥った兵士の姿である。

「ハンター、おれの顔からそいつをどけろ。熱いソースをぶっかけて食わしてやるぞ」
「なあ軍曹《サージ》、『ハーバート』と握手してやってくれよ」
「こいつ、トチ狂いやがったな。黄色いのの腕なんか持ってきやがって。テントにそんなもん持ち込むやつは、よけいに歩哨に立たされたって文句言えねえぞ。いったいどこで見つけてきやがったんだ。捨ててきやがれ！　さっさとしねえか！」

「サージ、『ハーバート』はダチが欲しいだけなんだぜ。昔なじみがいなくて寂しがってんだ。『足の兄貴』や『金玉の弟』と離ればなれになっちまってよ」

「ハンター、きさま今夜は二回ぶん歩哨に立て。今週はずっとだ。さっさと出てけ、この気狂い野郎。もう戻って来なくていいからな」

「みんな、『ハーバート』にお休みって言ってやってくれよ」

「出てけって言ってんだ！」

もちろんどぎつい冗談だ。ふてぶてしい野郎どものふてぶてしい笑い。しばらくすると神聖なものなんかなくなってしまう。おふくろさんはどう思うだろう、可愛い息子がいま何をおもちゃにしているか知ったら。

それとも、金をもらって何をしているか知ったら。

W・ノリス「ローデシアの突撃部隊」

†——転換ヒステリー

戦闘中に心的外傷によって起きたり、何年もたってから心的外傷後障害として発症する。自分がどこにいるかわからない、任務をまったく果たせないといった症状を呈し、だれもが恐れる危険な戦場を平然と徘徊するなどの行動をともなう場合が多い。健忘症を起こし、記憶の大半を失うこともある。ヒステリーから痙攣発作を起こすことも多く、発作時は胎児のように丸くなって激しく震える。

ゲイブリエルによれば、両大戦中、腕の痙性麻痺の症例はごく一般的に見られたという。この場合、麻痺は引金を引くほうの腕に現れるのがふつうである。ヒステリーが起きやすいのは、脳震盪で失神したあと、運動障害を起こすほどでない軽傷を負ったあと、九死に一生を得るような体験のあとなどである。また、負傷して病院または後方に後送されたあとで発現する場合もある。戦場を離れてからヒステリーが起きるのは、戦闘復帰に対する防衛の場合がきわめて多い。身体的な症状はさまざまだが、戦闘の恐怖から逃避しようとして精神が引き起こす症状であることに変わりはない。

†——不安状態

不安状態の特徴は激しい疲労感および緊張感で、これは睡眠や休息では軽快せず、悪化すると集中力が失われる。眠っても恐ろしい悪夢を見て何度も目が醒める。しまいには死ぬことしか考えられなくなったり、へまをしでかすのではないか、自分が臆病者なのを仲間に悟られるのではないかという恐怖にとり憑かれたりする。全身性の不安は完全なヒステリーに移行しやすい。息切れ、脱力、疼痛、目のかすみ、めまい、血管運動異常、失神をともなうことも多い。

その他の反応として情動性高血圧がある。戦闘から何年ものちに現れるもので、心的外傷後ストレス障害（PTSD）に苦しむベトナム帰還兵によく見られる。発汗、不安などのさまざまな随伴症状をともなって、血圧が急激に上昇するという症状である。

†――妄想および強迫状態

転換ヒステリーと症状は同様だが、この状態の兵士は自分の症状が病的であること、その根本原因が恐怖であることを認識している。にもかかわらず震え、発汗、どもり、チックなどを抑制することができない。そのために自分の身体症状に対して罪責感を覚え、それを免れるために結局はヒステリー反応に逃避することになりやすい。

†――性格障害

強迫的性格――特定の行動または事物に固着する。妄想傾向――短気、抑鬱、不安をともない、自分の身に危険が迫っていると感じる場合が多い。分裂傾向――過敏症および孤立につながる。癲癇性格反応――周期的な激しい怒りを伴う。極端かつ劇的な信仰に目覚めるのも性格障害のひとつの現れである。いずれも最終的には精神病的人格につながる。ここで生じているのは基本的な人格の変化である。

以上は、精神的戦闘犠牲者に見られる症状のごく一部である。ゲイブリエルはこう書いている。「身体症状を引き起こす心の力は無尽蔵である。いくらでも症状を生み出せるだけでなく、なお悪いことにそれを精神の奥深くに埋め込んでしまうので、表に現れる症状はその下に埋もれた症状の症状に過ぎず、真の原因はさらに奥深くに隠されているのだ」。

この精神病の連鎖から逃れるためにぜひ知っておくべきことがある。それは、戦闘が数カ月も続くと、ほとんどすべての兵士になんらかのストレス症状が現れるということだ。

精神障害の治療

戦闘によるストレスの多様な発現を治療するには、まず単純に戦闘環境から引き離すことが必要である。ベトナム以前には、それだけで正常な生活に戻すことができると考えられていた。何百何千というPTSDの症例が現れたことなどなかったからである。だが、軍が望んでいるのは精神的戦闘犠牲者を正常な生活に戻すことではない。戦場に連れ戻すことを望んでいるのである。だが、当然のことながら兵士は戻りたがらない。

後送症候群は、戦争精神医学のパラドックスである。国は精神的戦闘犠牲者を治療しなければならない。戦場ではもう役に立たないどころかほかの兵士の士気を低下させるし、戦争神経症から回復すれば、歴戦の補充兵として利用価値が高いからである。しかし、頭がおかしくなると後送されるという認識が広まると、精神的戦闘犠牲者の数が急増するという問題が生じる。この問題を解決するには、戦闘部隊を交替制にして定期的に後送休養を与えればよいのは明白だ。事実、欧米の軍隊はたいていこのような方針をとっている。ただ、戦闘が始まるといつでもこれが可能とはかぎらない。

後送症候群というパラドックスを解決するために考案された原則が、近接性すなわち前方治療、そして期待の表明である。第一次大戦以来、この原則の有効性は立証されているのだが、これはすなわち（一）精神的戦闘犠牲者をできるだけ前方で、つまりなるべく戦場に〈近接〉の場所で治療する。敵の砲撃射程内にあるうちに治療を行うことも多い。そして（二）早く前線の同輩のもとへ戻ってほしいという〈期待〉を、指揮官や医療者がたえず犠牲者に伝えることである。この両面作戦によって、その場でできる唯一の治療法であり、どうしても必要な休息を精神的戦闘犠牲者に与えることができるし、またいまも健康な兵士たちには、精神障害は戦場を離れる切符にはならないと暗黙のうちに伝えられるわけである。

近年では、回復を助けるために一部化学療法も使われている。ワトスンによれば、「戦争神経症の兵士の『抑圧を解放』するため、前線近くではいわゆる自白剤も使われている」。イスラエル軍ではこのような薬物を使って、「問題の反応（『封じ込められた』恐怖がよみがえるのを防ぐように思えるけれども、実際には長期的な症状の原因になっている行動）を誘発する環境について洗いざらい話すよう」兵士を誘導することにあるていど成功した、と報告されている。

しかし、戦場の薬物使用の未来は明るいとは言いきれない。引退した情報将校であり、上下院の軍事委員会の顧問を務めるゲイブリエルは、精神的戦闘犠牲者の治療と予防の将来について血も凍る警告を発している。西側でも東側でも、軍隊はこの問題の答えを薬物に求めているようだが、戦闘前に兵士に与える「非鎮静型の向精神薬」が完成すれば、「社会病質者《ソシオパス》の軍隊」が現出するだろうというのである。

ゲイブリエルは、みずから行った調査をもとにこう結論している。「周囲の恐怖から逃れようとする人間精神の創意の才には驚嘆するほかはない」。だが、兵士を最大限に有効利用しようとする現代の軍と国家も、創意の才ではどうしてひけをとるものではない。考えれば考えるほど、戦争とは人間が参加しうる最も恐ろしく最もトラウマ的な行為のひとつではないか、と思わずにはいられない。ある程度の期間それに参加すると、九八パーセントもの人間が精神に変調をきたす環境、それが戦争なのだ。そして狂気に追い込まれない二パーセントの人間は、戦場に来る前にすでにして正常でない、すなわち生まれついての攻撃的社会病質者らしいというのである。

第6章　恐怖の支配

時間があれば、そして貴君のような軍事研究の才能が少しでも私にあれば、まずもって全力をあげて〈戦争の実際〉を研究するだろうと思います。疲労や飢え、恐怖、睡眠不足、天候の影響などなど。戦略と戦術の原理、戦争の兵站学は、実際にはあっけないほど単純なのです。戦争がこれほど複雑で困難なのは〈戦争の実際〉のせいなのですが、歴史学者はたいていこれをまったく無視しております。

陸軍元帥ウェーヴェル卿のリデル・ハートへの書簡
（リデル・ハートはイギリスの軍事学者）

戦闘中の兵士の精神ではどんなことが起きているのだろうか。どんな心理的反応が、どんな無意識下のプロセスが、長期間の戦闘を生き抜いた兵士の圧倒的多数をしまいには狂気に追いやってしまうのか。

精神的戦闘犠牲者が生まれる原因を理解・研究するための枠組みとして、ここでひとつのモデルを使ってみよう。これは、恐怖、疲憊、罪悪感と嫌悪感、憎悪、不屈の精神、そして殺人という要因を、象徴的に表現し統合するモデルである。これらの要因をひとつひとつ検討し、全体的なモデルに統合して、戦闘員の心理的生理的状態をくわしく見てゆくことにしよう。

要因の第一は恐怖である。

恐怖の支配とその研究

精神的戦闘犠牲者については、これまでさまざまな研究者が過度に単純化された——しかし広く受け入れられた——説を打ち出してきた。戦争による精神的外傷の原因は、主として死と負傷への恐怖だというのである。一九四六年、アペルとビービはこう主張している。すなわち、戦闘員の精神障害を理解するために重要なのは、殺される、あるいは負傷する危険に直面すると強い緊張を強いられるため、精神的に参ってしまうという単純な事実であると。またロンドンの「タイムズ」の記者で、心理学と精神医学の戦争応用について長年研究してきたワトスンは、「精神の戦争」のなかでこう結論している。「戦闘のストレスは、本物の死への恐怖をともなうだけに、他の種類のストレスとは大きく異なっている」。

しかし、死と負傷への恐怖が精神的戦闘犠牲者を生み出すことを、臨床的に実証しようとした研究は、つねに失敗に終わっている。たとえば、戦闘における精神的損傷の本質について、五八年にミッチェル・バーカンが行った研究がそうだ。バーカンがまず関心を抱いたのは、「敵対的環境への反応において、恐怖すなわち死や負傷に対する懸念がどのような役割を果たしているか」ということだった。そこで次のような実験を行った。軍用輸送機で移動中の兵士たちに、まもなく不時着しなければならないと告げたのである。人的資源研究局によるこの物議をかもす（今日の基準からすれば非倫理的な）実験によって、恐怖の状況を体験した兵士たちは、「長時間におよぶ精神医学的な面接調査を実験の前後に受けた。潜在的な影響があるのではないかと、調査は数週間後にもう一度行われた。しかし、影響はまったく見られなかった」。

イスラエルの軍事心理学者ベン・シャリットは、戦闘を経験した直後のイスラエル軍兵士を対象に、何がいちばん恐ろしかったか質問した。予想していたのは、「死ぬこと」あるいは「負傷して戦場を離れること」という答えだった。ところが驚いたことに、身体的な苦痛や死への恐怖はさほどではなくて、「ほかの人間を死なせること」という答えの比重が高かったのである。

シャリットは、戦闘体験のないスウェーデンの平和維持軍についても同様の調査を行った。このときには、「戦闘でもっとも恐ろしいこと」として、予想どおり〈死と負傷〉という答えが得られた。そこで、戦闘体験は死や負傷への恐怖を減少させる、とシャリットは結論している。

バーカンの研究からもシャリットの研究からも読みとれるのは、死や負傷への恐怖は戦場の精神被害のおもな原因ではないということだ。事実、これはシャリットも指摘していることだが、社会的文化的通念では、兵士はわが身かわいさから死や負傷をなにより恐れると思われているが、戦場の兵士の心に重くのしかかっているのは、戦闘にまつわる恐ろしい義務を果たせないのではという恐怖なのである。

戦闘のストレスが主として恐怖で説明され、その説明が広く受け入れられてきたとすれば、ひとつにはそれが社会的に受容可能になってきたからである。映画やテレビで、怖がらないのはバカだけだというセリフをどれぐらい聞かされたことだろう。恐怖は現代の文化では受容されているのである。しかし、それがどんな恐怖なのか——つまりなにが怖いのか、死か負傷か失敗か、そういうことは故意にあいまいにされているようだ。

アメリカ軍は第二次大戦中、恐怖に対して意識的に寛容な態度を養ってきた。それに、一九四九年のストウファーによる画期的な第二次大戦研究の結果、兵士が恐怖を表に出しても、それが抑制されている限り、一般にほかの兵士から軽蔑されることはないこともわかった。第二次大戦中に軍は〈軍隊生活〉というパンフレットを広く配布したが、それにはこう書かれているほどだ。「怖いのはみな同じである。怖くない者などいない。戦闘に出る前には、これからどうなるかと思い、殺されるのではないかと恐ろしくなる」。統計学者なら、標本に予断を与えていると言うところだ。

この分野の研究は、ずっと群盲象を撫づという状態だった。ある者は木のようだと言い、ある者は壁のようだと言い、またある者は蛇のようだと言う。だれもがパズルの一片を持ってはいるが、完全に正しい者はひとりもいない。

人間には、社会的に認められていないことは言うまいとする傾向がある。巨大なけものを撫でている盲人のように、最初からそこに見つけると予想していたことだけを報告しがちで、不安を感じるような発見は無視してしまうのだ。このけものには、あらかじめ用意され受容されている名前、だれもが聞いて安心できる名前があった。〈恐怖〉である。

ほかにも説明は考えられる。たとえば罪悪感などは有力な候補だ。しかし、これを平然ととりあげて論じられる人はほとんどいない。恐怖は具体的ではあっても短期的で一過性の感情であり、しかも個人個人のうちに存在するものだ。ところが罪悪感は長く残りやすく、社会全体に関わってくる可能性がある。自分に落ち度はなかったかという厳しい問い、反省という苦行に直面したとき、真実から目をそむけたくなるのは当然だ。文学やハリウッド映画や科学的文献が教える答え、社会的に受容されている答えに飛びつきたくなるのはあまりにも当然のことなのだ。

兵士のジレンマと恐怖

死や負傷への恐怖は、戦闘の精神的被害の唯一の原因ではない。それどころか最大の原因でさえない。そうは言っても、戦闘についての一般的な考えかたが完全にまちがっているというわけではない。ただそれは真実の一面にすぎず、実態ははるかに複雑で恐ろしいものなのだ。あるいはまた、戦場での殺戮や死が恐ろしくないとか、暴力的な死や負傷がトラウマを引き起こさないとか言っているわけでもない。ただ、これらの要因だけでは、現代の戦場から精神的戦闘犠牲者が大量に脱落してゆく理由を説明できないと言いたいのである。

戦闘で兵士がこうむる精神的損傷には、奥深くに隠された原因がある。むき出しの攻撃的対決にたいする抵抗感、それが死や負傷への恐怖とあいまって、戦場のトラウマとストレスの多くを引き起こしているのである。つまり、恐怖の支配は兵士のジレンマを引き起こす一因にすぎないということだ。恐怖、疲労、憎悪、嫌悪、そしてこれらの要因と殺人の必要性とを天秤にかけるというとうてい不可能な難行、これらがみな結託して襲いかかってきて、ついには罪悪感と嫌悪感の深い泥沼に兵士を追い込み、狂気と正気を分ける一線を踏み越えさせてしまうのだ。これらの要因のうちでは、恐怖はごくささいな役割しか果たしていないのかもしれない。

恐怖の支配の終焉

戦争となれば、非殺人者も殺人者と同様の苛酷な条件にさらされ、恐怖を感じることが少なくないが、精神的犠牲者にはならない。戦争中に非殺人者が死と負傷の危険に直面する状況はいろいろとあるが、そのほとんどにおいて精神的戦闘犠牲者は出ないのである。これは注目すべきことだ。たとえば、戦略爆撃による民間人の犠牲者、砲撃や爆撃にさらされる民間人および捕虜、戦闘中の水兵たち、敵の前線の奥に偵察に向かう兵士、衛生隊員、そして戦闘中の将校がその例である。

†——爆撃の恐怖と民間人犠牲者

イタリアの歩兵将校ジュリオ・ドゥエイは、一九二一年に「空を制する」を出版して、世界初の空軍力理論家として知られるようになった。ドゥエイはこう述べている。「先の戦争では、国家は［消耗］によって崩壊した。だが将来の戦争では、直接……空軍力が国家を崩壊させるだろう」。

つまり、都市への大規模な爆撃が行われれば、第一次大戦の戦場と同程度の精神的外傷を与えるだろうということだ。第二次大戦以前には、ドゥエイなどの心理学者や軍事理論家はそう予測していたのである。第一次大戦では、兵士が精神的戦闘犠牲者になる確率のほうが、敵の銃火で命を落とす確率よりも高かった。このため、爆弾の雨が降れば、都市から〈うわごとを口走る狂人〉が大量に出ると学者は予測したわけだ。むしろ、民間人の受ける影響はさらに大きいだろう。女性や子供や老人が戦争の恐怖にさらされたら、慎重に選抜され訓練された兵士より精神的な影響はずっと大きいにちがいない。というわけで、兵士よりも民間人のほうがダウンしやすいと考えられたのである。

ドゥエイが提唱し、多くの権威が追認したこの一連の理論は、のちの時代に大きな影響を及ぼすことになる。第二次大戦初頭、ドイツはイギリスを降伏させようと爆撃を行い、のちには連合軍がドイツに対して同じことを行ったが、その理論的な基礎はこのドゥエイらの理論のうえに築かれていたのである。つまり、人口密集地への戦略爆撃が行われたのは、民間人から大量の精神的犠牲者が出るというきわめて論理的な予測が動機になっていたということだ。

しかし、その予測ははずれた。第二次大戦中、イギリスは何カ月もの連続的な大空襲を経験した。それによって引き起こされた殺戮と破壊、死と負傷への恐怖は、前線の兵士が直面するものにまさるとも劣らなかった。親戚や友人が重傷を負ったり亡くなったりしたが、奇妙なことにいちばんこたえたのはそのことではなかった。民間人は、ほとんどの兵士が直面する必要のない屈辱をなめたのである。一九四二年、チャーウェル卿はこう書いている。「調査によれば、もっとも士気に障るのはわが家を破壊されることのようである。友人はおろか親戚を殺されることよりも、住居を破壊されるほうがこたえるらしい」。

ドイツの状況はさらに悲惨だった。広大な大英帝国の力が夜間の地域爆撃という形でドイツ国民のうえにのしかかり、いっぽうアメリカは「正確な」日中の爆撃にもっぱらその力を注いでいた。何カ月も、あるいは何年間も、昼となく夜となくドイツ人は激しい恐怖にさらされたのである。

焼夷弾とじゅうたん爆撃の数カ月、戦場における死と負傷を、凝縮されたエッセンスの形でドイツ国民は経験した。史上まれに見る規模の慄然たる恐怖を耐え忍んだのである。大半の専門家は、戦闘による精神的犠牲者はその大多数が恐怖の支配によって生じると考えていたが、まさにその恐怖の支配が民間人のうえに解き放たれたわけだ。

ところが、ここで信じられないことが起こった。精神的犠牲者の発生率は平時とほとんど変わらなかったのである。精神病者が大量に出ることはなかった。四九年、ランド・コーポレーション（非営利のシンクタンク）は空襲による精神的影響についての研究を発表したが、それによると、「あるていど長期的な」精神疾患は、平時に比べてごくわずかしか増加していなかったという。しかも発病した人々は「基本的にもともと素因があった」らしいというのだ。事実、空襲は基本的に人の心を奮い立たせ、それに耐えた者の殺人能力を高める役割を果たすようだ。

予想がはずれたことを知って、心理学者や精神医学者は戦後、こぞって調査に乗り出した。ドイツやイギリスの国民は不埒にも学説にさからい、戦略爆撃を受けても大量の精神的犠牲者を出さなかったが、それはなぜなのかというわけである。そしてしまいに持ち出されたのが、〈疾患による利益〉という理論だった。人々が〈病気〉にならなかったのは、病気になってもなんの得もなかったからだというのだ。

しかし、この場合にはこれは当てはまらない。理由はふたつある。第一に、戦闘中の兵士は、病気になっても得のないときでもやはり精神的犠牲者になる。そもそもそれが狂気の本質ではないか。また第二に、「現実との紐帯を捨て」て疎開すれば、人々にとって得るところは大きかったはずだ。精神病院に逃げ込めればさらによい。そういう病院は、戦略爆撃の目標から遠く離れた場所にあるのがふつうだからである。

†――砲撃および爆撃の恐怖と捕虜

第一次・第二次大戦の研究によれば、捕虜は砲撃や空襲を受けても精神病的な反応は起こさなかったが、捕虜を監視している衛兵のほうはそのような反応を示したという。ゲイブリエルはこの点に着目している。これはつまり、非戦闘員(捕虜)は死や破壊によってトラウマを受けなかったのに、捕虜とともにいた戦闘員(衛兵)は受けたという状況である。この差異は、〈疾患による利益〉理論で説明されてきた。衛兵なら、精神的犠牲者になれば最寄りの精神病者用の治療後送所に送ってもらえる。いっぽう捕虜のほうは行き場もなければ利益もないので、精神的犠牲者にならないほうを選んだのだというわけである。しかし、この説がおかしいことはよく考えてみればわかる。

掩蔽もなく包囲された兵士は、得にならないときでも戦闘から逃避しようとする。カスター将軍の騎兵隊に属する一部隊がそのよい例だ。この部隊は本隊から切り離され、インディアンに包囲されて二日後に救出された(カスター将軍の第七騎兵隊の一部である。リーノー少佐に率いられて別行動をとっていたおかげで、リトル・ビッグ・ホーン[モンタナ州の川。この流域でカスター将軍とインディアンとが戦った]を生き延びたのである。カスター将軍と行動を共にした兵士は全員戦死している)。ゲイブリエルによれば、この部隊の兵士の多くが持ち場を離れ、仮病を使って救護所に逃げ込んでいる。逃げ込むと言っても安全だったわけではない。救護所は実際に敵の銃火にさらされているし、防衛施設のある外辺部のほうがむしろ安全だったと思われる。疾患による利益について考えるとき、この例は重要である。戦闘員はかえって危険が増すときでも戦闘（すなわち殺人を強いられる状況）から逃れようとする、ということを示しているからだ。

砲撃または爆撃下の捕虜（POW）と衛兵の事例について、ゲイブリエルは疾患による利益説を否定する。そして一歩踏み込んで、より納得のゆく説を打ち出している。すなわち、捕虜は「自分の生命を衛兵にゆだねていた」というのだ。たしかに、捕虜はすべての責任を放棄して衛兵にゆだねている。生存の責任も、そして殺人の責任も。

捕虜は武器をもたず、無力で、自分の運命を不思議なほど落ち着いて受け入れている。人を殺す能力も責任もない捕虜には、降り注ぐ砲弾も爆弾も個人的な問題としてとらえる理由はなにひとつないからだ。いっぽう衛兵にとっては、この事態は自分の名誉に関わる問題である。捕虜とちがって戦う能力も責任もある衛兵は、自分を殺そうとする者がいるという事実、こちらも応酬する責任があるという事実を目の前に突きつけられている。ここで精神的犠牲者になった衛兵たちは、同様の状況に置かれた同輩と同じく、兵士という役割につきまとう耐えがたい責任を逃れるため、社会的に認められた手段をとったということなのだ。

†——海戦における恐怖と水兵

何千年も前から、海戦に飛び道具はつきものだった（弓矢、投石器、大砲など）。それもごく至近距離から飛んでくる。その後には引っかけ鉤による船の固定、乗り込んでくる敵、そして命がけのすさまじい接近戦が始まる。逃げ道はない。こんな海戦の歴史には、地上戦の場合と同じく精神的戦闘犠牲者の例が数多く見られる。心理的な圧迫という点では、海戦は陸上戦とほとんど変わらない。

ところが二十世紀に入ると、海戦による精神的戦闘犠牲者はほとんどゼロになる。すぐれた軍医だったモラン卿は、第二次大戦中に艦上で診た水兵に、精神疾患が驚くほど少なかったことに着目した。二隻の艦上での経験を基にして、彼は次のように書いている。「一隻は二百回以上も空襲をくぐり抜け、最初のリビア方面作戦に一貫して参加したのちに沈没している。もう一隻は四回の大規模な作戦に参加したほか、海上でも港でもたびたび空襲を受け、実際に損害をこうむったことも二回ある」。にも関わらず、精神的戦闘犠牲者はほとんど出なかったというのだ。「この二隻には五〇〇人を越す水兵が乗り組んでいたが、神経に変調をきたして診療を受けに来たのはたったふたりだった」。

第二次大戦後、精神医学および心理学の分野でその理由が研究され、ここでもまた疾患による利益が持ち出された。水兵は精神的犠牲者になってもなんの利益もないので、だからならなかったのだというわけである。

現代の水兵が精神病になっても得るところがないとは、まったくとんでもない話だ。昔から、戦艦の医務室は最も安全で堅牢な艦の中心部にある。開けた甲板に立って敵機に砲火を浴びせる水兵は、比較的安全な医務室に逃げ込めたら得るところは大いにある。精神病の症状が起きれば、たとえ現在の戦闘から完全に逃れることはできなくても、少なくとも将来の戦闘を免れられることはほぼ確実である。

では、水兵が精神に変調をきたさないのはどうしてなのだろうか。陸上の同類と同じく、現代の水兵は恐ろしい戦火に焼かれ、恐ろしい死にかたをする。あたり一面死と破壊だらけだ。それでもダウンしない。なぜだろうか。

その答えはこうだ――水兵のほとんどは直接手を下して人を殺さないからだ。また個別に直接的に水兵を殺そうとする者がいないからである。

ダイアによれば、砲手や爆撃機の乗組員や海軍将兵には、殺人への抵抗が見られないという。これは「ひとつには、機関銃手が発砲を続けるのと同じ圧力のためであるが、なにより重要なのは、敵とのあいだに距離と機械が介在していることだ」。したがって「自分は人間を殺していないと思い込む」ことができるのである。

接近戦で直接人を殺すのでなく、現代の海軍が相手にするのは艦船や航空機である。もちろん船や飛行機には人が乗っているのだが、心理的・機械的な距離によって現代の水兵は守られている。第一次・第二次大戦の軍艦は、肉眼では見えない敵艦に砲弾を浴びせることが多かった。対空砲でねらう航空機は、たいていの場合は空の一点でしかない。自分と同じ人間を殺していることも、自分を殺そうとしている敵がいることも頭ではわかっているが、心理的にはその事実を否定することができる。

同様の現象は空中戦でも起きている。先に述べたように、第一次・第二次大戦ではまだ航空機の速度が比較的遅かったので、敵のパイロットを見ることができ、そのために大多数のパイロットは積極的に攻撃することができなかった。だが〈砂漠の嵐〉作戦では、パイロットはレーダースコープに映るだけの敵と戦っていたから、そんな問題はまったくなかったのである。

†――敵前線後方での恐怖と斥候《せっこう》

戦場につきものの精神的犠牲者が出ない状況がもうひとつある。敵前線後方への斥候だ。きわめて危険は大きいが、その性質上、斥候という任務はふつうの戦闘とは異なっている。今世紀の戦争では、斥候にはある共通の特徴が見られる。

歩兵中隊指揮官として、また陸軍レンジャー隊員として、私は斥候を計画・実行するための訓練を受けてきたし、さまざまな状況で訓練として斥候を行ってきた。斥候という場合、たいていは偵察斥候である。偵察斥候では軽装の小部隊が敵地に派遣されるが、この部隊には敵と交戦するなという命令が明示的に出されている。任務は敵をひそかに探ることであり、敵軍と遭遇した場合はただちに敵との接触を断たねばならない。偵察斥候の本分は発見されず姿を見られないことだから、攻撃作戦を遂行できるような火力は与えられていない。

したがって、たしかに偵察斥候は危険だし、それによって得た情報がもとで多くの敵兵が殺されるかもしれないのだが、その任務じたいはまったく人畜無害である。直接敵と戦って殺す義務もなければ、またその意図もまったくない任務なのだ。ときには捕虜をとらえることが必要な場合もあるが、その場合も敵との交戦は比較的小規模にとどまる。敵の攻撃から逃げよと命令されているのだから、これ以上に精神的負担の軽い任務がほかにあるだろうか。

偵察以外の斥候では、ふつうその目的は待ち伏せまたは襲撃である。この場合、選ばれた集団が計画どおりの地点で敵を攻撃する。このような戦闘斥候は、偵察斥候と同じく、目標への行き来の途中で発見されたらただちに敵との接触を断つことになっている。襲撃または待ち伏せの殺人行動は、ある特定の地点で、短い時間に集中して行われる。成功の鍵は不意打ちにあるわけで、それ以外の局面では敵から逃げなければならないのだ。

襲撃または待ち伏せが目的の斥候については、事前に周到かつ徹底的な計画が立てられ、味方戦線を離れる前にリハーサルが行われる。実際に殺人を行う時間は非常に短く、リハーサルで練習したのとよく似た展開になる。(一)正確かつ既知の目標を撃つこと、(二)戦闘の前に精密なリハーサルと表象化を行うこと(条件づけの一形態)は、心理的な保護力が非常に大きい。このように、戦闘斥候の性質は無差別殺人とはまったく違っており、そのため精神的な損傷を引き起こしにくいのである。

ここで考えるべきもうひとつの要因は、ダイアが指摘しているように、最優秀の殺人者であるきわめてまれな「生まれながらの兵士」(スウォンクとマーシャンによって、攻撃的精神病質傾向があると特定された二パーセントの兵士)は、「ほとんどがコマンド型の特殊部隊に集中して」見いだされるということだ。そして、敵前線後方での戦闘斥候という任務が与えられるのは、ふつうそういう部隊なのである。

ここでもまた、疾患による利益という説が、敵前線後方での斥候中に精神的犠牲者が出ない理由として持ち出されてきた。そしてここでも、この説がまちがっていることは明白である。戦場の兵士は得になろうがなるまいが発狂するものだが、それはこの際おくとしても、精神的戦闘犠牲者になれば斥候に出る兵士は大いに得をするからである。

敵前線後方での斥候は途方もなく危険な任務だ。途中でひとりかふたりでも犠牲者（精神的であろうと何だろうと）が出た場合、任務は完全に中止される。中止されなかったとしても、負傷して任務が果たせない者は安全な場所に残されるから、斥候に関わる危険をほとんど免除される。そういう場所には背嚢と携帯口糧《レーション》と装備が隠されていて、任務遂行中は数名の兵士が見張りをしているのである。そしてなにより、精神的ストレスの徴候が斥候の途中で現れれば、その兵士は次の任務からは外してもらえるはずだ。

戦略爆撃下の民間人、砲撃や爆撃を受ける捕虜、現代の海戦を戦う水兵と同じように、敵前線後方の斥候に出る兵士がふつう精神的ストレスを免れているのは、なによりもまず、戦闘のストレスを引き起こす最大の要因がそこに存在しないからだ。かれらには面と向かって敵を攻撃する義務がない。たしかに危険きわまりない任務ではあるが、死と負傷への恐怖および危険は、戦場における精神的損傷の第一の原因ではないのである。

†——衛生班における恐怖——「怒りより生まれた勇気ではなく」

夜のまぼろしにその姿を見た
　夜の戦場に。
怒号のさなか、ゆらめく血の影のなかで
　光のように動いている……

冷静に診察し、すばやくも
　忍耐強い指で
傷口に包帯を巻き、苦痛にもだえる
　患者を抱き起こす……

しかし、それは怒りより生まれた勇気ではない
怒りは熱い人間を盲目にする
それは弱さから生まれる慈悲ではない
　やさしく、しかし目はしかと開いている……

物見の鋭い目をもつことに耐える、

この地獄にあっても。
ただひとときもその従う信念からそれることはない
　その仕えるは光。

人間のなかの人間、そのやさしさは
　すべてを満たし
そのまっすぐな精神は
　砦の落ちる轟音にもくじけない

狂える虎の混乱のなかで
　光に仕え、光を守り抜く
どんな歌を歌って讃えればよいのか
　勇士よりもなお勇敢な者どもを

ローレンス・ビニオン（第一次大戦の退役兵）「癒し手たち」

軍隊に属していても殺人を担当しない者は、殺すことが仕事の者にくらべて戦闘による精神的損傷をこうむることがきわだって少ない。数々の証拠がそのことを示している。とくに衛生班は、昔から戦場の安定した防波堤として頼りにされてきた。

モラン卿は、その軍隊経験をもとに「勇気の解剖学」を書いているが、多くの非殺人者と同じように、やはり恐怖による身体症状を経験しなかったという。モラン卿は心理的に大きなトラウマを経験している。部隊が戦闘に適任と認定すること、すなわちそれが彼の役目だったのだが、それは「二〇〇人の若者の死刑執行令状にサインするようなものだった。しかもまちがっているかもしれないのだ」。彼は最後にこうしめくくっている。「二〇年たったいまも良心が痛む。……あの兵士たちを塹壕にとどまらせたことは正しかったのだろうか。かれらが殺されたとしたら、責められるべきはかれらか、それとも私なのか」。だがこんな経験にもかかわらず、あれほど長期にわたって「がんばる」力が自分にあったのは驚きだった、と彼は書いている。周囲の兵士たちは戦闘の心理的重圧に次々に押しつぶされているというのに。第一次大戦の塹壕で継続的な戦闘に長年耐えながら、それでも精神病の症状が出なかったのは、衛生将校として負傷者の看護に忙殺されていたからだ、というのがモラン卿の考えである。あるいはそうかもしれない。しかしほんとうの理由は、人を殺す義務がなかったことではないだろうか。

衛生兵は勇気を怒りから得るのではない。死や負傷の危険は同じかそれ以上であっても、戦場の衛生兵はタナトスや怒りに身を任せず、親切とエロスに一身を捧げている。そして心理的な健康ということに関しては、タナトスは寛大な主人にはほど遠い。戦場でのエロスの本質を理解し、「癒し手たち」という詩で表現した第一次大戦の退役兵がいるいっぽうで、痛ましい戦野にあってタナトスの本質を理解し語った者もいる。

能率的で徹底的で力強くて勇敢——彼の目的は殺すこと。
破壊は彼の力の底石、意志の道しるべ。
彼の鍛冶場はまがまがしく輝き、彼の手下は疲れを知らず、
それもこれも欲望という名の女神を飾るため。
女神の産む双子は血と炎。

ロバート・グラント（第一次大戦の退役兵）「超人」

戦場で殺人者を務めるのと癒し手を務めるのとでは、その心理的な違いはきわめて大きい。私の面接調査に応じてくれた、あるすぐれた人物がこのことをはっきり証明している。この人物は、かつてバストーニュで第一〇一空挺師団に軍曹として所属し、いまは海外戦争復員兵協会の支部長を務め、地域でもたいへん尊敬されている。第二次大戦での殺人体験に深く悩まされたらしく、彼は朝鮮戦争にもベトナムにもアメリカ空軍の衛生兵として従軍し、救難ヘリコプターで飛びまわっていた。撃墜されたパイロットを救出・治療するのは壮絶な体験だったが、彼が率直に認めているところでは、それは救済であり、個人的な罪滅ぼしとして大いに役立ったという——殺人者を務めた期間は比較的短かったのだが。つまり、かつての殺人者が原型的な衛生兵となり、傷ついた兵士の手当てをし、かれらを背負って救い出してきたのである。

†――将校の恐怖

衛生兵と非常によく似た、精神的に守られた立場にいるのが将校である。将校は殺人を命じはするが、みずから関与することはめったにない。命じるだけで、実行するのは別人という単純な事実が緩衝材となって、殺人の罪悪感から守られているのだ。ごくまれに自己防衛のために戦うことがないではないが、ほとんどの将校は戦闘で敵に向かって発砲することはない。なにしろ現代戦では、敵に発砲している将校は本分を果たしていないという考えかたが、原則として広く受け入れられているのだ。ほとんどの戦争で、前線の指揮官が犠牲になる割合はつねに部下よりはるかに高い（第一次大戦時、西部線戦に配属されたイギリス軍将校の二七パーセントが死亡したが、部下の死亡率は一二パーセントだった）。ところが、精神的戦闘犠牲者になる割合はたいてい有意に低いのである（第一次大戦のイギリス軍では、将校が精神的戦闘犠牲者になる割合は部下の半分だった）。

将校に精神的戦闘犠牲者が少ない理由として、責任感が大きいためだとか、あるいは将校はきわめて目立つ存在なので、精神的に挫折すると社会的に大きな汚点になるからだと考える人は多い。言うまでもなく、将校はその場その場の状況や、そこでの自分の立場や重要性を部下よりよく認識している。そしてまた、軍事制度からの認知と心理的な支援をより多く受けている。要するに制服や記章や勲章で特別扱いされているわけだ。

おそらくこれらの要因がすべて関わっているのだろう。しかし将校の場合はもうひとつ、戦場での殺人にあまり個人的な責任を感じなくてすむという要因がある。自分の手で殺す必要がないのだ。これは決定的な違いである。

恐怖の支配を見直す

少なくとも精神的損傷の原因という領域では、恐怖は戦場の最高権力者ではないように思える。恐怖の影響を過小評価してはならないが、戦場での精神的犠牲者を生み出す唯一の要因ではなく、主要な要因でさえないのは明らかである。

イギリス人とドイツ人は、何カ月にもわたる爆撃を生き抜き、死と破壊と恐怖を体験したが、戦闘中の兵士がこうむる心理的な損傷はまったくといってよいほど起きなかった。先にふれたランド・コーポレーションの研究がはっきり示しているように、パイロットや爆撃機の乗組員は、距離が介在しているおかげで、自分が何千という罪もない市民を殺していることをあるていど否定することができた。それと同じように、環境とそれに関わる距離が、民間人と捕虜の爆撃犠牲者、水兵、そして敵前線後方の斥候にとっては緩衝材となり、自分を殺そうとする敵の存在を否認することができたのだ。要するに、わがこととして引き受けていなかったのである。民間人や捕虜は反撃することができないため、それがストレスの原因になると思われがちだが、事実はまったく逆である。爆撃機の乗組員や砲手からは、いつかは精神的戦闘犠牲者が出るものだ。ところがかれらに攻撃される非戦闘員は、おおむね精神的戦闘犠牲者にはならないのである。

第二次大戦中、爆撃機の乗組員の死傷率は、一般に連合軍の戦闘員のうちで最も高かった。イギリスの爆撃機部隊では、生き残ったのは一〇〇人中たった二四人である。息つく間もない日々のくりかえしのなか、こんな数字に直面すれば、精神疾患の発病率が恐ろしく高くなっても不思議はないだろう。爆撃機の乗組員の場合、おぞましい体験をすることは比較的少ないが、ある程度の責任の重圧が存在する（あるベトナム時代の爆撃機パイロットは、戦後に飲酒におぼれ、ひどく苦しめられたのは、遠くからであっても民間人を殺したことが原因だと述べている）。とはいえ、この場合に限っていえば、最大の心理的な敵は恐怖だったのかもしれない。だがここで重要なのは、恐怖は多くの要因のひとつにすぎないということだ。そして、恐怖が精神的戦闘犠牲者の唯一の原因であることは（かりにあったとしても）きわめてまれだ、ということである。

戦闘経験者と戦略爆撃の犠牲者は、どちらも同じように疲労し、おぞましい体験をさせられている。兵士が経験し、爆撃の犠牲者が経験していないストレス要因は、（一）殺人を期待されているという両刃の剣の責任（殺すべきか、殺さざるべきかという妥協点のない二者択一を迫られる）と、（二）自分を殺そうとしている者の顔を見る（いわば憎悪の風を浴びる）というストレスなのである。

第7章　疲憊の重圧

兵士の第一の資質は、疲労と重労働にたいする持久力であり、勇気は二の次である。貧困と窮迫と欠乏がよい兵士をつくる。

ナポレオン

訓練に見る予防接種としての疲憊

ぎりぎりの身体的疲憊（極度疲労）の影響は、経験した者でないとわからない。精根尽きはてて泥のなかに座り込み、周囲の沼の小さなカエルを捕まえて一匹ずつ丸飲みにし、水筒の水で流し込んだことがある。もう五日、なにも口にせず、一睡もしていなかった。アメリカ陸軍レンジャー養成校の八週間コースの八週め。このような身体的欠乏を、仲間とともにすでに七週間も耐えてきたのだ。このときには、生きたカエルを丸飲みにするのは、じつに理にかなった行動に思えた。それぞれが選び抜かれた将校であり軍曹であり、心身ともに最高のコンディションでこのコースに臨んだのだが、このころにはたいていの者が体重をゆうに二〇ポンド以上も失っていた。

頰はこけ目は落ちくぼみ、極度の疲労に飢えが追い打ちをかけ、多くの者がくりかえし幻覚に襲われていた。信じられないほどリアルな夢を、はっきり目覚めているときに見るのである。見ている者にとっては、その幻覚（たいていは食物の）はとても幻覚とは思えなかった。四〇ポンドの背嚢を担ぎ、ジョージアとテネシーの山地を進み、フロリダの沼沢地を過ぎて、終わりのない戦闘行動をとりながら、絶えず指揮官としての能力を評価される。精神は狂気のふちをよろめく。これ以上進めなくなるか、もうだめだと言いだして、だれがいつ脱落してもおかしくなかった。それでも前進したのは、もう自尊心と意地しかない。卒業してから何週間も、多くの者は真夜中にがばと目を覚まし、見当識を失ってパニックに襲われたものだ。

世界中のえり抜きの兵士が、この著しく効果的な通過儀礼に参加するが、通過できるのは半数に満たない。落第しても恥にならない陸軍の学校はたぶんここだけだろう。「少なくとも、挑戦するだけのガッツはあったんだ」と言ってもらえる。そしてこの学校（程度はさまざまだが、同様の学校としては、海軍のＳＥＡＬ［特殊部隊］および水中破壊隊養成校、陸軍特殊部隊［グリーン・ベレー］および空挺部隊［落下傘部隊］養成コース、そして海兵隊の基礎訓練キャンプがある）の修了者は、ストレスに満ちた状況にあっても冷静でいられるとお墨付きがもらえ、世界中の兵士から尊敬されるのだ。

こんな極限状況で演習を行う眼目は、戦闘指揮官に極度のストレスを与え、心理的トラウマの予防接種をすることだ。アメリカ陸軍中佐ボブ・ハリスは、ベトナムにおもむく前にレンジャー養成校を体験し、そこでこの予防接種がいかに行われたかを述べている。

ここで断っておきたいのは、小隊指揮官としての演習を受けたことで、レンジャー訓練の有用性に全幅の信頼を置くようになったことだ。すべてを使う機会はなかったが、教わった技術や技能の多くは役に立った。だがそれよりも重要なのは、フォート・ベニングで、ジョージア北部の山地で、そしてフロリダの沼沢地で、自分自身について知識を得たことだ。限界のほとんどは心のなかにあるもので、乗り越えられるものだと理解できた。恐怖、疲労、飢えのなかでも前進できる、有能な指揮官たりうるとわかったことである。

戦闘における疲憊

目は落ちくぼみ、カエルを食らい、やつれはて疲れはてたレンジャー養成校の兵士を考慮に入れても、何カ月もぶっ通しで続く戦闘による疲憊は、それよりさらに深刻だということを理解しなければならない。そのような疲憊は、第一次大戦、第二次大戦、朝鮮、そしてベトナムの一部を除けば、どんな兵士もまず経験していない。ダグラス・マッカーサーはこう述べている。「兵士はよろめき、うめき、汗を垂らして苦しみ、うなり、罵り、しまいには死んでゆく」。アメリカの戦争漫画家ビル・モールディンは、第二次大戦の戦闘における精神も鈍麻する疲労のことをよく知っており、有名なウィリーとジョーのマンガに表現した。彼はこう書いている。「骨の折れるたいへんな仕事をしてきた者は何百万何千万といる。しかし、いつ果てるとも知れない悲惨と苦痛と死を、週に一六八時間耐え忍んできた者は数十万人しかいない」。

心理学者F・C・バートレットは、戦闘における身体的疲憊の精神的影響についてこう力説している。「戦場においては、長期的で深刻な疲労状態ほど、神経疾患や精神疾患を大量に生み出す全般的な条件はほかにないだろう」。この〈長期的で深刻な疲労状態〉すなわち〈疲憊の重圧〉をもたらす要因は四つある。(一) 生理的な興奮。いわゆる戦闘―逃避反応を喚起する条件が継続的に存在する場合、そのような環境に身を置くことがストレスとなって引き起こされる。(二) 累積的な睡眠不足、(三) カロリー摂取量の減少、(四) 雨、寒さ、暑さ、夜の闇など自然条件による影響である。これらの要因について簡単に見てゆこう。

†——生理的疲憊

そのとき砲弾が背後に落ちて、側方の離れたところにもう一発落ちた。おれたちはとっくに走り出していて、軍曹とおれとほかにもうひとり、壁の後ろにたどり着いた。八八ミリだと軍曹が言って、「ちくしょう、くそったれが、まただ」と毒づいた。当たったのかと訊いたら、軍曹はちょっと笑って、いや、ちびっただけだと言った。なにかあるといつもちびるんだが、ちびったあとはもう大丈夫なんだという。軍曹はぜんぜん言い訳もしなかったが、そのときおれは自分もなんだか変だと気がついた。なまあったかいものが脚を伝い落ちていくみたいだ。さわってみると血じゃなかった。小便だったんだ。
「軍曹《サージ》、おれもちびってた」みたいなことを言ったら、軍曹はにやっと笑って、「これが戦争ってもんさ」と言った。

第二次大戦の復員兵の体験談
バリー・ブロードフット「六年戦争、三九〜四五年」の引用より

戦闘のストレスに対する生理的反応がいかに強烈か理解するには、交感神経系によるエネルギーの動員、そしてその後に起きる副交感神経系による揺り戻し反応の影響を理解しなければならない。

交感神経系の役割は、行動を起こすために必要なエネルギーを全身から動員してくることだ。いっぽう副交感神経系は消化と回復を担当している。

このふたつの神経系によって、通常は身体のエネルギー需要の全般的なバランスが保たれているが、ストレスが極度に高まると闘争—逃避反応が発動されて、生き残るために交感神経系が全身のエネルギーを総動員しはじめる。このため戦闘中は、急を要さない活動、たとえば消化や膀胱の制御や括約筋の制御などは完全に放棄される結果になりやすい。非常に強烈な反応なので、ストレス性の下痢が起きることなどしょっちゅうである。また、尿や便の失禁も少しも珍しいことではない。生き残るためにあらゆるエネルギーを供出しようとして、身体が文字どおり「バラストを放り出す」ためである。

これほど強烈なエネルギー動員反応に、生理的な代価がともなうのは当然だ。身体的に見ると、無視されていた副交感神経系の要求が戻ってきたとき、同じくらい強烈な揺り戻し反応が起きるのである。この揺り戻しは危険と興奮が去るとただちに起こり、兵士の自覚症状から言えば、すさまじい虚脱感や猛烈な眠気となって現れる。

ナポレオンは、最も危険な瞬間は勝利の直後であると言っている。攻撃がやんで、これでもう安全だと思ったとたん、副交感神経系の揺り戻しが起き、生理的にも心理的にも身動きがとれなくなる。さすがというべきか、ナポレオンはそのことを知っていたのである。この無防備な瞬間に新たな軍勢から反撃を仕掛けられれば、その軍勢の規模からは考えられないような大きな打撃をこうむる恐れがある。

戦闘の際、つねに元気な補充兵を維持しなければならないのは、基本的にはこのためだ。どちらが補充兵を最後まで維持でき投入できるか、それが戦闘の帰趨《きすう》を決することも少なくない。クラウゼウィッツは、補充兵はけっして戦場から見える場所に待機させてはならないと警告している。歴史を見ても、すぐれた指揮官はつねに攻撃の勢いを維持することを重視しているが、その精神生理的な理由は同じである。敵を徹底的に叩き伏せるためには、敗北した敵を追跡し、接触を維持することが絶対に必要だ（戦闘の歴史を見ると、こちらに背を向けた敵を追跡しているときこそ、いちばん殺人が起こりやすいときである）。しかし、敵との接触をなるべく長く保つことは、戦闘がついに終わる瞬間をなるべく遅らせるためにも重要なことなのである。戦闘が終わると、追跡軍は副交感神経の揺り戻しに落ち込み、反撃に対して無力になる瞬間が訪れるからだ。ここでもやはり、追跡を完了するために元気な補充兵を用意しておくことが、戦闘の最も破壊的な段階を効果的に実行するうえで非常に重要である。

戦闘が長期にわたると、アドレナリンの急増とその後の揺り戻しというジェットコースター状態が延々と続き、危険に対する自然にして有用適切な身体反応がこれに重なって、しまいには猛烈な反作用が生じる。逃げることもできず、瞬間的に闘争、威嚇、降伏を選択して危険を克服することもできず、エネルギーを動員する能力がたちまち枯渇して、身体的・心理的な疲憊状態に深く落ち込んでしまうのだ。その疲憊のすさまじさは、経験していない者にはとてもわかるまいという気がする。この状態の兵士は、神経の疲憊から不可避的に虚脱状態に陥る。身体が完全に燃え尽きてしまうのである。

†——睡眠不足

すでに述べたように、アメリカ陸軍レンジャー養成校などの集中訓練では、睡眠不足による幻覚や無気力状態はだれもが経験する。戦闘の際はもっと深刻な状況もめずらしくない。ホームズの研究によれば、戦闘時に睡眠不足が信じられないほど長期にわたるのは当然視されている。ある研究によると、一九四四年にイタリアで戦ったアメリカ兵士の三一パーセントは、一晩に平均四時間未満の睡眠しかとっていなかった。また五四パーセントは平均六時間未満だった。睡眠時間の不足は前線部隊によく見られる現象だが、精神的戦闘犠牲者の発生率がもっとも高いのもやはり前線部隊である。

†——食物の不足

粗末な冷たい食事、疲労による食欲減退からくる栄養失調は、戦闘能力にいちじるしく破壊的な影響を及ぼす。イギリスのバーナード・ファーガスン将軍はこう書いている。「私はためらいなく断言するが、兵士の士気に最も悪影響を及ぼすのは食糧不足である。……肉体に対する純粋に化学的な影響にとどまらず、精神にも悲惨な影響をもたらすからである」。

歴史を眺めると、食糧不足が最大の軍事的要因だったと考えられる事例は無数にある。軍事史シリーズの兵站学の巻によれば、第二次大戦初期の「バターンの抵抗がついに終わったのは、なによりもまず食糧不足が最大の要因だったと考えられる」。またスターリングラードのドイツ軍は「降伏したときには文字どおり餓死寸前だった」。

†——自然力の影響

兵役に就くということは、敵軍だけでなく自然の猛威にも直面するということである。任務に必要な装備を詰め込めば背嚢にはほとんど隙間など残らず、そのわずかな隙間に詰め込める保護手段などたかが知れている。だから、ほとんどの兵士は自然の猛威にじかにさらされているも同然だ。つまり、雨、暑さ寒さ、苦難苦労が延々と続くのは兵士の宿命なのである。

モラン卿は、「自然力にさらされると軍隊は弱体化する」と考えていた。最悪なのは〈冬の厳寒〉で、これには「えり抜きの兵士さえ音をあげる」。やむことを知らない拷問のような雨についてては、アラン・バルビュスがこう書いている。「湿気はライフルだけでなく兵士をも錆びつかせる。ゆっくりと、しかしより深く腐食は進む」。

また、暗闇による感覚遮断も油断がならない。暗闇は寒さや雨と結託して、兵士を惨めさのどん底に突き落とす。その惨めさは、屋内に逃げ込める者には想像もつかない。アルジェリアからのフランス人復員兵シモン・ミュリーにとって、「第一の敵」は寒さだった。「真っ暗な山のてっぺんで、ざんざん降りの雨に濡れてしけった寝袋にもぐり込む惨めさ」は「なんともたとえようがない」惨めさだったという。

暑さも疲労を引き起こし、死にいたることさえある。ネズミやシラミや蚊など、生物という名の自然力も、負けじとばかりに身体的・精神的に兵士を苦しめる。しかし兵士の直面する最も手ごわい自然力、それはおそらく病気だろう。アメリカ軍では第二次大戦まで、敵の行動より病気で死ぬ兵士のほうがつねに多かったのである。

以上見てきたように、睡眠不足、食糧不足、自然力の影響、そして絶え間ない闘争—逃避反応の発動による精神的疲憊、これがすべて重なって兵士を疲憊させる。これらの重圧は、それだけで精神的戦闘犠牲者を生み出すことはないだろう。しかし、欠乏状態に置かれることで兵士の精神は現実逃避に傾きがちになるわけだから、そのような素因を生み出す条件としてやはり考慮に入れる必要がある。

第8章　罪悪感と嫌悪感の泥沼

もういやだ、戦争はもうたくさんだ。戦争の栄光なんてたわごとだ。血や復讐や破壊を声高に叫ぶのは、銃を撃ったこともなければ、けが人の悲鳴やうめき声を聞いたこともないやつらだけだ。戦争は地獄だ。

ウィリアム・ティカムサ・シャーマン

感覚への影響

恐怖と疲憊の向こうには凄惨な世界が広がっている。その世界は兵士を取り巻き、五感に襲いかかってくる。

負傷者や死にゆく者の哀れな悲鳴が聞こえる。糞尿と血のにおい、肉の焼けるにおい、腐敗臭、それが混じり合って胸の悪くなる死臭を漂わせる。砲撃と爆破に痛めつけられて地面が揺れるのを感じる。大地がうめいているかのようだ。腕に抱いた戦友が息を引き取るときの最後の身震い、そして流れる血の生暖かさを感じる。共通の悲しみに親友と抱きあえば、血と涙の味がする。自分の涙なのか友の涙なのかわからず、気にもならない。そして見よ、ここに書かれた惨状を。

長さ一五フィートの腸に足を引っかけて、腰のあたりでまっぷたつになった死体のうえに倒れ込む。いくつもの脚や腕や首が、胴体から五〇フィート以上も離れてばらばらに飛び散っていた。夜がくると、海岸堡からは肉の焼ける異臭が漂ってくる。

ウィリアム・マンチェスター「回想太平洋戦争」

✝——記憶の影響と罪悪感の役割

みょうな話だが、戦闘の参加者である戦闘員のほうが、こんなおぞましい記憶に大きな影響を受けるようだ。非戦闘員、たとえば通信員や民間人や捕虜など、戦闘地域の受け身の観察者はさほどの影響を受けない。戦闘中の兵士は、周囲の惨状に深い責任感と後ろめたさを感じるらしい。敵が死ねば自分が殺したように思い、味方が死ねば自分のせいのように思うのである。このふたつの責任感と折り合いをつけようと苦労するうえに、周囲の凄惨な状況にたいする罪悪感までが加わるのだ。

リチャード・ホームズがとりあげている「ある勇敢で傑出した」老退役兵は、七〇年近くを経てからも、「みなに好かれていた将校が、砲弾の破片で文字どおりはらわたを割かれたときのことを話しながら、……声を殺してすすり泣いていた」。若くて元気なうちは頭から閉め出しておけても、老年になると記憶は夜ごとの夢に戻ってくる。「人はみんな、いやなことはすっかり忘れた気になっている。ところが歳をとると、隠れていたところから出てくるんだ。それも毎晩」。

だがそれにもかかわらず、凄惨さというこの要因は多くの要因のひとつでしかない。数々の要因が寄ってたかって、兵士を痛ましい戦野から追い出そうとするのである。

第9章　憎悪の風

日常生活における憎悪とトラウマ

精神的なストレスは危険によって引き起こされるのではない。そう聞いて人は本心から驚くだろうか。攻撃的状況に関わりたくないという強烈な抵抗感の存在は、ほんとうにそれほど意外なことなのだろうか。

現代社会では危険は大いに求められている。とくに若者は、積極的かつ代償的に身体的な危険を追い求めている。ジェットコースター、アクション映画やホラー映画、ドラッグ、ロッククライミング、いかだの急流下り、スキューバダイビング、パラシュート、狩猟、接触競技など、人々は手を変え品を変えて危険を楽しんでいる。たしかに、過度の危険はすぐにいやになる。自分の手にあまると感じられるときはとくにそうである。死や負傷の可能性は、戦闘のストレスを高める複雑な混合物の重要な成分ではあるが、日常生活においても戦闘においても、ストレスの最大の原因ではない。

ところが、同胞たる市民のうちにある攻撃性と憎悪に直面することは、まったく次元の異なる体験である。敵意ある攻撃に直面したことのない人はいないだろう。子供のころの遊び場で、見知らぬ他人の無礼という形で、知人による陰口や意地悪な言葉という形で、そして職場の同僚や上司の敵意として。こんな状況に出くわすと、人はみな敵意を覚え、それが引き起こすストレスを経験する。だが、たいていの人はなんとかして表立った対立を避けようとする。力による対決はおろか、攻撃的なことばを口に出すことさえ、人間にとっては非常にむずかしいことなのである。

昇進や昇給のことで上司に抗議するだけでも、たいていの人にとってはストレスに満ちた体験であり、平常心ではとてもできないことだ。それどころか、逆立ちしてもそんなことはできないという人も多い。ガキ大将に立ち向かったり、意地悪な知人と喧嘩したりすることを、なんとしてでも避けようとする人がほとんどなのである。アフリカ系アメリカ人には高血圧の患者の割合がきわだって高いが、これはつねに周囲の敵意に直面し、社会に受け入れられていないと感じるためであり、またそれによってストレスを受けているからだ、と多くの医学の権威者が考えている。

心理学者のバイブルである「精神障害の診断と統計の手引き」第三版（DSM－III－R）には、心的外傷後ストレス障害では「ストレスの原因が人為的なものの場合、障害はより重く長期にわたるようである」と書かれている。人間は、好かれたい、愛されたい、自信をもって生きてゆきたいと切望している。意図的で明白な他者の敵意と攻撃は、ほかのなによりも人間の自己イメージを傷つけ、自信を損ない、世界は意味のある理解できる場所だという安心感をぐらつかせ、しまいには精神的・身体的な健康さえ損なうのである。

ほとんどの現代人にとって究極の恐怖とは、強姦されることか殴られること、愛する人の前で身体的に傷つけられること、家族を傷つけられたり、攻撃的な忌まわしい侵入者にわが家に押し入られることである。死や負傷を引き起こす割合としては、他人の悪意ある行動よりも病気や事故のほうが統計的には圧倒的に多いのだが、統計は恐怖を鎮めてはくれない。もともと理不尽な恐怖だからである。人間の心に恐怖と嫌悪を打ち込むのは、病気や事故による死や負傷ではなくて、同じ人間による個人的な略奪や破壊行為のほうなのだ。

強姦の場合、心理的な傷は一般に身体的な傷よりはるかに深い。戦闘のトラウマと同じで、死や負傷の恐怖はさほどの影響を及ぼさない。はるかに深刻なのは、無力感、ショック、そして激しい不快感――こんな仕打ちを受けるほど、同じ人間に憎まれ蔑まれたということへの不快感である。

ふつうの市民は、積極的な攻撃行動を起こすことに抵抗を感じ、他者の理不尽な攻撃や憎悪に直面するのを恐れる。戦闘中の兵士も同じである。戦場では積極的な攻撃行動に出なければならないが、それを強いる大きな圧力に抵抗を感じ、敵という名の理不尽な攻撃と敵意に直面するのを恐れているのだ。

事実、戦争に行きたくなくて自殺したり、自分で自分をひどく傷つけたりする兵士の例は、歴史を見ればごろごろしている。自殺する民間人と同じく、敵意に満ちた世界の攻撃と憎悪に直面するぐらいなら、死んだほうが、あるいは手足を失うほうがましだと思うのである。

ナチの強制収容所に見る憎悪の影響

異常な状況に異常な反応を示すのは正常な行動である。
ヴィクトル・フランクル（ナチの強制収容所の生還者）

憎悪が人を打ちひしぐ力の大きさをよりよく理解するには、ナチの強制収容所の生還者についての研究が最適だろう。手もとの文献をざっと眺めるだけでも、強制収容所での経験が心理的に深い傷となり、生還者たちを生涯にわたって苦しめていることがわかる。自分を苦しめた当の相手を殺す義務も能力もなかったにもかかわらず、である。爆撃の犠牲者、砲撃下の捕虜、海戦時の水兵、敵前線後方の斥候作戦中の兵士からは、精神的戦闘犠牲者が大量に発生することはないが、ダッハウやアウシュヴィッツなどの場所では、精神的犠牲者は例外どころか、ごくふつうに見られる。

恐るべき高率で非戦闘員に精神的被害と心的外傷後ストレス障害を出した、これはひとつの歴史的環境である。ここでは身体的な疲憊は唯一の要因ではなく、それどころか主要な要因ですらない。また、この状況が精神的ショックをもたらした主な原因は、周囲の死や破壊のおぞましさでもない。きわだって特徴的なのは、強制収容所ではきわめて個人的に、顔と顔とを突き合わせる形で、人々は攻撃や死に直面しなければならなかったということだ。精神的犠牲者の出ない無数の非戦闘環境とはまったく対照的である。ナチスドイツによって収容所の管理者に任命された者たちには、攻撃的精神病質者が驚くほど多かった。その途方もなく残酷な個人の人格に、犠牲者の生は完全に支配されていたのである。

ダイアによれば、強制収容所の人員にはできるだけ〈凶悪犯とサディスト〉が充てられたという。空襲の犠牲者とちがって、収容所の犠牲者はサディスティックな殺人者の顔をまともに見なければならず、ほかの人間に人間性を否定されているという事実、みずから手を下して虫けら同然に虐殺するほど、だれかが自分や家族や民族を憎んでいるという事実に直面しなければならなかった。

戦略爆撃の際、パイロットと爆撃手は距離によって保護されており、特定のだれかを殺そうとしているという事実を否認することができた。同様に民間人の爆撃犠牲者も距離によって保護されており、だれかが個人的に自分を殺そうとしているという事実を否認することができた。また、爆撃下の捕虜にとっては（先に見たように）爆弾に個人的な意味はなく、規則に従っているかぎりは衛兵も脅威にはならなかった。だが強制収容所では、あからさまに、そしてぞっとするほど、すべてが個人的である。このおぞましい環境の犠牲者は、もっとも暗く、もっとも醜い人間の憎悪の深淵をまともに見せつけられたのだ。否認の余地はなく、さらなる狂気しか逃げ場はなかった。

人間の人間に対する非人間性という忌まわしい話だが、ここに殺人忌避の裏側が顔をのぞかせている。一般的な兵士は、殺人および殺人の義務に精神的に抵抗を感じるだけでなく、だれかが自分を憎み、殺したいほど人間性を否定しているという明白な事実にも、同じように嫌悪を抱いているのだ。

敵の明白な攻撃行動に対する兵士の反応は、一般に激しいショック、驚愕、そして怒りである。これは多くの帰還兵が口をそろえて語るのとまったく同じ反応だが、ベトナム帰還兵にして小説家のフィリップ・カプトは、ベトナムで初めて敵の銃火に遭遇したときの気持ちをこう書いている。「どうしてこのおれを殺そうとするんだ？　おれが何をしたっていうんだ」。

ベトナム時代のあるパイロットが語ってくれたところでは、まわりの非対人的な高射砲はさして気にならなかったが、いちど敵の兵士がたったひとりで「自分の小屋のそばにさりげなく立って、こっちに慎重にねらいをつけている」のに気づいたときのショックはいまも忘れられないという。個々の敵の兵士を識別できたことはめったになかったので、彼がすぐに感じたのは「おれがいったい何をしたっていうんだ」という心外な気持ちだった。次いで苦痛と憤怒が沸いてきた。「おまえなんか大っ嫌いだ。これっぽっちも好きじゃない」。そこで、飛行機の能力と武力を総動員して、その特定の個人としての敵を殺し、「あいつのちっぽけな小屋を吹っ飛ばしてやった」。

応用——消耗戦と機動戦

戦略・戦術の分野では、〈憎悪の風〉の衝撃と影響はおおむね見過ごされてきた。数々の戦術家や戦略家が提唱してきたのは消耗戦、つまり長距離からの砲撃や爆撃によって敵軍の戦意をくじくという考えかただった。消耗戦の擁護者はいくら反証を突きつけられても頑固に主張を変えようとしないが、第二次大戦後のアメリカによる戦略爆撃調査などは、ポール・ファシルのことばの正しさをはっきりと裏付けている。すなわち「爆弾が落ちれば落ちるほど、ドイツの軍需も民需も工業生産が増大したようだ——降伏するものかという民間人の決意も同様である」。空爆や砲撃が心理的に効果があるのは、それが〈憎悪の風〉と結びつく前線においてのみである。前線では、そのような爆撃のあとにふつうは直接的な歩兵攻撃の脅威が控えているからだ。

第一次大戦の砲撃のあと、大量の精神的犠牲者が出たのはこのためだった。しかし第二次大戦時の都市への大量爆撃は、敵の戦意をくじくどころか驚くべき逆効果をもたらした。近距離からの攻撃をともなうか、あるいは少なくともその可能性があるというのでないかぎり、爆撃だけでは無効どころか、むしろ敵の戦意や闘争心を高めるだけかもしれないのだ。

今日、ウィリアム・リンドやロバート・レンハートなど少数の先駆的な著述家が、機動戦という分野に着目して研究と著作活動を行っている。かれらは消耗戦の擁護論に反駁を試みるとともに、戦闘能力ではなく戦闘の意志を破壊するプロセスについて解明しようとしている。機動戦の擁護者が歴史から読み取っているのはこういうことだ——砲撃や空襲の際には、現実に目の前にある恐怖と悲惨と死と破壊に耐えて、民間人も兵士も戦意を失うことがない。ところが敵軍侵入の恐れがあり、近距離から対人的に攻撃されるかもしれないという局面では、現実にはまだなにも起きていないのに人々はあげて浮足だち、難民と化して逃げ出している。これは歴史にくりかえし見られることなのである。

敵の後方に攻撃部隊を派遣するほうが、後方への大々的な爆撃や前線での消耗戦よりはるかに重要で有効なのはこのためだ。朝鮮戦争にその実例がある。戦争が始まって最初の数年間、精神的犠牲者の率は第二次大戦時の平均の七倍近くに昇った。戦闘が下火になって戦線が安定し、後方に敵の現れる脅威が減少して、ようやく平均発症率は第二次大戦をわずかに下回るようになったのである。不可避な死や破壊が現実にあっても、それが非対人的なら大して効果がない。ただの可能性にすぎなくても、接近戦や避けようのない対人的な憎悪と攻撃のほうがずっと有効であり、兵士の士気に多大な影響を及ぼすのだ。

憎悪と心理的な予防接種

マーティン・セリグマンは、犬を使った有名な学習研究をもとに、ストレスの予防接種という概念を発展させた。不規則な間隔で床に電気ショックが走るケージに入れられると、最初のうち犬は飛び上がり、悲鳴をあげ、電気ショックから逃れようと必死にケージを引っかくが、しばらくすると感情鈍麻・無活動という抑鬱的な無気力状態に陥る。セリグマンはこの状態を〈学習性無気力〉と呼んだ。こうなると、逃げ道がそこに見えているときでさえ、犬はもうショックから逃げようとはしなくなる。

しかし、学習性無気力に陥る前に逃げ道を与えられた犬は、いつかは逃げられるものなのだと学習する。つまり一度でも逃げられる経験をすると、学習性無気力に対する予防接種を受けたことになるのである。こういう犬は、その後に長期にわたって不規則で不可避のショックを与えられても、しまいに逃げ道を与えれば逃げることができる。

非常に興味深い理論だが、ここで重要なのは、この予防接種のプロセスとまったく同じことを行っている場所があるということだ。それは基礎訓練キャンプ、そして名実あいともなう軍人養成校である。入隊したての新兵は、サディスティックとしか思えない虐待や無理難題に直面したとき（週末の休暇、そしてしまいには卒業によって「逃げる」ことができる）、それだけが目的ではないものの、戦闘のストレスにたいする予防接種を受けているのである。

（a）戦闘のトラウマを引き起こす要因を理解し、（b）この予防接種のプロセスを理解すれば、軍の学校のほとんどでとくに憎悪に対する予防接種が行われている理由もわかってくる。

練兵係軍曹は、面と向かって新兵を怒鳴りつけることで、あからさまな対人的な攻撃を表現している。〈憎悪の風〉に対する予防接種を行うには、もうひとつ有効な手段がある。アメリカ陸軍や海兵隊の基礎訓練キャンプでは、銃剣様の棒による訓練が行われている。また陸軍大学やイギリスの空挺旅団では、伝統的にボクシングの試合が訓練および通過儀礼に組み込まれている。このような意図的に生み出された軽蔑やあからさまな身体的攻撃に直面し、その状況を乗り越えて胸をはって卒業する新兵は、意識的にも無意識的にも、むきだしの対人的な攻撃に耐えられるようになった自分に気づく。つまり、憎悪に対して部分的な予防接種を済ませているのである。

軍隊組織が〈憎悪の風〉の本質を正しく認識しているとは思わないし、その対策として予防接種の必要性を理解しているとも思わない。これらのプロセスを臨床的に理解する基礎は、セリグマンの研究があって初めてつくられたのである。しかし、何千年もの制度化された記憶と厳しい適者生存による淘汰を経て、各国の最高最強の戦闘部隊の伝統として、この種の予防接種は受け継がれてきた。戦場での憎悪の役割を理解することによって、私たちはいま、ついに真の意味で理解できるようになったのだ——軍隊が昔から続けてきた習慣の有用性と、身体的にも精神的にも戦場で生き延びられる兵士をつくるプロセスの一部を。

第10章　忍耐力の井戸

神よ、お守りください。夜は暗い。
夜は寒い。ささやかな勇気の
火花も消えてしまった。夜は長い。
神よ、お守りください。私に力をお与えください。

ジュニアス（ベトナム帰還兵）

戦場での心理的なスタミナを有限の資源と述べている権威は数多い。私はこれを〈忍耐力の井戸〉と呼んでいる。戦争につきものの惨事、罪悪感、恐怖、疲憊に直面すると、だれもが自分だけの井戸から少しずつ内的な強さと忍耐力をくみ出してくるが、それがたび重なるとついには井戸が干上がってしまう。このとき、人はもうひとつの統計上の数字になってしまうのだ。接近戦では、兵士の少なくとも九八パーセントがしまいには精神的戦闘犠牲者になる。その理由を理解するうえで、この井戸のたとえは最適だと思う。

忍耐力と個人

「カフカスの山岳民のことばを借りれば、英雄的行為とはあともう一瞬の忍耐のことである」とジョージ・キーナン（四〇～五〇年代の国務省政策企画スタッフ）は言う。第一次大戦の塹壕でモラン卿が学んだのは、勇気は「いわゆる才能とはちがって、自然が気まぐれに与える素質ではない。……勇気とは消費可能な意思力である。それを使い果たしてしまったとき、人はだめになるのだ。〈生まれつきの勇気〉というものもたしかにあるが、実際にはただの無鉄砲にすぎない。……克己という名の勇気とは別物である」。

戦闘が長期化すると、生残兵の九八パーセントにこの心理的な破産のプロセスが見られるようになる。モラン卿はテイラー軍曹という兵士の例をあげているが、彼は「負傷してはいたが、以前とまったく変わっていなかった。人生の一大事にたいしても耐性があるらしく、中隊にそびえる岩のようだった。兵士たちは彼のもとへ波のように寄せてきて、しばらくまわりで泡立っているが、また潮が引くように去ってゆく。だが、彼はそのまま残っているのだ」。だがあるとき、テイラー軍曹は危うく砲弾の直撃を食らいそうになった。いつものように井戸をのぞいてみたが、このときはもう干上がっていたのである。かくして不動の岩は砕け散ってしまった。完全に、あとかたもなく。

忍耐力と抑鬱

ホームズは、戦闘の疲憊を経験した兵士の症状のリストをつくった。戦闘は個々の兵士の忍耐力の在庫をたちまち使い尽くしてしまい、その結果次のような状態が引き起こされる。

精神活動の全体的な減退と感情鈍麻、最悪の場合は絶対的無気力と見なされる状況に陥る。……思いやりのある将校や下士官の励ましも慰めも、このような兵士を無気力から救い出すことはできなかった。……頭の働きが鈍り、……記憶障害が著しくなり、口頭での命令を正しく伝えられなくなる。……やがて、植物状態の前段階としか形容できないような状態に陥る。……たいてい自分のタコツボの中か、あるいはその近くにいて、緊急の行動にはまったく加われず、たえず震えている。

これはまさしく、深刻な抑鬱状態の描写そのものだ。疲憊、記憶障害、感情鈍麻、無気力、これらはすべて臨床的抑鬱の正確な描写であり、DSM-III-Rからそのままとってきたと言ってもよいほどだ。〈勇気〉というより〈忍耐力〉のほうが、兵士の状態を説明するのに適切なことばだというのはこのためである。これはたんに恐怖への反応ではなく、圧倒的なストレスに対する反応なのだ。ストレスは人の意志と生命力を吸い取り、臨床的抑鬱状態にしてしまう。勇気の反意語は臆病だが、忍耐力の反意語は疲憊である。兵士の井戸が干上がっているときは、魂じたいも干上がっているのだ。モラン卿のことばを借りれば、「死神の顔をあまり長く見つめていたために疲れきり、からからに乾ききってしまったのだ。いまの彼は、恐怖の火花が散っただけでたちまち燃え上がるだろう」。

忍耐力の補充――他者の井戸、あるいは勝利

勇敢な指揮官は根っこのようなもの。その根っこから、枝葉のように兵士の勇気は萌えいでる。

サー・フィリップ・シドニー

すぐれた指揮官の重要な特性は、とほうもなく深い井戸をもっていて、そこから忍耐力をくみ出すことのできる能力である。そしてまた、部下たちが彼の井戸から忍耐力をくみ出すのを許し、それによって部下を強化する能力である。戦闘状況でこのような現象を目撃し、記録している人はおおぜいいる。モラン卿はこう書いている。「数は少ないが、リーダーシップの塊のような人間がいる。かれらは救命ボートのようなものだ。励ましと希望を求めて、ほかの人々がしがみついてくる」。

戦闘での勝利と成功も、個人の、そして集団の井戸を補充するのに役立つ。兵士がつねに自分の資本を取り崩しているのだとすれば、ときどきは増資することもあるのだろうとモラン卿は言う。「支出があるように収入もある」。一例として彼があげているのは、第二次大戦時の北アフリカでイギリス軍の指揮をとったアレグザンダー将軍である。アレグザンダーが着任したとき、兵卒たちは将校にろくすっぽ敬礼さえしなかったが、エル・アラメインの勝利のあとはすっかり一変して、自尊の念が戻ってきたという。モランはこう結論する。「成果をあげることは、たちまち士気をよみがえらせる。……だが、概して時間

は兵士の敵である」。

忍耐力と部隊

忍耐力という有限の資源の枯渇は、個人だけでなく部隊全体にも見られる現象である。ひとつの部隊の忍耐力は、部隊員の忍耐力の総和にほかならない。ひとりひとりがからからに干上がってしまうと、全体は消耗しきった兵士の集まりにすぎなくなる。

第二次大戦のノルマンディ上陸作戦の際、モンゴメリー元帥のもとには二種類の師団があった。ひとつは北アフリカ戦の古参兵で、もういっぽうはまだ実戦経験のない新兵の集団である。モンゴメリーは最初、古参部隊を使うことが多かった（とくに、悲惨なグッドウッド作戦のとき）が、これらの部隊は成績がかんばしくなく、いっぽう新兵部隊のほうは善戦していた。つまりこの例では、心理的な疲憊の影響と〈忍耐力の井戸〉について認識が欠けていたために、第二次大戦の連合軍の作戦に重大なマイナス影響が出たわけである。

同様に、忍耐力にかぎらずどんな戦闘のトラウマも、各兵士の戦場での行動だけでなく、部隊と呼ばれる個人の集合の行動にも重大な影響を及ぼす。この点をおさえることが、戦闘における人間反応のあらゆる側面を理解するための第一歩である。逆にこの点を無視するなら、個人を損ない、個人の集合を損なうことになるだろう。ここで個人の集合というのは、ふつう社会、国家、文明、世界と呼ばれるもののことだ。モラン卿は次のように結論している——第一次大戦時のイギリスは、若者の〈忍耐力の井戸〉の枯渇がもたらす究極のコストを顧慮しなかったが、そのことが「イギリスの若者の生命だけでなく、倫理的な伝統さえも流砂のように消え去った」原因であると。

第11章　殺人の重圧

兵士は犠牲者であると同時に死刑執行人でもあると理解したとき、アルフレッド・ド・ヴィクニーは軍隊経験の本質をつかんだ。兵士は殺され、傷つく危険を冒しているだけでなく、他者を殺し、傷つけてもいるのだ。

ジョン・キーガン&リチャード・ホームズ「兵士たち」

自分と同種の生物を目の前で殺すことへの抵抗感はきわめて大きい。自己保存本能、上官の強制力、仲間の期待、戦友の生命を守る義務、これが束になってなお克服できないこともめずらしくない。

戦闘中の兵士は悲劇的なジレンマにとらわれている。殺人への抵抗感を克服して敵の兵士を接近戦で殺せば、死ぬまで血の罪悪感を背負いこむことになり、殺さないことを選択すれば、倒された戦友の血への罪悪感、そして自分の務め、国家、大義に背いた恥辱が重くのしかかってくる。まさに退くも地獄、進むも地獄である。

殺人を選択した兵士の罪悪感

作家ウィリアム・マンチェスターは、第二次大戦に従軍したもと海兵隊員だが、接近戦において日本兵をみずから殺したあとで、後悔と恥辱にさいなまれたという。「いまも思い出す。私はバカみたいに『ごめんな』とつぶやいて、それから反吐をはいた……全身が自分の反吐にまみれた。それは、子供のころから言い聞かせられてきたことへの裏切りだった」。接近戦での殺人について語るとき、マンチェスターのおののきとよく似た心理的反応を経験したという戦闘経験者はほかにもいる。

マスコミによる暴力描写が人々に教えようとしているのは、一生にわたる道徳的な禁制も、そして存在するとすれば本能的な抵抗感もすべて含めて、人は簡単に投げ捨てられるものであり、戦闘では平然と罪の意識もなく人を殺せるものだということだ。実際に人を殺したことがあり、それについて語る気のある者は、しかしそれとはまったく違う話をする。本書では、キーガンおよびホームズの著作を随所で引用しているが、ここでは殺人にたいする心理的反応の真髄をまともに表現している文章を紹介しよう。

殺人は、人間のほかの人間にたいする最悪の行為だ……どんな場所でもけっしてあってはならないことだ。

イスラエル軍中尉

おまえは人殺しだと自分で自分を責めた。なんとも言いようのない不安に襲われ、犯罪者になったような気分だった。

ナポレオン時代のイギリス兵

人を殺したのはこのときが初めてだった。どのドイツ人を撃ち殺したかわかっていたので、ことが片づいたとき見にいった。もう女房も子供もいそうな歳だなと思って、ひどく申し訳ない気分になったのを憶えている。

第一次大戦に従軍したもとイギリス兵。初めて敵を殺したあとで

あのときは大したこととも思わなかったが、いま思い出すと……私はこの手であの人たちを虐殺したんだ。皆殺しにしたんです。

第二次大戦に従軍したもとドイツ兵

私はぎょっとして凍りついた。相手はほんの子供だったんだ。たぶん一二から一四ってとこだろう。ふり向いて私に気づくと、だしぬけに全身を反転させてオートマティック銃を向けてきた。私は引金を引いた。二〇発ぜんぶたたき込んだ。子供はそのまま倒れ、私は銃を取り落とし声をあげて泣いた。

ベトナムに従軍したアメリカ特殊部隊将校

もういちど引金を引くと、たまたま相手の頭に命中した。ものすごい血が噴き出して……仲間が集まってきたとき、私は反吐をはいていた。

第三次中東戦争に従軍したもとイスラエル兵

だから今度は、その近づいてきたプジョーにみんなで銃をぶっ放した。乗ってたのは家族づれだったよ。子供が三人。おれは泣いたよ。けどどうしようもなかったんだ。……子供に親父におふくろ。家族全員みな殺しさ。だけど、ほかにどうしようもなかったんだ。

レバノン侵攻に従軍したもとイスラエル兵

殺人にともなうトラウマがいかに大きいか思い知らされたのは、ポールという人物に面接したときだった。第二次大戦時バストーニュで第一〇一空挺部隊の軍曹として戦い、いまは海外戦争復員兵協会の支部長である。自分の経験、殺された戦友についてよどみなく話してくれたが、私が彼自身の殺人体験について質問すると、戦場ではだれが殺したのかはっきりわかるものではないという。そのうち、ポールの目に涙が浮かんできた。長い沈黙があって、彼はようやく言った。「でも、一度だけ……」そこで、老紳士はすすり泣きに声を詰まらせた。顔は苦しげにゆがんでいる。「いまも苦しんでおられるんですか。こんなに年月が経ったのに」私は驚いて尋ねた。「そう。こんなに年月が経ったのにね」それきり、この話にはふれようとしなかった。

翌日、ポールは私に言った。「中佐、あなたの質問のことですけどね、ああいう質問で人を傷つけないようによほど慎重にしなくちゃ。私はいいんですよ。私はだいじょうぶ。だけど、若い者にはいまでもすごく苦しんでるのがいるから。そういう連中をまた傷つけることはない」。ポールのような親切で穏やかな人々が、心に恐ろしい傷を隠している。この手の記憶は、その隠れた傷のかさぶたなのである。

殺さなかった兵士の罪悪感

ごくまれな例外を除いて、戦闘で殺人に関わった者はすべて罪悪感という苦い果実を収穫する。

†――兵士の罪悪感……

すでに数々の研究で結論づけられているように、戦闘中の人間はたいていイデオロギーや憎しみや恐怖によって戦うのではない。そうではなくて、(一) 戦友への気遣い、(二) 指揮官への敬意、(三) その両者に自分がどう思われるかという不安、(四) 集団の成功に貢献したいという欲求、という集団の圧力と心理によって戦うのである。

たびたび目にすることだが、戦闘中に兵士のあいだに生まれる強力なきずなは、夫婦のきずなよりなお強いと古参兵たちは言う。ベトナム帰還兵にしてローデシア軍の傭兵でもあったジョン・アーリーは、ダイアに次のように語っている。

こう言うとすごく変に聞こえるだろうけど、戦闘中は恋愛関係が育つんだよ。なにしろ、隣にいるやつは――なんていうか、その隣のやつに、自分のもってるいちばん大事なもの、つまり自分の命を預けるわけだから。そいつがしっかりしてくれなかったら、大怪我をしたり死んだりするのはこっちなんだ。その代わり、こっちがへまをしたら同じことが隣のやつにふりかかるわけさ。だから、ものすごく強い信頼のきずなで結ばれてなきゃならない。このきずなは、たぶんどんなものより強いと思う。これより強いのは親子のきずなぐらいじゃないかな。夫婦のきずななんて目じゃないぜ。自分の命を預けるんだ。自分のいちばん大事なものを託してるんだからな。

このきずなが非常に強烈なために、たいていの戦闘員は、戦友の期待を裏切るのではないかという恐怖で頭がいっぱいなのだ。数えきれないほどの社会学的・心理学的研究、無数のもと兵士の体験談、そして私が行った面接調査がはっきり示しているように、仲間の期待に応えられないのではないかという兵士の不安は非常に大きい。これほど強い友情と同志愛で結ばれた仲間を思うように支えられなかったら、罪悪感やトラウマは底無しに深い。しかし、程度に差はあれ、どんな兵士も指揮官もこの罪悪感をかならず感じているものだ。まわりで戦友が死んでいるのに発砲しなかったことを自覚している者にとっては、この罪悪感はまさにトラウマ的である。

†――……そして指揮官の罪悪感

戦闘指揮官の役割は、深刻なパラドックスをはらんでいる。真に優秀であるためには、指揮官は部下を愛し、責任感と愛情のきずなで互いに強く結びついていなくてはならない。だがそのいっぽうで、部下を死なせることになるかもしれない命令を、みずから進んで与えなければならないのである。

将校と下士官兵、軍曹と兵卒のあいだには、大きな社会的障壁が存在する。この障壁があるからこそ、上官は部下を死地に送り込むことができ、そして部下の死にたいする避けがたい罪悪感から身を守ることができる。というのも、どんなにすぐれた指揮官でも、良心に永遠にのしかかるような過ちを犯すことがあるからだ。優秀な監督なら、たとえ勝ち試合でも自分の采配を分析でき、あそこはこうするべきだったと反省する。それと同じように、すぐれた戦闘指揮官はみな、もう少し違う戦法をとっていたら、とあるていどは考えるものだ。そうすれば、部下たちを——息子のようにも弟のようにも愛していた部下たちを、死なせずにすんだのではないかと。

そんな指揮官たちにとって、こんな記憶を物語るのは極端にむずかしいことだ。

このとき私は、戦術的にはすべての手を打った。それもすべて正しいとされる方法で。だがそれでも数名の兵士を失った。ほかに方法はなかった。あの場所を迂回することはできなかった、突っ切るほかはなかったのだ。それで、私はあやまちを犯したことになるのだろうか。私にはわからない。別のときならもっと違う方法をとっただろうか。そうは思わない。私はそういうふうに訓練されてきたのだ。別の方法をとっていたら、失う兵士の数を減らすことができただろうか。これはけっして答えの出ない問いだ。

ロバート・ウーリイ少佐（ベトナム経験者）
グウィン・ダイア「戦争」の引用より

指揮官にとって、こんなふうに考えてゆくのは危険きわまる行為だ。指揮官と名のつく者には昔からふんだんに名誉や勲章が与えられてきたが、その後の年月における精神衛生上、これは決定的に重要なことだ。勲章やバッジ、殊勲報告書への記載といったさまざまな形での顕彰は、指揮官の属する社会からの強力な言明なのである——おまえはよくやった、正しいことをした、任務だったのだから失われた人命のことでおまえを非難する者はいないのだ。

否認、そして殺人の重荷

殺人の義務と、その代償として生じる罪悪感。このふたつのあいだで悩むことが、戦場での精神的被害を生み出す大きな原因になっている。哲学者にして心理学者のピーター・マリンは、兵士の学ぶ責任と罪悪感についてこう述べている。戦争の結果として兵士が知るのは、「死んだ者は生き返らず、失った手足は二度と取り戻せず、責任や罪を否認する方法はない。過ちを犯せば、火で書かれたように他者の身体に永久に残る」ということだ。

たしかに、「火で書かれたように他者の身体に永久に残る」あやまちについて、自分の責任や罪科を否認する道は最終的にはないのかもしれない。しかし、戦闘が巨大なかまどだとすれば、そこに燃え盛る炎は、否認の試みという小さな炎の集まりである。殺人の重圧はきわめて大きく、たいていの兵士は自分が殺人を犯していることを認めまいとする。他者に対して否認し、自分自身に対して否認する。ディンターによると、ある退役兵は殺人について尋ねられると急に態度を硬化させて、次のように言い放ったという。

近ごろの戦争では、面と向かって殺し合うなんてことはまずない。みんなわかってないようだが、ドイツ人の姿なんかほとんど見えやしない。実際にドイツ人に銃をぶっ放して、相手が倒れるのを見たことのある者なんか、歩兵にだってほとんどいないんだ。

兵士のつかうことばにさえ、自分たちの行為の重大性への否認が満ち満ちている。兵士は「殺す」のではなく、敵を倒し、やっつけ、片づけ、ばらし、始末する。敵は掃討され、粉砕され、偵察され、ぶっ飛ばされる。敵の人間性は否定され、クラウト（ドイツ兵）、ジャップ、レブ（南軍兵）、ヤンク（北軍兵）、ディンク（広く有色人種への蔑称。とくにベトナム兵）、スラント（東洋人の蔑称）、スロープ（東洋人の蔑称）という奇妙なけだものに変わる。戦争では武器さえおとなしい名称を与えられる——パフ・ザ・マジック・ドラゴン（ベトナム戦時の戦闘ヘリの愛称）、ウォールアイ（初期のスマート爆弾）、TOW（対戦車有線誘導ミサイル）、ファットボーイとシンマン（どちらも原子爆弾）など。そして個々の兵士の武器はただの〈もの〉《ピース》か〈豚〉《ホグ》になり、銃弾は〈たま〉《ラウンド》になる。

そして敵も同じことをしているのだ。マット・ブレナンは、彼の小隊に配属されたコンというベトナム人偵察兵について書いている。

この兵士はかつては忠実なベトコンだったのだが、北ベトナムの分隊に妻と子を誤って殺されたために寝返ったのだ。いまでは率先してアメリカ人より先を走り、「北ベトナムの兵士を相手に」狩りを楽しんでいる。……彼はコミュニストをみなと同じようにグックと呼んでいたので、ある晩そのわけを尋ねてみた。

「コン、ベトコンをグックとかディンクと呼んで平気なのか」

彼は肩をすくめて、「どっちでも同じことだよ。なんにでも名前はある。そういうことをするのはアメリカ人だけだと思ってるのかい？……ジャングルの仲間は……アメリカ人を毛深い大猿って呼んでたぜ。こっちでは猿を殺して」――そこでちょっと言いよどんでから――「食うんだ」。

殺された兵士は苦しみも痛みもそれきりだが、殺したほうはそうはいかない。自分が手にかけた相手の記憶を抱えて生き、死なねばならない。教訓はいよいよはっきりしてくる。戦争の実態はまさしく殺人であり、戦闘での殺人は、まさにその本質によって、苦痛と罪悪感という深い傷をもたらす。兵士の使う戦争のことばは、戦争の実態を否定しやすくし、それによって戦争を受け入れやすくしているのだ。

第12章　盲人と象

中間地帯《ノーマンズランド》をうろつく者は
両側から影に付きまとわれる

ジェームズ・H・ナイト＝アドキン「中間地帯」

群れなす観察者、山なす解答

精神的戦闘被害を引き起こす要素、およびその下位要素について見てきたが、ここで一貫して気がつくのは、この問題について説を唱える権威者は、戦闘のストレスの主要あるいは根本的な原因をそれぞれにつかんでいるということだ。多くの学者が、死や負傷への恐怖を精神被害の主要な原因と考えた。バートレットの考えでは、「長期的で深刻な疲労状態ほど、神経疾患や精神疾患を大量に生み出す全般的な条件はほかにないだろう」。ファーガスン将軍はこう述べる。「食糧不足ほど士気に悪影響を及ぼすものはない」。そしてマリーは「寒さが第一の敵だ」という。いっぽうゲイブリエルは、長期にわたって自律神経系による戦闘・逃避反応の発動がくりかえされると心理的疲憊が生じる、それこそが原因だと有力な議論を展開している。またホームズは、著書の一章を割いて戦闘の惨状を説得的に描き出す。彼の主張によれば、「目の前で友が殺されること、なお悪いことに負傷した友を助けられなかったことが、兵士に癒しがたい傷を残す」。この恐怖、疲憊、惨状というのはどちらかといえばわかりやすい要因であるが、私はここに、これほど明白ではないが決定的に重要な要因を付け加えた。すなわち〈憎悪の風〉と〈殺人の重圧〉である。

ことわざに言う盲人のように、だれもが象の一面に触れている。そしてそこに見いだしたものの重大さに圧倒されて、盲目的に手さぐりしている個々の観察者は、自分がこのけものの本質をつかんだと思い込んでしまうのだ。しかしけものの全体像ははるかに巨大であまりにも恐ろしく、社会全体にはとても受け入れられないだろう。

このけものを構成するのは各要因の集合であり、精神的戦闘犠牲者を生み出すのはストレスの組み合わせである。たとえば、第一次大戦で毒ガスが使用されたときには大量の精神的戦闘犠牲者が発生した。この現象を調査する者は、なにが兵士のトラウマを引き起こしたのかと自問するにちがいない。恐怖やおぞましさ——毒ガスそのものの、そして毒ガスが体現する死や負傷という未知の世界の——が原因なのか。こんなおぞましい仕打ちを受けるほどだれかに憎まれているということが、トラウマの原因なのだろうか。それとも、兵士たちはまったく正気で、狂った状況から逃げ出すために無意識に狂気を選択したということだろうか。社会的・倫理的に非難されずに戦闘の責任という重荷を投げ捨て、戦場の敵味方の攻撃性から逃れるチャンスを利用したということなのか。簡明にして完璧な答えを求めるなら、当たり前かもしれないが、このすべての要因（ほかにもあるかもしれないが）が積み重なって兵士のジレンマを生み出している、ということだろう。

けものへの理解を妨げる圧力

ランボー、インディ・ジョーンズ、ルーク・スカイウォーカー、ジェームズ・ボンドのうえに築かれた文化は、戦闘や殺人は平気でできると信じたがる。だれかを敵と宣言すれば、大義のため国のため、兵士は良心の呵責もなくその相手をきれいさっぱり地球上から消し去ることができると。ほかの若者を殺すために若者を遠い国へ送り出すとき、社会はいったいどういうことをしているのか。多くの意味で、そのことと正面から向き合うのはあまりにも苦しいことなのである。

そして思い出すのが苦しくてたまらないときは、人間は忘れるという簡単な解決法を選ぶ。グレン・グレイは第二次大戦の個人的体験から次のように書いている。

自分自身について、そしてまたわれわれのしがみついているこの回転する地球について、あくまでも自分を見失うことなく追究し、ついに真実に到達できる人間はほとんどいない。戦争中の人間はとくにそうである。偉大なる軍神マルスは、その領域に足を踏み入れた者の目をくらませようとする。そして出てゆこうとする者には、寛容にも忘却の川の水を手渡してくれるのだ。

戦争による罪悪感、それにともなう倫理の問題については、心理学の分野さえ取り組みの姿勢がじゅうぶんでないようだ。ピーター・マリンは、「良心の呵責」の影響力と実態を表現する心理学用語の「不適切さ」を批判している。この社会全体が、倫理的な苦しみすなわち罪悪感に対処できずにいるようだ、と彼は言う。罪悪感は神経症や病理として扱われ、「そこから学ぶべきものではなく避けるべきものとして、それが過去への苦痛に満ちた反応であれば、適切な反応（帰還兵にとっては当然の）ではなく病気として」扱われる。さらに、これは私も研究中に気づいたことだが、復員軍人庁の心理学者は罪悪感の問題をなかなか扱おうとしないとマリンは指摘している。それどころか、兵士が戦争中になにをしたかという問題さえめったにとりあげようとしない。同庁のある心理学者がマリンに言ったように、たんに「帰還兵の適応障害として治療する」のである。

闇の核心をよりよく理解するために

南北戦争中は、兵士が初めて戦闘を経験することを「象を見る」と言っていた。戦争という名のけもの、そして個々の人間のうちに潜むけもの。今日、人類という種の存続、地球上の全生命の存続は、そのけものを単にまともに見るというだけでなく、それについて理解し、コントロールできるかどうかにかかっているのかもしれない。これほど重要かつ深刻な研究テーマは存在しないのに、私たちは心のどこかで、嫌悪感のあまり目をそむけたがっている。そのため、戦争の研究はおおむね兵士たちにまかせてよしとしてきた。しかし、二〇〇年近くも前にクラウゼウィッツはこういましめている――「おぞましさのあまり目をそむけたくなる部分があるからといって、その営為について考えまいとしてもむだである。いや、むだどころか有害でさえある」。

第三部

殺人と物理的距離

【遠くからは友だちに見えない】

殺人の恍惚に酔いしれているなら別だが、少し距離をおくほうが破壊は簡単になる。一フィート離れるごとに現実感は薄れてゆく。距離が膨大になると想像力は弱まり、ついにはまったく消え失せる。というわけで、最近の戦争では目をおおう残酷行為の大半は遠くの兵士が行っている。自分の使っている強力な武器がどんな惨事を引き起こしているか、かれらには想像することができなかったのだ。

グレン・グレイ「戦士たち」

距離と攻撃性に関連があるというのはべつに新しい発見ではない。犠牲者が心理的・物理的に近いほど殺人はむずかしくなり、トラウマも大きくなる。この直接的な関連性は昔からよく知られていたし、兵士、哲学者、人類学者、心理学者はみなこのことに関心と不安を抱いてきた。

いっぽうの極には爆撃や砲撃がある。長距離殺人が比較的容易であることを示すためにしばしば引き合いに出される例だ。だが、反対側の極に近づくにつれて、殺人への抵抗感はしだいに強烈になってゆき、ついにその極にいたって最大に達する。銃剣やナイフでの刺殺になると抵抗感はすさまじいほどになり、素手で殺す（こぶしで喉をつぶしたり、親指を眼窩から脳まで突っ込むなどの一般的な格闘術によって）にいたってはとうてい考えられないことになる。しかし、これでもまだ終わりではない。極の極には、セックスと殺人が渾

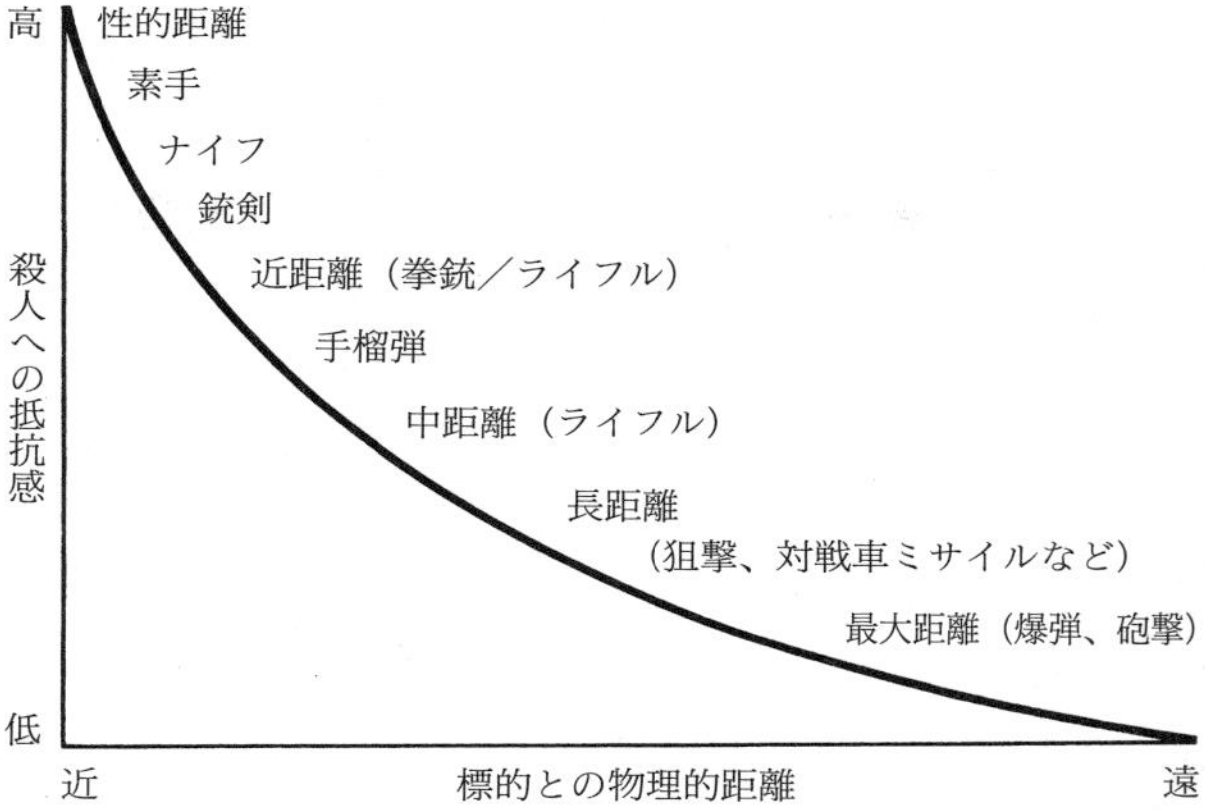

然とまじりあう背筋の凍る領域があるのだ。

物理的距離の関係が認識されているのと同じように、心理的あるいは共感的距離という要因を認めている研究者は数多くいる。しかし、この要因を分析してその構成要素を解明し、それが殺人のプロセスに果たしている役割を明らかにしようとした者はまだいない。

第13章　距離——質的に異なる死

兵士であれ戦士であれ、いまでは敵をまとめて殺せるようになった。〈敵〉には女子供も含まれるのだが、姿も見ずに殺せるようになったのだ。負傷者や瀕死者の悲鳴は、災厄をもたらした者の耳に届かなくなった。何百人と惨殺しても、血の一滴も目にすることはない。……

南北戦争が終わって一世紀と経たないうちに、標的の何マイルもの上空から、一個の爆弾で一〇万を超す人間（ほとんどは民間人）を殺せるようになった。この行為と、一対一で敵と直面する部族戦士との倫理的な距離はきわめて大きい。両者を分かつ、何千年にも及ぶ文化の変容の程度をはるかに超えて大きい。……

現代の戦争では、朝方に二万フィート上空から爆弾をばらまいて民間人に言うに言われぬ苦しみを与えた戦闘員が、夕方には投下地点から何百マイルも離れた場所でハンバーガーを食べる。先史時代の戦士は、腱と筋と魂をもってじかに敵と戦った。肉が裂け骨が折れれば、自分の手の下で相手がくずれるのが感じられた。そしてまた、死はまれだった（指に相手の生命の脈動を感じ、死の近さがわかるからだろう）とはいえ、自分が頭蓋を砕いた敵の眼差しを脳裏に焼き付けたまま、戦士は生きてゆかねばならなかったのである。

リチャード・ヘクラー「戦士魂とはなにか」

ハンブルクとバビロン——両極端の実例

一九四三年七月二八日、英国空軍はハンブルクに焼夷弾を落とした。グウィン・ダイアによれば、このとき使われた爆薬の成分は標準的なものだったという。

大量の四ポンドの焼夷弾が屋根を燃え上がらせ、三〇ポンドの焼夷弾が建物を貫通する穴をあけ、同時に四〇〇〇ポンドの高性能爆弾が広い範囲にわたってドアや窓を吹っ飛ばす。通りは穴と瓦礫だらけで消火活動もままならない。しかし、ある暑くて乾燥した見通しのよい夏の夜、住宅の密集する下町に異常に集中的な爆弾の雨が降ったとき、歴史始まって以来の現象が起きた。火事場風である。

最終的には、およそ四マイル平方の地域がこの現象に巻き込まれた。中心部の気温は摂氏八〇〇度に達し、空気の対流によってハリケーン並みの風がその中心部に吹き込んだ。この風の音のことを、ある生存者は「悪魔の哄笑のよう」だったと語っている。……火事場風が起きた地域ではほぼすべての街区に地下防空壕があったが、そのなかにいた者はひとりも助からなかった。焼死しなかった者は一酸化炭素中毒で死んでいる。しかし、あえて通りに出た者は中心部に吹き込む風に吹っ飛ばされる危険があった。

空気そのものが燃え上がったこの夜、ハンブルクでは七万人が死亡した。兵役年齢の男たちはおおむね前線に出ていたから、犠牲者はほとんど女性や子供や老人だった。焼死、窒息死、どちらも恐ろしい死にかただ。七万人の女子供にひとりずつ火炎放射器を向けるとしたら、いや、なお悪いことにひとりひとりの喉を掻き切らねばならなかったのなら、その行為のむごたらしさとトラウマはけたはずれに大きく、だれにもそんなことはできなかっただろう。しかし、何千フィートもの上空からなら、悲鳴は聞こえず焼け焦げる身体は見えない。だからだれにでも簡単にできてしまうのである。

ハンブルク全体が端から端まで火に呑まれたようで、巨大な煙の柱がゆうにわれわれの頭上にまでそびえ立った。そのとき、われわれは二万フィートの上空にいたのにである。赤く輝いて渦を巻く火焔のドームが闇にはめ込まれ、巨大な火鉢の輝く中心部のように光り、燃え盛っていた。通りも建物の輪郭も見えず、いよいよ明るく燃える火が見えるだけだ。赤く輝く灰を背景にして黄色い炎をあげるたいまつのようだった。都市の上空には、赤いもやがぼうっとかかっていた。見下ろしたとき、きれいだと思いながらぞっとし、満足感と同時に畏怖を味わっていた。

ハンブルク上空の英国空軍兵、一九四三年七月二八日

グウィン・ダイア「戦争」より

二万フィート上空からなら、きれいだと感じたり満足感を味わったりもできるだろうが、地上の人間が経験したのはこういうことだった。

母は私を濡れたシーツにくるみ、キスをして、「走るのよ！」と言いました。私は戸口でためらいました。目の前は火の海だったんです。なにもかも真っ赤でした。かまどの扉をあけたみたいで、すさまじい熱が襲いかかってきました。そのとき、足下に燃える梁が落ちてきたんです。いったんはしり込みしたけど、気を取り直して飛び越そうとしたちょうどそのとき、その梁は魔法のようにどこかへ飛んでいってしまいました。シーツが身体のまわりで帆のようにはためいて、嵐にもってゆかれそうだった。五階建ての建物の前に来たとき、……その建物は……以前の空襲のとき爆撃を受けて、引火しそうなものはすべて燃え尽きていたので無事だったんですが、だれかが出てきて私の両腕をつかみ、なかへ引っ張り込んでくれました。

トラウテ・コッホ（四三年当時一五歳）
グウィン・ダイア「戦争」より

ハンブルクでは七万人が死んだ。ドレスデンでは、一九四五年の同様の焼夷弾爆撃で八万人ほどが命を落とした。東京では、焼夷弾によるたった二回の空襲で、二二万五〇〇〇人が火事場風のために死んでいる。広島に原子爆弾が落とされたときは七万人が犠牲になった。第二次大戦を通じて、両軍の爆撃機の乗員たちは何百万という女性、子供、老人を、自分の妻や子や両親と変わらない人々を殺害した。これらの航空機のパイロット、航空士、爆撃手、射手は、主として距離という要因がもたらす精神的な後押しによって、これらの民間人をあえて殺すことができたのである。頭では自分たちがどんな災禍をもたらしているか理解していても、距離のおかげで気持ちのうえではそれを否認することができたのだ。流行歌の歌詞（ジュリー・ゴールドの「フロム・ア・ディスタンス」に「戦争中でも遠くからならだれでも友だちに見える」という意味の歌詞がある）とはちがって、遠くからはだれも友だちには見えないのだ。遠くからなら、人の人間性を否定することができる。遠くからなら悲鳴は聞こえない。

†――バビロン

紀元前六八九年、アッシリアのセンナケリブ王はバビロンの都を破壊した。

私は都を倒し、家々を根こそぎなぎ倒した。破壊し、火で焼き尽くした。煉瓦で築かれた内城壁も外城壁も、神殿もジッグラトも引き倒して破壊し、アラートゥ運河に瓦礫を沈めた。バビロンを破壊したあと、その神々を打ち砕き、住民を虐殺し、土をさらいとってユーフラテスに投げ込んだ。川がその土を海へ運び去るように。

グウィン・ダイアはこの文を引いて、核兵器ではなく労働集約型ではあるものの、バビロンのこうむった物理的影響は広島の原爆やドレスデンの焼夷弾とほとんど違いがないことを指摘している。しかし物理的には影響は同じでも、心理的には雲泥の差がある。

この災禍の体験者の記録は時代を超えて残りはしなかったが、同規模の大量殺戮のこだまは、ナチの残虐行為の生還者の記録に読み取ることができる。タデウシュ・ボロウスキによるナチの強制収容所体験記「紳士淑女のみなさま、ガス室はこちら」は、そんな大量殺戮の圧倒的な恐怖をかいま見させてくれる。

［貨車の］なかに乗り込む。四隅には、人糞や壊れた腕時計とともに、踏みつぶされてぐしゃぐしゃになった幼児の死骸がいくつもころがっている。大きな頭と膨れた腹をした小さな裸の怪物たち。ニワトリでも運ぶように、私たちは片手に数体ずつ抱えて運び出す。

……四人の……男が死体を乱暴に引きずっている。大きく膨れた女の死体だ。悪態をつき、重労働に汗をかきかき、迷い子たちを蹴飛ばしながら進んでいく。子供たちは犬のように吠えながら広場じゅう走り回っている。男たちは、死体の襟首や頭や腕をつかんで、すでに死体が山と積まれたトラックのなかに放り込んでゆく。例の四人は太った女の死体を抱え上げられず、ほかの男たちに応援を頼む。男たちは全員で肉の塊を放りあげる。大きく膨れ上がった死体が、広場じゅうから集められている。その死体の山の上には肢体不自由者たちが積み重なっている。窒息しかけ、病気で、意識を失っている。

人の山は蠢き、吠え、うめいている。
バビロンでは、だれかが何万という男女や子供を自分の手で押さえつけ、そのおびえたバビロン人たちをべつのだれかが突き刺し、切り捨てていかねばならなかった。ひとり、またひとりと。孫や娘や息子が暴行され虐殺される悲鳴を聞きながら、祖父たちは苦悶の涙を流していた。わが子が暴行され切り刻まれるのを見ながら、父と母は断末魔の苦しみに身をよじっていた。もういちどボロウスキを引用しよう。ひとりはぐれ、混乱し、怯えた幼いユダヤ人少女の殺害を描いたこの簡潔な文章には、罪もない人々の大量殺戮のこだま、時代を超えたかすかなこだまが響いている。

このとき、幼い少女が［貨車の］小さな窓から半身を乗り出したと思うと、バランスを崩して砂利のうえに転げ落ちる。ショックのあまり、少女はしばらくじっと横たわっているが、やがて立ち上がり、ぐるぐると円を描いて歩きだす。しだいに足取りが速くなってゆく。まっすぐ空中に突き出した両腕をばたつかせ、激しくあえぐように息をして、かすかな泣き声をたてている。少女の心は壊れてしまっていた。……ひとりのSS（ナチ親衛隊）があわてるふうもなく近づいてゆき、重い軍靴で背中のまんなかを蹴ると、少女は倒れる。背中を軍靴で踏みつけたまま、SSはリヴォルヴァーを抜き、発砲し、さらにもういちど発砲する。少女はうつぶせのまま、両足で砂利を蹴っているが、やがて動かなくなる。

リヴォルヴァーを剣に代え、この場面を何万倍にも拡大したものが、バビロンの、そして忘れられた一千もの都市や国家の破壊のおぞましい姿なのである。

ボロウスキは知っていた——現代のバビロンの犠牲者たるユダヤ人たちが、「経験豊富なプロの手で、その肉体のあらゆる陥凹に探針《プローブ》を挿入され、舌の下から黄金を、膣や肛門からダイヤモンドを引っ張り出される」ということを。歴史が教えるように、バビロンのような災厄に見舞われた場所では、犠牲者は押さえつけられ、身体を切り裂かれて、貴重品を呑み込んだり隠したりしていないか調べられたあげく、しばしばそのまま放置された。そして切り裂かれた腸や胃袋を引きずりつつ這って逃げる途中で、ゆるやかに死んでいったのである。

ナチでさえ、たいてい男女や家族を別々に収容していたし、犠牲者を銃剣で突き殺すことはめったにしなかった。殺すときは機関銃を好んで使い、ほんとうに大仕事のときはガス室のシャワーを選んだ。バビロンの悲惨はまさに想像を絶している。

†——相違点

私の落とした爆弾が……ここに引き起こした悲惨な死を思い描くことができなかった。

私には罪悪感はなかった。達成感もなかった。

ダグラス・ハーヴィ（第二次大戦の爆撃機パイロット。再生ベルリンを六〇年代に訪れて）

ポール・ファシル「戦時」より

ハンブルクとバビロンではどこが違うのだろうか。結果にはなんの差もない。どちらも罪もない人々が痛ましい死にかたをし、都市は破壊された。では、なにが違うのか。

その違いは、ナチの死刑執行人がユダヤ人に対してしたことと、連合軍の爆撃機がドイツや日本にしたこととの違いである。カリー中尉がベトナム人でいっぱいの村に対してやったことと、多くのパイロットや砲手が同じベトナム人の村に対してやったこととの違いである。

その違いはつまりこういうことだ。バビロンやアウシュヴィッツやミライ村の虐殺者についてじっくり考えるとき、そんな慄然たる行為を行いえたかれらの病的な、理解不能な精神状態にたいして、人は心理的に嫌悪感を覚える。相手は同じ人間なのに、どうしてそんな非人間的な残虐行為を働けるのか理解できない。その行為を私たちは人殺しと呼び、その行為者を犯罪者として捕らえて裁きを受けさせる。それがナチの戦争犯罪人だろうと、アメリカの戦争犯罪人だろうと。そして個人を裁くことで、これは文明社会では許容されない逸脱行為なのだと自分に納得させて心の平和を得るのである。

しかし、ハンブルクや広島に爆弾を落とした者について考えるとき、その行為に嫌悪感を抱く人は少ない。少なくとも、ナチの死刑執行人に対するほどの嫌悪感を抱くことはないはずだ。この爆撃機の乗員たちに精神的に共感するとき、すなわち自分自身をかれらの立場に置いてみるとき、自分だったらそんなことはしないと心から言いきれる人はほとんどいないだろう。だから、犯罪人として裁くことはしない。私たちはかれらの行動を合理化する。そしてたいていの人間は本心からこう思うのだ――爆撃機の乗員がしたようなことなら自分もやるかもしれない。だが、ナチの死刑執行人のようなことだけはできないと。

爆撃機の乗員の境遇に同情の手を差し伸べるとき、私たちはまた犠牲者にも同情する。奇妙なことだが、イギリスやドイツの戦略爆撃の生存者には、その経験によって長期的な心理的トラウマに苦しんだ者はほとんどいない。ところが、ナチの強制収容所の生還者のほとんど、そして戦闘を経験した兵士の多くはトラウマに苦しんだし、いまも苦しみつづけている。犠牲者の目から見れば、このふたつの惨事には質的な相違があるのだ。信じがたいことだが、これは否定しがたい事実である。アウシュヴィッツの生還者は、犯罪人によって個人的にトラウマを与えられ、その経験から生涯にわたる心理的ダメージを受けた。だがハンブルクの生存者はたまたまある戦争行為の犠牲になったにすぎず、だから忘れることができたのである。

グレン・グレイは大学で本格的に哲学を修めた人であり、第二次大戦中はある情報部隊に所属して、スパイやナチの協力者から強制収容所の生還者まで、さまざまな民間人とつきあってきた。それだけに、死のありかたにおけるこの質的な差異をよく理解している。

質的な違いを生むのは死の頻度ではなく、死のありかたである。戦争中の死は一般に、その死を積極的に求めている同種のメンバーによって引き起こされる。ただし、かれらは犠牲者におそらく一度も会ったことがなく、敵意を抱く個人的な理由はなにひとつない。戦争と平和をかくも完璧に分けるのは、事故や自然の原因でなく敵対的な意図によって死がもたらされるという点である。

法制でさえ、意図の有無を判定基準にしてつくられている。感情のうえでも理性のうえでも、計画的な殺人と殺意なき殺人との違いは簡単に納得できる。意図に基づく区別は、殺人の状況にたいする人の心理的反応の制度化なのである。

殺人状況における相対的なトラウマの問題（犠牲者と殺人者双方にとっての）については先にとりあげた。ここで指摘しておくべきは、本能的・感情的なレベルで、生存者も歴史的な観察者も、爆撃による死と強制収容所での死との質的な差異を理解しているということだ。爆撃の死は、距離というきわめて重要な要因によってやわらげられている。爆撃は非対人的な戦争行為であり、特定の個人の死を意図したものでないという意味で自然災害に近い（軍事目標を爆撃する際の民間人の死傷を、軍では〈付帯的損害〉という婉曲語で呼んでいる）。罪のない民間人の処刑についてはは本書のあとのほうでとりあげるが、こちらはきわめて対人的な行為、犠牲者は人間でないと公然と主張するような、精神病的非合理的な行為である。
いったいどこが違うのか？　突き詰めていえば、違いは距離にある。

第14章　最大距離および長距離からの殺人——後悔も自責も感じずにすむ

離れて戦おうとするのは人間の本能だ。最初の日から人はそのために努力し、その後もずっと努力しつづける。

アルダン・デュピク「戦闘の研究」

最大距離——「人を殺しているのではないと思い込むことができる」

距離という尺度と殺人プロセスとの関係を検証するにあたって、まず最初は最大距離から見ていこう。ここでいう〈最大距離〉とは、双眼鏡、レーダー、潜望鏡、リモートカメラなどの機械的手段を使わなければ、個々の犠牲者を認識できない距離のことである。グレイはこの問題をはっきり認識していた。「多くのパイロットや砲手は、怯えた非戦闘員を無数に殺してきたにもかかわらず、後悔や反省が必要とはまったく感じていなかった」。ダイアも同様のことを述べて、グレイの観察を裏づけている。砲手、爆撃機の乗員、あるいは海軍兵士は、人を殺すのになんの困難も感じていないというのである。

ひとつには機関銃手に発砲を続けさせるのと同じ圧力がある、つまり仲間から見られているからだが、なにより重要なのは、敵とのあいだに距離と機械が介在しているということだ。自分は人間を殺しているのではないと思い込むことができるのである。

全般的に見ると、距離だけでもじゅうぶんな緩衝作用をもたらす。射手は、目に見えない格子《グリッド》に向けて発砲する。潜水艦の乗員は、〈艦船〉に向かって魚雷を発射する（船に乗っている人間を撃つのではない）。パイロットはミサイルを〈標的〉に向かって発射する。

ここで、ダイアは最大距離型殺人の大半を網羅している。砲手、爆撃機の乗員、海軍の射手、ミサイル発射員（海上および地上の）はみな、集団免責、機械の介在、そして現在の論に最も関係する物理的距離という、強力な組み合わせによって守られているのだ。

戦闘での殺人というテーマについて、何年も研究や文献調査を行ってきたが、このような環境で敵を殺すことを拒絶した者は一例も発見できなかったし、またこのタイプの殺人にともなう精神病的トラウマの例も見いだせなかった。広島や長崎に原子爆弾を投下した兵士のケースでさえ、有名な神話に反して、精神疾患の発生例はまったくない。歴史文献からわかるのはこういうことだ。エノラ・ゲイのために気象偵察を行った航空機のパイロットは、爆弾投下以前から何度も規律違反や犯罪を犯していた。彼は軍を離れてからもくりかえし問題を起こしつづけ、原爆投下に関わった兵士たちに自殺者や精神異常者が続出したという有名な神話は、このただひとりのパイロットの行動がもとになって生まれたにすぎないのである。

長距離——「目と目が会うこともなく、戦闘の汗と緊張感もない」

ここでいう〈長距離〉とは、敵を目視することはできても、狙撃銃、対戦車ミサイル、戦車の火砲などの特殊な武器を使わなければ殺せないという距離である。

ホームズがとりあげている第一次大戦のオーストラリアの狙撃兵は、ドイツの観測兵を撃ったあとで、「全身がみょうにぞくぞくした。子供のころ、初めてカンガルーを撃ったときとは違う感覚だった。一瞬吐き気がして気が遠くなったが、そんな感じはすぐに消えた」と語っている。

ここでは殺人行為に対する一種の不安がまず見てとれるが、狙撃兵は原則としてチームで行動する。最大距離の殺人と同じく、集団免責、機械の介在（ライフルのスコープ）、物理的距離という強力な組み合わせに守られているのである。殺人について語る狙撃手の見かたや表現はみょうに人間味が薄く、より近距離の殺人者の場合とはおもむきを異にしている。

二一〇九時（六九年二月三日）、五人のベトコンが森のとば口から水田の端へ向かって移動しはじめ、先頭のベトコンが射程に入って……まず一人死んだ。すぐにほかのベトコンが倒れた死体のまわりに集まってきた。なにが起こったのかまったくわかっていないようだった。ウォールドロン曹長はベトコンをひとりずつ仕留めてゆき、合計五人

［全員］のベトコンが死んだ。

狙撃兵はたいへんな長距離という緩衝材を与えられているが、それでも敵の指揮官しか殺さないことで自分の行動を合理化する者もいる。ある海兵隊狙撃兵はD・J・トルービーにこう語っている。「ふつうの兵隊を狙ったってしかたがない。せいぜい怯えた徴募兵ってとこだもんな。……狙うなら大物だよ」。第二次大戦中には、ほんのひと握りの戦闘機乗りが空対空の殺人の大半を行っていた。それとまったくおなじように、慎重に選抜され訓練された狙撃兵は、後悔の念も慈悲心もなく大量の敵を殺すことによって、その少人数からは想像もつかないほど、国家の戦争努力を大きく支えたのである。

六九年一月七日から七月二四日まで、アメリカ陸軍の狙撃兵はベトナムで死亡確認一二四五件という成績を上げたが、ひとりを殺すのに消費した銃弾の数は平均一・三九発だった（比較のためにあげると、ベトナムでは敵兵をひとり殺すのに平均五万発の弾薬を消費している）。ここで死亡確認件数としてカウントされているのは、実際にアメリカ兵がその死体に物理的に「足をのせる」ことができた件数のみである。

しかし、その有効性にもかかわらず、狙撃兵によるこのきわめて対人的な、一対一の殺人には奇妙な嫌悪感と抵抗感が存在する。これはピーター・スタッフが狙撃兵についての著書のなかで述べていることだが、戦争が終わるときまって「合衆国の軍は狙撃兵からあわてて遠ざかる。戦闘中に不可能な任務を遂行するよう命じられた同じ男たちが、戦争が終わってみるとたちまち不可触賤民扱いなのだ。第一次大戦、第二次大戦、朝鮮戦争、すべてそうだった」。

第二次大戦時代の戦闘機乗り、敵に重機関銃をお見舞いした者たちは、あるいは長距離殺人の部類に入るかもしれない。しかし、集団免責という要因が欠けていること、そして敵が自分にあまりよく似ているために強烈な一体感を抱くこと、この二点に足をとられている。アメリカ空軍大佐バリー・ブリジャーは、空中戦（長距離）と地上戦（中〜近距離）との違いをダイアにこう語っている。

戦闘飛行士をやることと、地上で敵と顔を突き合わせて戦うことと、ひとつ違いをあげようか。空中戦はすごく客観的で、手は汚れないし、あんまり人間相手って気がしない。飛行機は見える。地上の標的も見える。だが目と目が会うわけじゃないし、戦闘の汗も緊張感もない。だから感情があんまりからんでこないし、人間相手って気がしないんだ。その意味ではやりやすいと思う。あまり影響が残らないんだ。

しかし、こんな利点があってなお、第二次大戦中に撃墜された敵機の四〇パーセント近くは、アメリカの戦闘機乗りのわずか一パーセントによって撃墜されたものだった。圧倒的多数のパイロットは、一機も撃墜しなかったどころか、発砲さえしなかったらしいのである。

第15章　中距離・手榴弾距離の殺人——「自分がやったかどうかわからない」

中距離——「薄弱このうえない根拠」に基づく否認

中距離とは、敵を目視でき、ライフルで交戦することもできるが、自分の与えた傷の程度は見えず、命中したときの犠牲者の声を聞いたり表情を見たりすることはできない距離を言う。実際には、この距離ならまだ、兵士は殺したのは自分ではないと否認できる。体験を尋ねられたとき、ある第二次大戦経験者は私にこう言った。「ほかにも発砲してたやつはおおぜいいたし、自分がやったのかどうかわかるもんじゃない。発砲して、相手が倒れるのが見えたって、そいつを仕留めたのはほかのやつかもしれないんだから」。

個人的な殺人体験を問われた退役兵の答えとしては、これはかなり典型的な部類に入る。ホームズはこう述べている。「私が面接したのはほとんどが前線で戦った歩兵だが、半数以上が自分は敵を殺したことがないと信じていた。しかも、その根拠は往々にして薄弱きわまりないものだった」。

実際に敵を殺すとき、兵士は一連の心理的段階を経験するようだ。殺人そのものは反射的または自動的だったと表現されるのが一般的である。その直後には多幸と高揚の時期を経験するが、ふつうはそれに続いて罪悪感と自責の時期が訪れる。罪悪感や自責の深さ、その時期の長さと密接に関連するのが距離である。中距離では多幸段階が多く見られる。のちにイギリスの元帥になったスリムは、一九一七年のメソポタミアでトルコ兵を射殺したときにこの多幸感を体験している。「残酷だとは思うが、薄汚いトルコ人がきりきり舞いして倒れたときは強烈に満足感を感じた」。

この多幸段階のあとには、中距離殺人の場合でも激しい悔恨に襲われることがある。ナポレオン時代のあるイギリス兵のことばをホームズが引いているが、この兵士は初めてフランス兵を撃ったとき激しい恐怖に襲われたという。「おまえは人殺しだと自分で自分を責めた。なんとも言いようのない不安に襲われ、犯罪者になったような気分だった」とこの兵士は書いている。

戦術的に見て状況に余裕がある場合はよくあることだが、兵士が出ていって殺した相手を見たりするとトラウマはさらに悪化する。距離による心理的な緩衝材の一部が、間近に犠牲者を見ることで消えてしまうからだ。ホームズのとりあげる第一次大戦のもとイギリス兵は、自分の所業を確認したとき一七歳の新兵だった。「人を殺したのはこのときが初めてだった。どのドイツ人を撃ち殺したかわかっていたので、ことが片づいたとき見にいった。もう女房も子供もいそうな歳だなと思って、ひどく申し訳ない気分になったのを憶えている」。

手榴弾距離――「悲鳴が聞こえて吐き気を覚えた」

手榴弾距離とは、数ヤードから三五ないし四〇ヤードもの距離を言う（数メートル〜三五メートルほど）。物理的距離を考えるとき、〈手榴弾距離〉という語を使うのは手榴弾を使って人を殺す場合のみである。手榴弾殺人が近距離殺人と異なるのは、犠牲者が死ぬさまを見なくてすむということだ。なにしろ、近距離から中距離の範囲では、手榴弾が爆発するときにそれが直接見える範囲にいれば、自分も巻き添えを食ってしまうのだから。

ホームズが述べている例だが、第一次大戦の塹壕で、ある兵士がドイツ兵の一団に手榴弾を投げたところ、爆発のあとに恐ろしい絶叫があがったという。その兵士はこう語っている。「すっかり戦争ずれしてたんだが、それでも血が凍ったよ」。犠牲者の姿を見なくてすむのだから、この殺人方法はおおむねトラウマのない方法といえる。ただし、兵士が自分のやったことを見なくてすみ、犠牲者の悲鳴を聞かずにすむなら、であるが。

第一次大戦の塹壕で使われた、心理的にも物理的にも強力なこの武器について、その特有の有効性をホームズはくわしく述べている。

なかの兵士は機会さえ与えれば降伏するかもしれないのに、両軍とも習慣的に塹壕に爆弾［手榴弾］を投げ込んでいた。一九一八年三月、捕虜になったばかりのあるイギリス兵が、塹壕のひとつに負傷者が何人かいると話した。「するとそいつは柄付き手榴弾を取り出し、ピンを引き抜くと、その塹壕に放り込んだ。悲鳴が聞こえ、吐き気がしたが、私たちはまったく無力だった。だが、これはみんな混戦のさなかのことで、同じ立場に置かれたらこっちだって同じことをしたかもしれない」。

第一次大戦の至近距離での塹壕戦では、心理的にも物理的にも手榴弾は使いやすかった。そのため、キーガンおよびホームズによれば「歩兵はライフルで正確な射撃を行うことを忘れていた。おもな武器は手榴弾になっていたのだ」。いまならその理由がわかる。手榴弾が好まれたのは、近距離での殺人、とくに犠牲者の姿を見、声を聞かねばならない場合にくらべると、殺人にともなう心理的トラウマが小さかったからなのだ。

第16章　近距離での殺人——「こいつを殺すのはおれなんだ。おれがこの手で殺すんだ」

あるイスラエルの落下傘兵が、一九六七年のエルサレム旧市街の占領中に大男のヨルダン人と一対一で戦う破目になった。「半秒ほど見つめ合っていたが、こいつを殺すのはおれなんだ、おれがこの手で殺すんだと思った。すべて片づくまで一秒とかからなかったはずだが、スローモーション映画のように頭に焼きついている。私は腰に構えた銃を発砲した。相手の左一メートルほどの壁に弾丸が当たって跳ね返るのがいまも目に浮かぶようだ。ウージー（軽機関銃）の銃口を振って——それにものすごく時間がかかるような気がしたが、ついに弾丸は相手の身体をとらえた。彼はがくりと両膝をついたかと思うと、顔をあげた。恐ろしい顔だった。苦痛と憎悪に歪んでいた。すごい憎悪だった。もういちど引金をひくと、たまたま頭に命中した。ものすごい血が噴き出して……仲間が集まってきたとき、私は反吐をはいていた」。

ジョン・キーガン&リチャード・ホームズ「兵士たち」

飛び道具による殺人はすべて近距離殺人に含まれる。距離としては直射距離から中距離まで。近距離の重要な要因は、殺人者の責任が明白で否定しようがないということだ。べトナムでは、直射によって特定の個人を殺し、殺したことが自分で確実にわかる場合は、他の場合と区別して〈対人殺〉と呼んでいた。対人殺の圧倒的多数とそれによるトラウマはこの近距離で起きる。

近距離遭遇の事例を分析するため、話し手が殺人を選択した場合と、殺さないことを選択した場合との二種類に分類してみた。

殺すか……

近距離の場合、ほんのつかのまのことでもあり、口に出されることは少ないが、やはりたいていの兵士はなんらかの形で多幸感の段階を経験するようだ。私が面接調査した戦闘体験者は、とくに質問すればだが、敵を殺すのに成功したときつかのま高揚感を経験したと認めている。この多幸感の段階は、ふつうほとんど間をおかずに罪悪感の段階に呑み込まれてしまう。自分の行いを示す否定しようのない証拠を突きつけられているからだ。この段階の罪悪感は非常に激しく、身体的な嫌悪感から嘔吐を引き起こすこともめずらしくない。

ことの本質からして、近距離で敵を殺すのは強烈に生々しい、そして個人的な体験である。アメリカ陸軍特殊部隊（グリーンベレー）のある将校は、ベトナムで待ち伏せにあって反撃中、対人殺を経験したときの嫌悪感を次のように述べている。

敵のうちふたりを仕留め、まわりこんで一網打尽にしようと……側面へ向かった。まわりこんでM16を向けたとき、そいつがふり返ってこっちを見た。私はぎょっとして凍りついた。ほんの子供だったんだ。たぶん一二から一四てところだろう。ふり向いてこちらに気づくと、だしぬけに全身を反転させてオートマティック銃を向けてきた。私は引金を引いた。二〇発ぜんぶたたき込んだ。子供はそのまま倒れ、私は銃を取り落として声をあげて泣いた。

ジョン・キーガン&リチャード・ホームズ「兵士たち」

第二次大戦に海兵隊員として従軍した作家ウィリアム・マンチェスターは、自分自身が経験した近距離殺人に対する同様の心理的反応を生き生きと描き出している。

私はあまりの恐ろしさにすくみあがっていたが、海岸近くの小さな釣り小屋に日本軍の狙撃兵がいるのはわかっていた。こっちとは反対方向の、別の大隊の海兵隊員に向かって発砲している。だがその小屋には手前にも窓があるから、向こうの連中を狙い撃ちにしたあと、すぐにこっちを撃ちはじめるのはわかっていた。それに、ほかに行くべき者はだれもいない……そこで私は走り出し、小屋のなかに飛び込んだ。室内はからっぽだった。

その部屋にはドアがあった。奥にもうひとつ部屋があり、狙撃兵はそっちにいるのだ。私はすぐにドアを破ったが、とたんに途方もない恐怖に襲われた。向こうは私が来るのを待ち構えていて、すぐに撃ってくるだろう。ところが狙撃用のハーネスにじゃまされて、そいつはとっさに向き直れなかったのだ。ハーネスがからまって動きがとれなくなっている。私はバカみたいに四五でそいつを撃ち殺し、すぐに後悔と恥辱に襲われた。いまも思い出す。私は「ごめんな」とつぶやいて、それから反吐をはいた……全身が自分の反吐にまみれた。それは、子供のころから言い聞かせられてきたことへの裏切りだった。

この距離では敵の怒号や悲鳴が聞こえ、それが殺人者の経験するトラウマを倍加させる。フランク・リチャードスン少将はホームズにこう語っている。「戦闘で命を落とすとき、兵士はよくお母さんと言うんだ。あれは胸が痛む。私はもう五カ国語で聞いている」。

近距離殺人の際には、敵がすぐには死なないことも多い。そんなとき、殺人者は最期の瞬間に犠牲者を慰める立場に置かれる。次に紹介するのはハリー・スチュアート、レンジャー隊員にしてアメリカ陸軍の一等曹長、不撓不屈とプロフェッショナリズムの鑑ともいうべき兵士の語った、六八年のテト攻勢に際しての驚くべき体験談である。

だしぬけに男が現れて、まともにこっちに向かって発砲しはじめた。そのときは一七五［ミリ榴弾砲］ぐらい大きく見えた。最初の一発はおれの左側の射手の胸に命中した。二発めはおれの右腕に当たっていたが、そのときは気づかなかった。三発めは右手の射手の腹に当たった。このころには、おれは飛びすさって左手の壁のかげに転げ込んでいた……

おれはそのベトコンに突撃をかけ、M16を発砲した。やつはおれの足元に倒れていた。まだ息はあったが、そう長いことはなさそうだ。かがんで手からピストルを取り上げた。そのときのあいつの目つきが見えるようだ。憎々しげにこっちをにらみつけていた。

……

そのあと、おれは自分が撃ったベトコンの様子をもういちど見ようと寄っていった。まだ生きていて、さっきと同じ目つきでにらみつけてきた。全身にハエがたかりはじめていた。毛布をかけてやって、水筒の水で唇を濡らしてやった。やつの目つきが少しずつ穏やかになっていった。なにか言いたそうだったが、もうそんな力は残ってなかった。おれは煙草に火をつけ、何度か吹かしてから口にはさんでやった。そいつはもうろくに吹かすことはできなかったけど、かわりばんこに何度か吸いあった。死ぬ前には、もうやつの目には憎しみの色はなくなっていた。

犠牲者を憎悪し、嫌悪するじゅうぶんな動機があるときでさえ、そして近距離殺人の現場をただちに立ち去る理由がいくらでもあるときでさえ、殺人者はその場に釘付けになり、自分の行いの重大さに凍りつくことが多い。まさにそのような状況を体験した人として、海軍殊勲賞(勇敢な行為を称えるアメリカで二番めに権威ある勲章)の受賞者であるディーター・デングラー中尉がいる。アメリカ軍のパイロットとしてはただひとり、撃墜され捕虜にされたのち東南アジアの捕虜収容所から脱出して生きて帰ってきた人物だ。以下は、彼が武器を確保して収容所を脱走したおり、それまでさんざんいたぶってくれたサディスティックな衛兵のひとりと遭遇したときの出来事である。

もう三フィートしか離れていなかった。山刀を高々と振りかざして、モロン［この衛兵にディーターらがつけていたあだ名］が全速力で向かってくる。私は腰に構えた銃を直射した。山刀を振りかざした格好のまま、モロンは銃弾の威力で空中に吹っ飛ばされた。と思うと、反転してこちらに背を向け、地面に叩きつけられた。背中の大きな穴から血がどくどくと噴き出していた。私は口をぽかんとあけたまま、そのかたわらに突っ立っていた。たった一発でこんなダメージを与えられたことに仰天し、そのおぞましい背中のことで頭がいっぱいになっていた。

どの体験談においても、筆者が伝えようとしているのはこの心理的な反応である。戦争の年月に体験したあらゆる出来事のうち、ここに引用した近距離殺人、そして本書のいたるところで引用する多くの近距離殺人の場合、それを語るもと兵士たちは、その体験を自分の胸から消し去りたがっているように思える。かつてベトナムで特殊部隊に属していたある曹長が、戦闘についてこんなふうに語ってくれた。「接近戦で一対一になるだろ」と、噛み煙草を頬張りながらゆっくりと言う。「相手の悲鳴が聞こえて、死ぬのが見えるわけだ」ここで強調するように煙草を吐き出し、「まったく、くそ食らえだぜ」。

……それとも殺さないか

近距離で敵を殺すことへの抵抗感はすさまじく大きい。敵と目と目が会い、若いのか年寄りなのか、怯えているのか怒っているのか見てとれる。そうなると、相手が自分と同じ人間だという事実を否認するのは不可能だ。多くの体験談によれば、敵を殺さずにすませてしまうのはこういう状況で起きることである。マーシャル、キーガン、ホームズ、グリフィスなど、この問題を深く追究した研究者のほぼ全員が次のように認めている。すなわち、殺人に加わらなかったという体験談は中距離の戦闘でもさほどめずらしいことではない。しかし近距離の戦闘の場合は、その種の一人称の体験談はきわめて膨大になり、とても無視できなくなるのである。

キーガンとホームズは、第二次大戦中のシシリーで、砲撃にあって塹壕に飛び込んだ一団のアメリカ兵の話を取り上げている。

するとどうだ、そこには先客がいたんだ。ドイツ兵が五人。こっちはたぶん四人か五人だったと思う。最初のうちは戦おうなんて気はこれっぽっちも起きなかった。……そのとき、向こうはライフルを持ってるし、それはこっちもおんなじだって気がついたんだけど、そこへ砲弾が落ちてきだして、おれたちは塹壕の端にへばりついて、ドイツ兵もおんなじことをしてた。それでどうなったかって言うと、砲撃が小やみになったとき、おれたちは煙草を取り出してそいつらに回して、仲良くいっしょに吸ったんだ。あのときの気分をどう言っていいかわからないが、ともかくいまはドンパチやりあうときじゃないって感じだった。……向こうもこっちとおんなじ人間だし、おんなじようにびびってたんだ。

マーシャルも同様の状況について述べている。アメリカ軍の中隊指揮官ウィリス大尉は、部隊を率いてベトナムの川床を歩いていたとき、だしぬけに北ベトナムの一兵士と遭遇した。


ウィリスは兵士に並び、M16で相手の胸を狙った。五フィートと離れていなかった。兵士のAK47もまっすぐウィリスに向けられている。

大尉は激しく首をふった。

北ベトナム軍の兵士も同じように激しく首をふった。

休戦協定、停戦命令、紳士協定、それとも取引か……兵士はそろそろとあとじさって闇に消えてゆき、ウィリスはそのまま進みつづけた。

これほど近づくと、相手が人間なのを否認しようとしても無理だ。相手の顔を見、目をのぞき込み、その恐怖を見てとることが、否認を無効にしてしまう。この距離では、殺人の対人的な性格に変化が生じる。制服に向かって発砲し、一般化された敵を殺すのでなく、ひとりの人間に向かって発砲し、特定の個人を殺さねばならなくなるのだ。たいていの人間にはとてもそんなことはできないし、またする気にもならないのである。

第17章　刺殺距離での殺人――「ごく私的な残忍性」

飛び道具以外の武器、たとえば銃剣や槍などを使う物理的距離では、その物理的関係に付随して重要な要因がふたつ関わってくる。

まず第一に理解しなければならないのは、同じ刃物を使うにしても、離れて使える武器のほうが心理的に殺人は容易であり、相手に近づくほど困難になるということだ。つまり、長さ六インチ（約一五センチ）のナイフで刺すより、二〇フィート（約六メートル）の槍で突くほうがずっと簡単なのである。

ギリシアやマケドニアの重装歩兵は槍を使うことで物理的距離を獲得し、アレクサンダー大王が世に知られた世界をことごとく征服したとき、それが心理的に大きな影響力を及ぼしていた。槍の壁のもたらす心理的な利点は非常に大きかったため、重装歩兵の方陣は中世になってから復活し、騎士の時代に使われて成功をおさめたほどである。方陣がついに姿を消したのは、火薬を使った飛び道具が登場してからのことだ。こちらのほうが、威嚇力でも心理的影響力の点でもまさっていたからである。

距離関係に付随するもうひとつの要因は、刃物を突き出すのはむずかしいということだ。払ったり振りおろしたりするほうがはるかに簡単なのである。突き出すのは相手を刺し貫くためであるが、振りまわすのは敵の急所を刺し貫くのを回避する、あるいはそのような意図を否認することなのだ。

銃剣、槍、剣で武装するとき、その武器は自然に兵士の身体の延長、つまり付属物になる。これについては素手による格闘距離のところで見てゆくが、身体の付属物で敵の身体を刺し貫くのは、いくらか性的な意味合いを帯びた行為である。敵の肉体に触れ、刺し貫き、自分の身体の一部をその体内に突き通すのだから、これは性行為にきわめて類似している。そんな方法で人を殺すことに対して、人間は強烈な嫌悪感を覚えるのである。

ローマ人は、兵士が刺突攻撃を嫌うという深刻な問題に頭を悩ませていたようだ。古代ローマの戦術家で歴史家のウェゲティウスが、「切るなかれ、突くべし」と題する章でこの点を長々と力説している。

同様に、切るなかれ、突くべしと兵士は教わっていた。ローマ人は剣の刃で戦う者を笑い者にしていただけでなく、つねにやすやすと負かしてきたからである。どんなに力を込めたとしても、刃を振り下ろしたのではなかなか殺すことはできない。人体の重要な器官は骨や武具で守られているからである。ところが突きを入れたときは、たった二インチしか刺さらなくても致命傷を与えられるのがふつうなのだ。

銃剣距離

職業軍人にして雑誌のコラムニストであるボブ・マッケナは、アフリカ、中央アメリカ、東南アジアで一六年以上も軍務に就いた人である。その経験に基づいて、みずから言うところの銃剣殺人の〈ごく私的な残忍性〉について、彼は次のように述べている。「鋼の刃が腹に刺さってくるさまを想像するのは、銃弾が撃ち込まれるのを想像するよりはるかにおぞましく、また生々しい。これはおそらく、刃のほうは刺さる様子が自分で見えるからだろう」。冷たい刃で殺されることへの嫌悪感の激しさは、一八五七年のセポイの乱の際にとらえられたインドの反乱兵にも見ることができる。かれらは「銃弾を乞うた」、つまり銃剣でなくライフルの銃弾で処刑してくれと嘆願したという。もっと新しいところでは、ルワンダにも同様の実例がある。APの記事によると、ツチ族の犠牲者はフツ族から銃弾を買っていた。切り殺されるのがいやで、自分を処刑するのに使う銃弾に金を払っていたのである。

銃剣殺人の「ごく私的な残忍性」に強い嫌悪感を覚えるのは殺人者だけではない。ジョン・キーガンは、その記念碑的な著書「戦闘の顔」において、アジャンクール（フランス北部の村。百年戦争の古戦場、一四一五年）、ワーテルロー（ナポレオンが敗れた地、一八一五年）、ソンム川（フランス北部、英仏海峡に注ぐ川。第一次大戦の激戦地、一九一六年）の比較研究を行っている。五〇〇年以上にまたがるこの三つの戦闘を分析する際、キーガンがくりかえし注目しているのは、ワーテルローとソンム川では集団で銃剣攻撃が行われたのに、信じられないほど銃剣創の例が少なかったということだ。キーガンによると、ワーテルローでは「剣や槍による負傷を治療したという例は数多く、また銃剣による負傷もあるていどは見られた。もっとも、銃剣創は一般に兵士がすでに戦闘不能になったあとで負わされたものであり、銃剣と銃剣の交戦が行われた証拠はまったく見られなかった」。第一次大戦のころには刃物による戦闘はほぼ完全になくなっており、キーガンはソンム川の戦いについてこう書いている。「刃物による創傷例は、全創傷の一パーセントにも満たなかった」。

銃剣戦には重要な心理的要因が三つ関わってくる。第一に、銃剣距離まで敵に接近した場合、兵士のほとんどは敵を串刺しにしようとはせず、銃床またはその他の手段によって敵を戦闘不能にしたり、負傷させたりする。第二に、銃剣を使用した場合、それが近距離で生じる行為であるために、その状況には深刻なトラウマの可能性がひそんでいる。そして第三に、銃剣で人を殺すことへの抵抗感は、そんな殺されかたにたいする恐怖と完全に等価である。銃剣突撃の際には、実際に銃剣と銃剣を交える前にどちらかの側がかならず逃げ出してしまうが、それはこの嫌悪感と恐怖のためなのだ。

軍事史を眺めても、本格的な銃剣戦の例はまずないと言ってよい。一九世紀フランスのトロシュ将軍は、生涯にわたる軍人生活において銃剣戦はたった一度しか経験していない。そのたった一度というのは一八五四年のクリミア戦争中のことで、インケルマンの戦いのとき、深い霧のなかでロシアの連隊とフランスの部隊がたまたま遭遇したために起きたことである。このようにきわめてまれな銃剣戦だが、その際に実際に銃剣創が見られることはさらにまれだった。

この非常にまれな事件が実際に起きたとき、そして銃剣で武装した兵士が敵と一対一で向かい合うとき、そこでもっともよく起きるのは銃剣を突き出すことではない。ローマの軍団兵は、剣を突き出せと言われながらどうしても振りまわしがちだったが、現代の兵士もその点はまったく同じである。敵の身体に突き刺す以外の方法で銃剣を使おうとするのだ。

ホームズによれば、兵士はさんざん銃剣訓練を受けていながら、「戦闘になると逆さまに構えてこん棒代わりに使うことが非常に多い。……ドイツ兵は銃剣でなく銃床を使うことを積極的に好んでいたようだ。……至近距離での戦闘では、ドイツ兵はこん棒、鉄パイプ、とがった鍬を好んだ」。いずれも殴る、振りおろすタイプの武器であることに注意してほしい。

ホームズはさらに、銃剣攻撃に対する抵抗感が微妙かつ無意識に働いていることを示す絶好の例をあげている。「フリードリヒ・カール公は、［第一次大戦の］プロイセンの歩兵にそのわけを尋ねた。すると兵士はこう答えた。『なんでかわかりません。かーっとなってると、いつのまにか手のなかで反対向きになってるんです』」。

アメリカの南北戦争の無数の記録からも、両軍の大多数の兵士が銃剣の使用に抵抗を感じていたことがわかる。混戦になると、北軍兵も南軍兵も銃床で攻撃したり、マスケットの銃身を握ってこん棒のように振りまわしたりするばかりで、銃剣を敵の腹に突き刺そうとはしなかったようだ。「骨肉相争う」という内戦特有の性格のために、兵士は銃剣を突き刺すのを嫌ったのだと結論している著作もあるが、二世紀近くに及ぶ戦闘の負傷統計からわかるのは、この現象は根源的にして普遍的な人間の本質の現れだということである。まず第一に、距離が小さくなるほど敵を殺すのはむずかしくなり、銃剣距離になると途方もなくむずかしくなる。そして第二に、手持ち式の刃物を同種たる人間の身体に突き刺すことには強い抵抗感があるので、殴ったり切りつけたりするほうが好まれるのである。

このように、銃剣による〈対人殺〉は戦場ではきわめてまれである。したがって、現代戦の「全創傷の一パーセントにも満たない」創傷を敵に負わせた個人から、次にあげるような直接的な体験談を収集したのは、生涯にわたってこの分野で研究を重ねてきたリチャード・ホームズの手柄である。

まず最初に紹介するのは、ドイツ歩兵連隊の上等兵による一九一五年の銃剣殺人の記録である。

フランス軍のある陣地を襲うよう命令されました。そこは守りが固くて、その後の混戦のさなかに、フランス軍の伍長がふいに私の前に立ちはだかったのです。敵も私も銃剣を構えていて、向こうもこっちも相手を殺す気でした。フライブルクでサーベルの決闘をした経験があったので、こっちのほうがすばやくて、相手の武器を払いのけて胸に銃剣を突きたてました。敵はライフルを取り落として倒れ、口から血が噴き出しました。私はしばらくその場に突っ立っていましたが、気がついてとどめを刺してやりました。その陣地を占領したあとで、ひどいめまいがしました。膝ががくがくして、ほんとうに吐きそうになりました。

この兵士はさらに続けて、フランス兵を銃剣で殺したこの体験が、戦闘中に経験したどんなことよりも頻繁に夢に出てくるようだと述べている。実際、その〈ごく私的な残忍性〉のために、銃剣殺人はどの点からみても心理的トラウマの可能性がきわめて高い状況である。

次にあげるのは、第一次大戦に従軍したあるオーストラリア兵士が父親に宛てた手紙の一部である。ドイツ兵を銃剣で殺したことについて、この兵士は先の例とはまったく異なる見かたをしている。

まったく驚くよそのど阿呆どもはとんでもない下司どもです。さんざん撃ってきてこっちが二ヤードまで近づくとライフルを捨てて助けてくれと言います。ニワトリが首を切られるときの気分をそいつらによく教えてやります。……ぼくは……もう二、三回突き刺してやっつけました。とうさんあれはおもしろいゲームで銃剣が刺さるとえびみたいに目玉が飛び出します。

この内容が事実だとすれば、この殺人の話も完全な後悔の欠如も、父親に向かってつまらない自慢をしているのでないとすれば、この兵士は非常にめずらしい兵士のひとり、すなわちこのような行為に適した内的資質をそなえた人間だということだろう。あとのほうで、殺人に関わる要因として素因の問題を扱うが、そこではとくに〈攻撃的精神病質〉傾向と呼ばれる素因をもった二パーセントの兵士に着目するつもりである。また、近距離で戦って降伏しようと試みる兵士は、さっきまで殺そうとしてきた相手にその場で殺される確率が高いという現象については、『殺人と残虐行為』の部でくわしく見てゆく。とりあえずここでの目的は、刃物による殺人の本質を理解し、そのような殺人を行いうる人間の本質について理解することである。いまわかっていることから考えると、このような行為を「おもしろいゲーム」と思えるのは、きわめてまれで特異な人間であることはまちがいない。

次にあげるのもオーストラリア人の例である。第一次大戦で第一次ガザ戦を経験したこの兵士は、自身は銃剣殺人に手を染めなかったらしい。彼は銃剣戦のことを「凶暴な人殺しだ……息が荒くなり、歯を食いしばり、突進してくるトルコ人と目と目があって、銃剣が急所に刺さると泣くような悲鳴が上がる」と述べている。ここに見えるのはきわめて対人的な戦闘である。面と向かった相手に銃剣を突き刺すとき、「泣くような悲鳴」、口から噴き出す血、「えびみたい」に飛び出す目、そのすべてが、死ぬまで抱えてゆかねばならない記憶の一部になるのだ。これが刃物による殺人というものであり、現代戦でほとんど見られなくなったのも当然と言えるだろう。

ここまで見てきたのは、平均的な兵士は同類たる人間を銃剣で突き刺すことに強烈な抵抗感を覚えること、そしてそれにまさるのは自分が突き刺されることへの抵抗感のみだということである。銃剣で突かれることへの恐怖はきわめて大きい。第一次大戦時、何年も塹壕で過ごしたモラン卿は、一度だけ「腹から数インチのところに銃剣を突き出されたことがあるが、どんな砲弾よりも恐ろしかった」と述べている。またレマルクの「西部戦線異状なし」には、峰が鋸歯状になった初期の銃剣を持っていたために、無惨に殺されて見せしめとして放置されたドイツ兵捕虜の話が出てくる。ホームズによれば、これは珍しいことではなかったようだ。このような銃剣を持っていたドイツ兵は、第一次・第二次の両大戦を通じて、レマルクの描くような扱いを受けたという。そのまがまがしい鋸歯にぞっとして、相手に大きな苦痛を与えるためにわざとこう作ってあるのだ、と捕らえた側は思い込んだのである。

白刃を手にした決死の覚悟の人間を前にすると、銃弾の雨に敢然と立ち向かう兵士もきまって腰砕けになってしまう。デュピクが言うように、「ヨーロッパでは、どこの国民も『おれたちが銃剣突撃をかけたら踏みとどまっていられる敵はいない』と豪語する。それはまったく正しい」のである。槍だろうと矛だろうと銃剣だろうと、白刃を手にした人の波が自分の持ち場めがけて寄せてくるのを見れば、だれしも不安になるのは当然だ。ホームズが述べているように、「銃剣を交える前に、たいていどちらかが別の場所で緊急の任務があったのを思い出す」のである。また、両軍ともに銃剣の届く距離まで近づく勇気が出ないというのもよくあることだ。足が前に出なくなり、結局バカバカしいほどの至近距離で撃ち合いをすることになる。

第二次大戦に従軍したフレッド・マジャラニは次のように書いている。

銃剣を使ってどうしたこうしたという自慢話はさんざん聞かされた。だがそのわりに、たしかにドイツ兵に銃剣を突き立てたという兵士はほとんどいなかった。銃剣で脅しをかけ、その切っ先を見せるだけでたいていこと足りるのだ。切っ先を突き立てられる前に、まずまちがいなく敵は降伏するからである。

現代の銃剣突撃では、戦闘が始まる前にたいていはどちらかが列を乱して逃げ出し、心理的な平衡が大きく崩れる。しかし、だからといって銃剣や銃剣突撃に効果がないわけではない。パディ・グリフィスはこう指摘する。

いわゆる〈銃剣突撃〉の際には、銃剣が敵にかすりもせず、まして敵を殺すことなどなくても、非常に高い効果が得られる場合がある。そのために、この攻撃法についてはかなりの誤解が生じている。たしかに、敵の犠牲者はひとり残らずマスケット銃の犠牲者で、銃剣で殺された敵はひとりもいないかもしれない。だがそれでも、銃剣は勝利の道具になりうるのだ。銃剣の目的は敵を殺すことではなく、連隊の列を崩して陣地を獲得することだからである。場合によっては、これ見よがしの銃剣の光と、それを持つ者の目に現れた覚悟の色だけで、敵にショックを与えることができる。

接近戦、すなわち格闘技の歴史と伝統をもつ部隊は、敵に特別な畏怖と恐怖を吹き込むことができる。至近距離で対人攻撃を行うという意志は〈憎悪〉の表れであり、人間はそんな〈憎悪〉に対して生得的な嫌悪感を抱くからだ。勇猛をもって知られるイギリス軍のグルカ兵大隊は、昔からこのことを巧みに利用してきた（フォークランド紛争中、アルゼンチン兵に恐れられたことからもわかる）。しかし、銃剣を重んじる部隊ならば、この生得的な畏怖をあるていどは理解しているものだ。〈串刺し距離〉まで近づく覚悟のある敵に直面すると思うと、人間は畏怖という反応を示すのである。

このような部隊（あるいは少なくともその指揮官）は、現実には串刺しはめったに起きないと知っているにちがいない。しかし、串刺しという行為に人間は強烈な嫌悪感を抱いているので、近距離殺人を行う意志、あるいは少なくともそんな殺人をあえてする敵だという評判、そこから生まれるより強力な威嚇に直面すると、兵士の士気には壊滅的な影響が及ぶのである。

背中への刺突と追跡本能

白兵戦なるものは存在しない。接近戦で起きることは、いっぽうが他方を背後から襲う昔ながらの虐殺である。

アルダン・デュピク「戦闘の研究」

殺人がほんとうに始まるのは、銃剣突撃のあと、どちらかの兵士がまわれ右をして逃げだしたときである。兵士は本能的にそれを知っているから、敵に背中を向けねばならなくなると激しい恐怖に襲われる。この恐怖について、グリフィスはくわしく考察している。「［敵の面前から］退却するときのこの恐怖は、おそらく脅威に背中を向けることの恐ろしさと結びついていたのだろう。……ダチョウの現実逃避（追いつめられたダチョウは、砂に頭を突っ込んで隠れたつもりになるという俗信がある）とは逆の作用が働いていたのかもしれない。つまり、危険はそれを見つめるのをやめたとたんに耐えがたくなるのだ」。グリフィスはまた、発砲および殺人が最も効果的に行われるのは、敵が戦場から逃げはじめたときであるとも述べている。彼のすぐれた南北戦争研究には、そのことを示す実例が数多くあげられている。

敵に背中を向けると殺される確率が高まること、したがって激しい恐怖が生じることには、ふたつの要因が関わっていると私は考える。第一の要因はいわゆる追跡本能である。私は子供のころからずっと犬を訓練してきたが、その経験から言うと、犬を相手にいちばんやってならないのは逃げることである。犬はたいてい脅しつければおとなしくなるし、少なくとも蹴飛ばせば撃退することはできる。それでも襲ってくるような犬にはまだ一度もお目にかかったことがない。しかし、こちらが背中を向けて逃げだしたら非常に危険である。そのことは昔から本能的にわかっていたし、知識としても知っていた。たいていの動物には追跡本能があって、よく訓練されたおとなしい犬でさえ、相手が逃げだすと本能的に追いかけて襲いかかるものだ。背中を向けているかぎり危険なのである。同様に、人間にも追跡本能があるのではないだろうか。だから逃げる敵なら殺せるのである。

背後からの殺人を可能にする第二の要因は、顔が見えないということだ。物理的距離の尺度における近接の度合いは、顔が見えないときは無効になるのである。物理的距離の尺度とは、突き詰めて言えば、犠牲者の顔がどのていどはっきり見えるかということでしかないのかもしれない。文化的に、背後からの射殺や刺殺には卑怯な行為というイメージがあるが、これはこの現象に対する一種本能的な理解に基づいているのではないだろうか。また、敵に背中を向けると殺されやすくなるということを兵士も本能的に知っているように思う。

ナチやコミュニストや暗黒街の処刑は、伝統的に後頭部に銃弾を撃ち込むという方法で行われてきたが、その理由も右に述べた現象で説明できる。絞首刑や銃殺刑を行うとき、囚人に目隠しをしたりフードをかぶせる理由もわかる。一九七九年のミロンおよびゴールドスタインの研究によれば、フードをかぶせられているとき、誘拐の犠牲者は殺される危険性がずっと高くなるという。これらの例からわかるのは、フードや目隠しの存在は処刑を行いやすくし、死刑執行人の精神の健康を守るのに役立つということだ。犠牲者の顔を見なくてすむことが一種の心理的な距離をもたらし、そのことが銃殺の執行を可能にし、同種である人間を殺したという事実の否認、合理化、受容という事後のプロセスを容易にするのである。

目は心の窓であり、殺す相手の目を見なくてすむならば、犠牲者の人間性を否定することはずっと容易になる。「えびみたいに」目が飛び出すさまも、口から噴き出す血も見なくてすむ。犠牲者は顔のないままであり、自分の殺した相手をひとりの人間と考える必要がない。そして近距離殺人の実行者のほとんどが支払わされる代償、すなわち「苦痛と憎悪に歪んだ恐ろしい顔」の記憶という代償を支払わなくてすむのだ。ただ犠牲者の顔を見ずにすますだけで。

戦闘においては、背中の刺突および追跡本能の影響は、犠牲者の発生率によく表れている。敵が背中を向けて逃げはじめると、この率が急激に増加するのだ。これはクラウゼウィッツもデュピクもくわしく述べているが、歴史上の戦闘では、犠牲者の圧倒的多数は勝負がついたあと、逃げる敗軍のなかから出ているのである。アルダン・デュピクはここでアレクサンダー大王の例を引いている。その長い戦争の年月に、大王軍兵士のうち「剣に倒れた」者は七〇〇名にも満たなかったという。これほど犠牲者が少なかった理由はただひとつ、戦闘にいちども負けなかったからだ。接近戦のあいだは敵も味方もあまり本気でないから、こうむる被害はきわめて小さい。しかし、敗走するとなると、勝ち誇った敵に追跡されて大きな損失が出る。アレクサンダー大王の軍は、その大きな損失をいちどもこうむらなかったわけである。

ナイフ距離

物理的距離の尺度を最小の極に向かって下ってみよう。すると、ライフルの先端に装着した銃剣よりも、ナイフを使った殺人のほうがさらに困難だということに気がつくはずだ。多くのナイフ殺人はゲリラ的な性質をもっているようだ。つまり、犠牲者に忍び寄って背後から殺すということである。背後からの殺人はすべてそうだが、この場合は正面からの殺人にくらべるとトラウマは小さい。犠牲者の表情が見えず、したがって表情の伝えるメッセージも顔のゆがみも見えないからである。しかし、犠牲者の震えや痙攣、噴き出す温かい血の感触は伝わってくるし、最期の息が洩れる音も聞こえる。

ほかの多くの国々の軍でもそうだが、アメリカ陸軍のレンジャー部隊やグリーンベレーは、下背部から腎臓を刺し貫くというナイフ殺人の実行法を教わっている。きわだって苦痛が大きく、犠牲者は完全に麻痺してすみやかに死亡するので、ほとんど物音ひとつたてずに殺すことができる。

しかし、この腎臓攻撃は人間の本性に反している。かりにも想像したことがあればだが、兵士は犠牲者の口をふさいで喉を掻き切ることを好むものだ。こちらのほうが心理的・文化的にはより望ましい(刺突でなく切り裂き型なので)方法だが、静かに殺せる確率ははるかに低い。よほどうまく掻き切らないと傷口から大きな音が洩れるし、人の口をふさぐのはいつでも簡単とはかぎらないからである。また犠牲者に嚙みつかれる恐れもあるし、海兵隊で格闘技の提案者代理(訓練法その他の計画立案を担当する)を務める二等曹長から聞いたところでは、暗闇で敵の喉を掻き切ろうとして自分の手を切ったという報告も数件あるそうだ。ここにもまた、有効性の高い刺突攻撃よりも切り裂き型の攻撃が好まれるという生得的な傾向が見てとれる。

ホームズによれば、第二次大戦時のフランス軍は接近戦ではナイフや短刀を好んで使ったという。ところがキーガンの調査によると、そのような刃物による創傷例は異常に少なく、ナイフはほとんど使われなかったらしい。実際、現代戦で個人がナイフを使ったという体験談はきわめてまれである。歩哨を黙らせるために背後から殺したという例を除けば、ナイフ殺人の体験談はほぼ皆無と言ってよい。

私が行った面接調査では、ナイフ殺人の直接の体験談は一例だけ見つかった。第二次大戦中、太平洋地域に歩兵として派遣された人物から聞いたことである。彼はさまざまな直接的殺人のことを進んで話してくれたが、戦争が終わったあとも長く悪夢によみがえってきたのは、このたった一度きりのナイフによる殺人だったという。ある晩のこと、彼のタコツボに小柄な日本兵がすべり込んできた。素手で格闘したあげく、ようやく押さえつけて喉を掻き切ったのである。押さえつけられた兵士がもがくのを感じ、血を流して死ぬさまを見つめていたときのおぞましさは、いまでも思い出すと耐えがたいほどだ、と彼は語ってくれた。

第18章　格闘距離での殺人

現代の戦闘ははるか遠方の戦闘員どうしで戦われるので、人は人に接するのを激しく恐怖するようになってきた。人が素手で戦うのは、わが身を守るためか、強制された場合のみである。

アルダン・デュピク「戦闘の研究」

格闘距離

格闘距離では、殺人に対する本能的な抵抗感は最大に達する。人類は、同種の生物を殺すことに本能的な抵抗感をもたない唯一の高等動物である――そう主張する研究者もいるが、空手の上級者ならまずそんなことは言わないだろう。

素手で敵を殺すとして、真っ先に思いつくのは喉をつぶすことだ。映画の戦闘シーンでは、首を絞めて窒息させようとする場面をしばしば見かける。またハリウッドのヒーローは、あごにおなじみのパンチをくれる。どちらにしても、喉首への攻撃（手の構えはさまざまだが）は敵の動きを封じたり殺したりする方法として非常にすぐれているのは確かだろう。だが、それは自然な行動とは言えない。むしろ嫌悪感を覚える方法である。

素手で相手に大きなダメージを与えるとしたら、いちばん有効で力学的にも容易なのは、目に親指を突っ込んで脳にまで押し込み、頭蓋内をかきまわし、さらにその指を鉤型に曲げて眼球その他の組織を力いっぱい引きずり出すことである。

ある空手の指導者は、上級の生徒にこの殺人法を指導するとき、敵役の目にオレンジを当てるか、テープで留めるかしておき、そのオレンジに親指を突っ込ませるという方法をとっている。殺人行動を正確に練習・模倣するこの方法は、戦闘で実地にその行動ができるようにするうえで非常にすぐれている。これについては、第二次大戦時に一五～二〇パーセントだった発砲率が、どうしてベトナムでは九〇～九五パーセントまで上昇したのか、その理由を考察するときにくわしく見てゆく。

犠牲者の目の上にかまえたオレンジのケースでは、オレンジに親指を根元までつっこみ、また引き抜くときに、犠牲者に悲鳴をあげさせ、身をよじったり痙攣させたりすると、いっそう現実味が高まる。最初にこの練習をしたとき、自分がいま模倣した行為にだれもが震えあがり、激しく心をかき乱されるものだ。生得的な抵抗感を克服しようとしていることは明らかである。

暴力描写のため成人指定を受けた映画、「ヘンリー――ある連続殺人鬼の記録」に出演した女優トレイシー・アーノルドは、とがった櫛の柄を男の目に突き立てる場面を演じようとして二度も気絶している。彼女はプロの女優である。スクリーン上で人を殺したり、死んだり、セックスをしたりすることは比較的簡単にできる。それなのに、人の目を突き刺すふりをしようとするだけで、強力で根深い抵抗感に抵触し、プロの女優にとっては道具であるはずの身体も感情も、文字どおり協力を拒絶してきたのである。実際、人間の戦闘の歴史を眺めても、この単純な方法で実際に人を殺した者の記述は一例も見つけられなかった。それどころか、あまり恐ろしくて想像することさえできないほどだ。

素手で効果的に人を殺すことに、人間は途方もない抵抗感を覚える。初めてこん棒や石を手に取って同類たる人間を殺したとき、人間はたんに力学的なエネルギーや力学的な優位を手に入れただけではなかった。心理的なエネルギーと心理的な優位をも手に入れたのである。そしてそれは、どの点から見ても殺人のプロセスに同じように必要なものだった。遠い過去のある時点で、人間はこの能力を獲得した。主要な二冊の宗教書、すなわち聖書とトーラー(ユダヤ教の聖典)には、善悪を知る知恵の木の実を食べるという物語が語られる。そしてその知恵を最初に使った者にカインがいた。知恵を使って本能的な抵抗感を克服し、弟のアベルを殺したのである。たぶん素手で殺したのではないだろう。地球上のほかのどんな生物にも使えない、力学的・心理的な道具を使って殺したにちがいない。

第19章　性的距離での殺人――「原初の攻撃性、解放、オルガスムの放出」

まだ若い少尉だったころ、北極地域に長く配置されていたことがある。ある晩、小さな将校・先任下士官クラブで私はビールを飲んでいた。古参の軍曹たち数名はもうかなりできあがっている。そんな古参のベトナム経験者のひとりが、いつもの話題で盛り上がって大声をあげた。「ジェーン・フォンダと一発やりてえ」。

すると、私の隣に座っていた別のベトナム帰還兵が興奮してこう応じた。「ジェーン・フォンダと一発やりてえだと？　へん！　あんなアマ、目玉をくりぬいて頭んなかに一発かましてやりゃあいいんだ」。

セックスと死を結びつけるこの陰惨なイメージに、少々のことでは驚かない周囲の古強者たちも一瞬ぎょっとした。しかし、生殖行為と破壊行為とが複雑に結びつきあっているのは事実だ。殺人という行為に惹かれるのも、近距離での殺人に抵抗を感じるのも、多くの場合そのよってきたる源にあるのは人間の邪悪さである。その邪悪さが性を歪め、そのせいで人はこんな陰惨な想像さえできるようになる。

表面的には、性行為と攻撃性とが関連するのは当然のことであり、そのつながりは露骨に不快を感じさせるものではない。鹿、馬、山羊、ライオン、ゴリラなどは、最も力のある雄がハーレムを獲得する。劣位の、あるいは幼い雄は、服従を受け入れないかぎりそこにとどまることはできない。男性性とオートバイ（脚のあいだに感じる一二〇〇ccの脈動）やスポーツカーのパワーとの関係については、すでにさんざん語りつくされている。雑誌に掲載されるオートバイや車の写真には、挑発的なポーズの肌もあらわな女性がいっしょに写っているものだ。そんな雑誌の根強い人気が、この関係をはっきり物語っている。

このような性と力との関連性は、銃器の世界にも存在する。銃器関係の雑誌に先ごろ「セクシー・ギャルとセクシー・ガン」と題するビデオの広告が掲載されていたが、これまたそんな関連性につけこんだ作品だった。「その目で見なければ信じられない！　ふるいつきたいような一四人のセクシーギャルが、ストリングビキニとハイヒール姿で世界一セクシーなフルオートマシンガンをぶっ放します」。

「セクシー・ギャルとセクシー・ガン」で満たされるような心理は、熱烈なガンマニアに広く見られるわけではない。むしろかなり軽蔑されているものだ。こういうビデオの広告を掲載しているある雑誌などは、この手の「フルオート・エロチシズムや『デビー、パリの銃器ショーへ行く』などというくだらないポルノビデオ」の本質を鋭くえぐる編集部コメントを載せている。

お気づきかもしれないが、ビキニだのおっぱいだの自動拳銃だの、古臭いたわごとだらけの無内容な「マシンガン・ビデオ」がぞろぞろ出てきている。解説ものでも娯楽ものでもなく、閉じたブリーチに乳首がはさまるのを見たがる、ごく少数の精神病者を食い物にしようとしているのはバカでもわかる。この手のビデオのビキニは、頭のおかしい少数者のフロイト的な敵意を満たすのには役に立つのかもしれないが、昔もいまも求められているのはちゃんとした入門・解説用のマシンガン・ビデオだ。まっとうな仕事になくてはならない道具と正しく認識している人は、そういう作品を求めているのだ。

D・マクリーン「ファイヤーストーム」

だが現実には、「セクシー・ギャルとセクシー・ガン」のたぐいのビデオは、クールにピストルを構えるジェームズ・ボンド、まといつく裸同然の女性、というおなじみのイメージからさほどかけ離れているわけではない。要するに、サブリミナルどころかかなり露骨に、男らしさというメッセージを伝えようとしているのだ。

セックスとしての殺人

セックスと殺人とのつながりは、戦争の領域に目を向ければ不快なほどはっきりしてくる。多くの社会は早くからこの歪んだ領域の存在を認識しており、戦闘もセックスも、少年が成人の仲間入りをするための通過点とされてきた。しかし、殺人の性的側面は、成人の儀式と考えられる範囲を超えて、殺人がセックスのようになり、セックスが殺人のようになる領域にまで及んでいる。

フォークランド紛争に従軍したイギリスの落下傘部隊員は、その際の攻撃行動についてホームズにこう語っている――「初めて女とやったとき以来、あんなに興奮したことはなかった」。また、自慰にともなう満足感と罪悪感が密接に結びついていることをたとえに引いて、ミライ村の虐殺を説明しようとしたアメリカ兵もいる。

イスラエルの軍事心理学者ベン・シャリットは、戦闘に関する考察を述べた箇所で、この関係について簡単に取り上げている。

右手には重機関銃が据えつけられていた。それを撃ちまくっている銃手（通常は料理人である）は、獣的としか形容しようのない笑みを浮かべていた。引金をしぼってガンガン撃ちまくり、暗い海岸に尾を引いて曳光弾《えいこうだん》が飛んでゆく、そのことで興奮しているのだ。そのときふと思った（のちにその銃手本人に、そしてほかの多くの兵士にも確かめた）のだが、引金をしぼって弾丸を雨あられと発射することで、大きな快感と満足感が得られるのではないだろうか。それは戦闘の快楽である。といっても、チェスのように戦術や戦略を立てるという知的な快楽ではなく、原初的な攻撃、解放、そしてオルガスムの放出という意味での快楽なのである。

シャリットは象徴的な用語で語っているが、マーク・ベーカー（ベトナム帰還兵の証言集「NAM」の著者）が話を聞いたあるベトナム帰還兵はもっとあけすけだ。「銃は力なんだ。

その手の人間にとっちゃ、銃はいつでもおっ立ってる逸物みたいなもんなのさ。引金をひくたびに完全にイッてるわけよ」。銃を所持し、発砲してきた多くの男たち、それもフルオートの銃を好む男たちは、胸のうちでは認めているにちがいない——銃弾の奔流を爆発的に射出するときの力と快感は、奔流のように勢いよく射精するときの感情に通じるものがあると。

私が面接したある古参兵は、ベトナムで六期を務めたあと、ついに「これ以上ここにいちゃだめだと思った」と語っている。このままでは破滅すると思ったというのである。「人を殺すのはセックスに似てる。中毒になるんだ。セックスとおなじで、へたをすると溺れる」。

……そして殺人としてのセックス

殺人はきわめて個人的な体験だ。身体が触れ合う一対一の強烈な体験である。その意味で殺人はセックスに似ているが、セックスもまた殺人に似てくることがある。グレン・グレイはこの関係について次のように述べている。

たしかに性行為の相手は、その一戦によって実際に殺されるわけではなく、たんにおとしめられるだけである。また、性欲の心理的な残効は戦闘欲のそれとは異なっている。しかしだからと言って、その欲望のよってきたる根源が同じであるという事実、そしてそのとりこになった者はどちらの場合も同様の影響を受けるという事実に変わりはないのである。

征服と敗北のプロセスとしてのセックスは、強姦の欲望とその被害者のトラウマに密接に関わっている。性器（ペニス）を犠牲者の体内に深く突き通すことと、武器（銃剣やナイフ）を犠牲者の体内に深く突き通すことが、歪んだ形で結びつくことがあるのだ。女性の顔面に射精するような歪んだ性行為を描くポルノ映画には、このプロセスがよく表れている。銃のピストルグリップをもつ銃手の手は、勃起したペニスを持つ手のようだ。そんなふうにペニスを握って犠牲者の顔に射精するとき、それはある意味では征服行為であり、象徴的な破壊行為なのである。このセックスと死との密接なからみあいの究極の姿は、犠牲者が強姦され殺される場面を実写した猟奇映画に見ることができる。

人間のうちに潜む闇と破壊の力に拮抗するのが、光と同胞への愛の力である。ひとりひとりの人間の心のなかで、このふたつの力はせめぎあい、争いあっているのだ。闇を知らなければ光もわからない。セックスと戦争との関連、そしてこの両方の分野における否認のプロセスをよく表しているのが、リチャード・ヘクラーのことばである。いわく「神話では、アレス（戦争の神）とアプロディテ（愛の女神）の結婚からハルモニア（調和の女神）が生まれた」。

第四部

殺人の解剖学

【全要因の考察】

戦争を理解するには、まず人間の本性を理解することだ。

S・L・A・マーシャル「発砲しない兵士たち」

第20章　権威者の要求——ミルグラムと軍隊

命令があやふやだと銃手は外す
信用できそうに見える者だけが信用される……

キングズリー・エイミス「ザ・マスターズ」

エール大学のスタンリー・ミルグラム博士は、服従と攻撃について有名な実験を行っている。それによると、実験室環境において指示を与えられた場合、被験者の六五パーセント以上が致命的な（と被験者からは見える）電気ショックを見も知らぬ他人に与えたという。被験者は、自分が相手に大きな身体的苦痛を与えていると心から信じていた。ところが、相手が必死でやめてくれと嘆願しているのに、六五パーセントもの人が指示に従って電圧を上げてゆき、悲鳴が途切れたあとも、死亡がほぼ確実になるまでずっとショックを与えつづけたのである。

実験を始める前、ミルグラムは精神科医や心理学者のグループに予測を依頼した。最大電圧のショックを与える被験者は、まず一パーセントにも満たないだろうというのがかれらの考えだった。一般人だけでなく専門家も、実はこの点についてはなんの手がかりも持

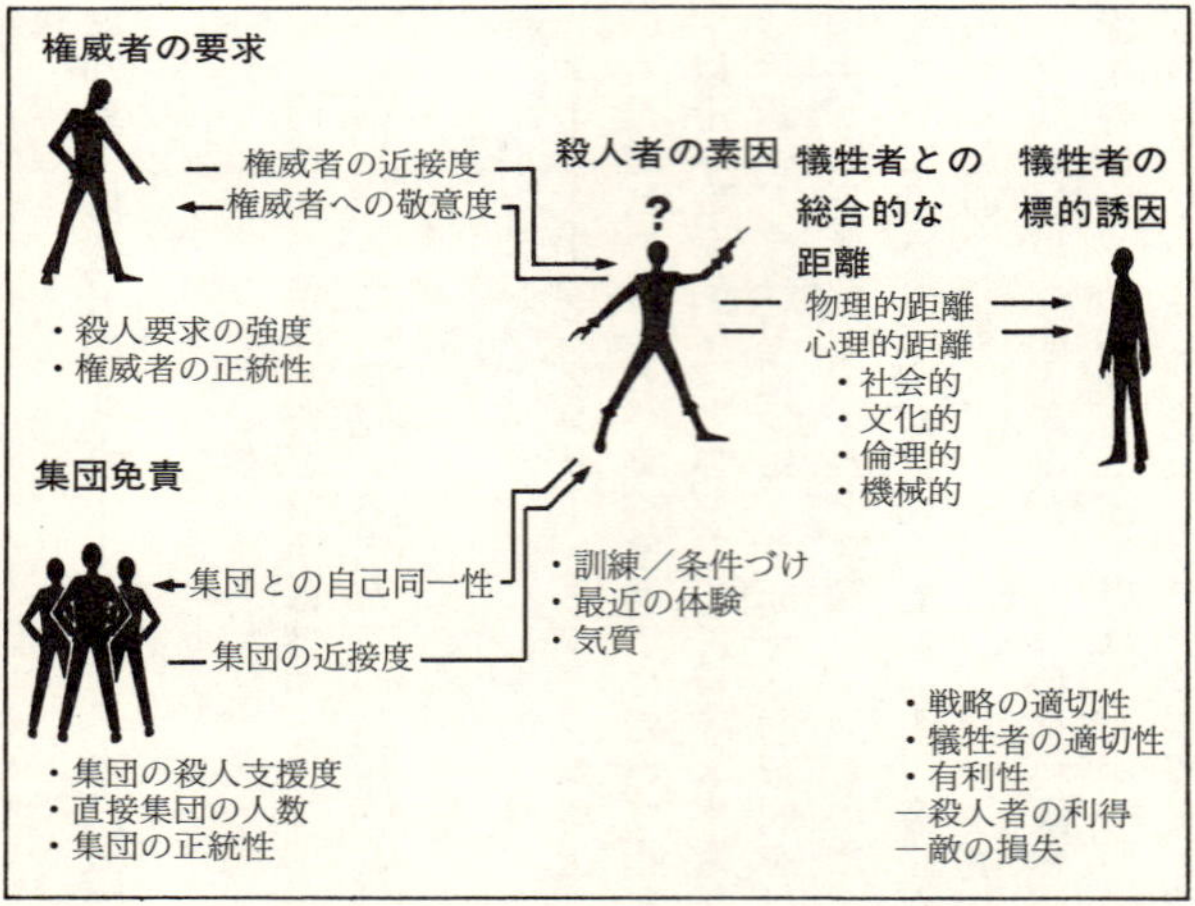
権威者の要求
権威者の近接度
権威者への敬意度
・殺人要求の強度
・権威者の正統性
殺人者の素因
?
犠牲者との総合的な距離
物理的距離
心理的距離
・社会的
・文化的
・倫理的
・機械的
犠牲者の標的誘因
集団免責
集団との自己同一性
集団の近接度
・訓練／条件づけ
・最近の体験
・気質
・集団の殺人支援度
・直接集団の人数
・集団の正統性
・戦略の適切性
・犠牲者の適切性
・有利性
—殺人者の利得
—敵の損失

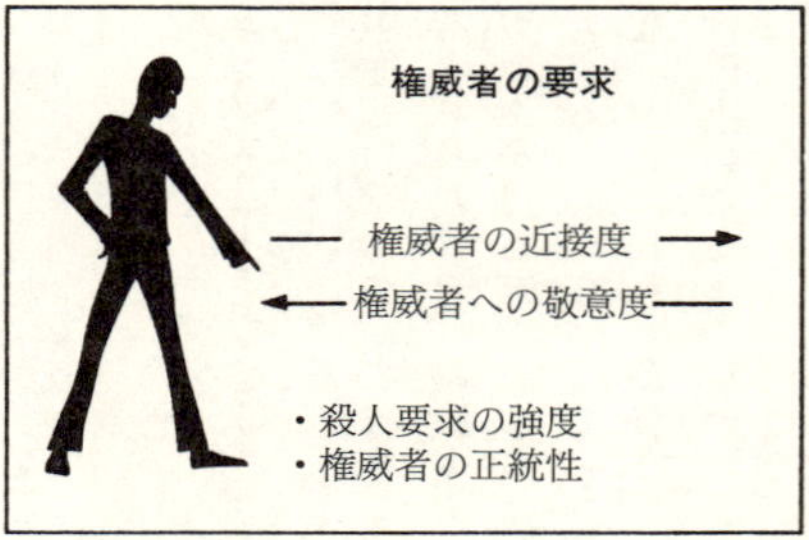
権威者の要求
権威者の近接度
権威者への敬意度
・殺人要求の強度
・権威者の正統性

っていなかったのだ――ミルグラムが教訓を与えてくれるまで。
フロイトは、「服従したいという欲求の強さを見くびってはならない」といましめている。ミルグラムによるこの実験（以来、五、六カ国で何度も反復実験が行われた）は、人間本性についてのフロイトの直観の正しさを裏づけたわけである。権威の標識がただの実験室の白衣とクリップボードのときでさえ、ミルグラムは次のような反応を引き出すことができたのだ。

自信に満ちた笑みを浮かべて、年配の貫禄あるビジネスマンが実験室に入ってきた。二〇分後にはその貫禄は消え、身をよじり、口ごもる哀れな男が残っているだけだった。急速に神経衰弱に陥りつつあった。……ある時点で、こぶしをひたいに押し当て、「だめだ、もうやめよう」とつぶやいた。にもかかわらず、その後も実験者の一語一語に反応し、最後まで命令に従いつづけた。

たった数分前に知り合ったばかりの権威者が、実験室の白衣とクリップボードだけでこれほど人を服従させることができるなら、軍の権威の標識と数カ月間の連帯があればどれほどのことができるだろうか。

権威者の要求

大衆が必要とする指導者、そしてまた大衆に与えられる指導者は、断固たる自信と決意をもって命令を下す。その自信と決意は習慣による部分もあるが、指導者の絶対の命令権は伝統と法と社会によって確立されたものと信じきっていることにもよる。

アルダン・デュピク「戦闘の研究」

この問題を研究したことのない人は、兵士が敵を殺す際の指揮官の影響をさほど重視しないかもしれない。だが、戦場を経験したことのある者はそんな愚は犯すまい。一九七三年の研究において、クランス、カプラン、およびクランスの三人は兵士が発砲する理由を調査している。戦闘経験のない人は、「撃たないと撃たれるから」というのが決定的な理由だと考えたが、戦闘経験者が最大の理由としてあげたのは「撃てと命令されるから」だった。

一世紀以上も前に、将校を対象に行った調査を通じてアルダン・デュピクも同じことに気がついている。たとえばクリミア戦争のとき、こんなことがあったという。激しい戦闘の際、ふたつの分遣隊が意外な場所でばったり鉢合わせをしてしまった。両者は「たった一〇歩」しか離れていなかった。どちらも「雷に打たれたように立ちすくんだ。やがて、ライフルを持っていることも忘れて、石を投げながら退却した」。こんなことになったのは、デュピクによれば「どちらの集団にも断固たる指揮官がいなかった」からである。

権威者の要因

しかし、指揮官が命令を出せばそれでこと足りるというわけではない。潜在的な殺人者と、彼に殺人を決断させる指揮官との関係には、多くの要因が関わってくる。

ミルグラムの実験では、権威者の要求を体現するのは、クリップボードを持ち、実験用の白衣を着けた個人だった。この権威者は被験者のすぐ後ろに立っていて、電気ショックを受ける犠牲者が質問に間違った答えを出すたびに、電圧をあげるよう被験者に指示していた。権威者がその場におらず、電話で指示していた場合には、最大電圧のショックを与えようとする被験者の数は大幅に減少した。この現象は、一般化すれば戦闘環境にも当てはめることができる。また、〈操作しやすさ〉を考えて複数の下位要素に分類することもできる。すなわち権威者の近接度、権威者への敬意度、権威者の要求の強度、そして権威者の正統性である。

†――被験者に対する権威者の近接度

マーシャルは第二次大戦時の具体的な事例を数多くあげているが、それによると、戦闘中の兵士は、指揮官が見ていて激励しているあいだはほぼ全員が発砲するが、指揮官がその場を離れると発砲率はたちまち一五～二〇パーセントに低下した。

†権威者に対する殺人者の主観的な敬意

兵士が真に兵士として役に立つためには、属する集団に結びつくだけでなく、指揮官とも結びついていなければならない。シャリットがとりあげている一九七三年のある研究によれば、兵士に戦闘意欲をもたせる第一の要因は、直属の上官にたいする同一化である。みなに認められ尊敬される指揮官にくらべると、未知の指揮官や信頼されていない指揮官は、戦闘において兵士から服従を引き出せる確率ははるかに低くなる。

†権威者による殺人行動要求の強度

指揮官がその場にいるだけでは、確実に殺人行動を起こさせられるとはかぎらない。殺人行動を期待しているとはっきり伝えることも必要である。これを伝えた場合はその影響力は非常に大きい。ミライ村の女子供の集団を殺すよう最初に命じたとき、カリー中尉は「どうすればいいかわかってるな」とだけ言ってその場を離れた。次に戻ってきたとき中尉は尋ねた。「なぜ殺してないんだ」。尋ねられた兵士は「殺せと言われたとは思わなかったので」と答えた。するとカリーは言った。「殺せとは言ってない。生かしておくなと言ったんだ」。そしてみずから発砲しはじめた。ここまでやって初めて、兵士たちに発砲を始めさせることができたのだ。当然のことであるが、このような特異な環境では殺人への抵抗感がきわめて大きいからである。

†権威者の権威と要求の正統性

権威を社会的に認められた正統な指揮官は、そうでない指揮官より影響力が大きい。また、正統的で合法的な要求は、非合法の、または思いもかけない要求より従いやすい。ギャングの頭目や傭兵の指揮官は、この方面の不足をうまく克服しなければならない。だが軍の将校（権力の標識をもち、国家の正統な権威を背負っている）の場合、兵士に非常に大きな影響力を及ぼすことができ、戦闘に際して個人的な抵抗感やためらいを乗り越えさせることも可能である。

百人隊長の要因――軍事史における服従の役割

戦場には多くの要因が作用しているが、なかでも強力なのは指揮官の影響力という要因である。この影響力は全歴史を通じて見られるが、とくにローマの軍隊組織の成功は、リーダーシップのプロセスに精通していたためと考えることができる。

リーダーシップの開発という考えかたと、現在見られるような下士官部隊を生み出したのはローマ人である。職業軍人から成るローマ軍がギリシアの市民軍をしのいだとき、その成功にはリーダーシップが重要な要因として働いていたと考えられる。

ローマ軍もギリシア軍も、国民および都市国家の政治的正統性を背負ってはいたが、兵士の目から見たとき、軍の指揮官がもっていたであろう軍事的正統性には実質的な違いがあった。ローマの百人隊長は職業軍人であり、指揮官として兵士から尊敬されていた。一兵卒から昇進してきたというだけでなく、実戦での能力を証明ずみだったからである。この種の正統性は、市民生活における指導者の正統性とはまったく異なっている。ギリシアの指揮官は基本的には民間人であり、平時の正統性はそのまま戦場に通用するものではない。また、出身地である村の猟官制（権力者が情実で官職の任免を決める慣行）やけちくさい政治力学に汚染されていることも多かった。

ギリシアの方陣では、分隊・小隊レベルの指揮官は他の兵士とともに槍をもって戦っていた。その基本的役割は殺人に参加することだ（装備の上からも、また方陣内の位置が固定されていることからもわかる）。いっぽうローマの陣内には、自由に動きまわれる指揮官がおおぜいいた。高度な訓練を受け、慎重に選抜された指揮官の役割は敵を殺すことではなく、部下の背後に立って殺せと命じることである。

ローマの世界征服を可能にした軍事的優越には、さまざまな要因が関わっている。たとえば、巧みなデザインの投げ槍を一斉投擲《とうてき》することで、殺人のプロセスに物理的距離を組み込むことに成功した。剣の切っ先を使うよう訓練し、刺突に対する生得的な抵抗感を克服した。しかし、たいていの学者が第一の要因と認めているのは、小部隊の指揮官に見られる職業意識の高さ、そしてその指揮官が影響力をぞんぶんに発揮できる陣形である。

服従を要求する指揮官の影響は、本書でとりあげた多くの殺人の事例にも見てとれる。スティーヴ・バンコを駆り立ててベトコンを殺させたのは、「ベトコンに決まってるだろ、このくそたれが……けつを吹っ飛ばして逃げるんだ」という命令だった。死刑判決を受けた傭兵仲間をジョン・バリー・フリーマンが撃ち殺したのは、機関銃を突きつけられて「こいつを撃て」と命令されたからだった。またアラン・スチュアート＝スミスの場合は、「ばかやろう、ぶっ殺せ、さっさと撃て！」と怒鳴られて初めて、こちらに銃口を向けようとしていた男を殺すことができた。

これら多くの事例において決定的な要因だったのは、殺人行動を命じる指揮官からの要求だった。たしかに、服従したいという欲求の強さを見くびってはならないのである。

「兵卒の血と将軍の度胸」——指揮官の支払う代償

多くの戦闘状況において、敗北につながる究極の歯車がまわりはじめるのは、これ以上部下に犠牲を強いることはできないと指揮官が感じたときである。第二次大戦の兵士を描いたビル・モールディンの有名なマンガに、ウィリーとジョーが〈血と度胸の人〉パットン将軍について話し合うという作品がある。疲れ切ったぼさぼさ頭の兵士が言う。「そうとも、兵卒の血と将軍の度胸よ」。もちろん皮肉だが、このことばには深い真実がこもっている。敗北をくい止めるのは、往々にして兵士の血と指揮官の度胸だからである。部下を犠牲にする指揮官の度胸、あるいは意志が消えたとき、彼の指揮する軍は敗北するのだ。

この公式がとくにはっきり表れるのは、ある集団がより高位の権威から切り離された場合である。このようなとき、指揮官は部下とともに窮地に追い込まれる。部下が死んでゆくのを見、負傷した部下が苦しむのを見なければならない。距離という緩衝材もなく、自分の行動の結果を否認することができない。高位の権威と接触することもできない。降伏すればこの悲惨な状況にいつでも終止符が打てることも、その決断がただ自分ひとりに任されていることもわかっている。部下がひとり負傷したり死んだりするたびに、部下の苦しみが指揮官の良心に重くのしかかってくる。この惨状が続いているのはひとえに自分のせいなのだとわかっている。この戦闘を続けさせているのは自分であり、そして部下の犠牲を黙認する自分の意志なのである。ある時点までくると、指揮官はもう戦う意志を奮い起こすことができなくなり、そして彼のひとことで悲惨な戦闘は終わりを告げる。

栄光の炎に包まれて、部下とともに全滅する道を選ぶ指揮官もいる。すみやかに、きれいさっぱり部下といっしょに死ねるなら、そして自分の行いを背負ってその後の人生を生きてゆかなくてもすむならば、指揮官にとってはそのほうが多くの意味で楽なのだ。そんな指揮官のなかでとくにきわだった例が、ジェームズ・デヴェルー少佐、ウェーク島を防衛していた海兵隊の指揮官である。圧倒的な日本軍を相手に、少佐の率いる小規模な分遣隊は一九四一年一二月八日から二二日まで持ちこたえた。デヴェルー少佐らがついに制圧される前に打電した最後の通信文には、ただこうあった。S……E……N……D……M……O……R……E……J……A……P……S（もっとジャップを送れ）。

しかし、このような状況を生き延びてしまった場合、指揮官の支払う代償は非常に大きい。死んだ部下の妻や子につぐないをせねばならず、彼を信じて生命をゆだね、その結果として死んでいった部下への責任をずっと背負ってゆかねばならないからだ。私の面接調査に応じてくれた多くの戦闘員は、それまでだれにも語ったことのない自責と苦悩を語ってくれた。しかし、自分の命令に従って死んだ部下のことをどう思っているか、そんなことを話してくれた指揮官はひとりもいなかった。そんな人々は、面接調査の際にも罪悪感と否認の貯水槽をよけて通る。その貯水槽はあまりに深く埋もれていて、そこから水をくみ出すことはできないのだ。たぶん、それがいちばんよいのだろう。

第一次大戦の〈失われた大隊〉は、指揮官の意志によって部隊が持ちこたえた有名な例である。第七七師団に属するこの大隊は、攻撃中に本隊から切り離されてドイツ軍に包囲された。かれらは何日間も戦いつづけた。食糧も水も弾薬も切れた。降伏するまでは手当てしてやることもできず、恐ろしい傷に苦しむ戦友や仲間に生存者は囲まれていた。ドイツ軍は火炎放射器を持ち出して焼き殺そうとした。それでも指揮官は降伏しようとしなかった。

この大隊は精鋭部隊でも、特殊な訓練を受けた部隊でもない。州軍師団の民兵からなる、寄せ集めの歩兵大隊でしかなかった。にもかかわらず、軍事史に燦然《さんぜん》と輝く不滅の偉業をなし遂げたのである。

生存者はみな、大隊指揮官C・W・ホイットルシー少佐の常人離れした不屈の精神のおかげだと口をそろえる。彼は降伏を拒絶し、しだいに減ってゆく生存者を絶えず激励して戦わせつづけた。五日後、大隊は救出され、ホイットルシー少佐は名誉勲章（軍人に与えられる最高の勲章）を授与された。ここまではよく知られた話だ。だが、戦後まもなくホイットルシーが自殺して果てたことを知る人は少ない。

第21章　集団免責――「ひとりでは殺せないが、集団なら殺せる」

戦闘部隊は……ふつう犠牲者が五〇パーセントに達した時点で崩壊する。その顕著な特徴は、敵を殺すことを拒否する者の数が増えることである。……敵を殺す動機と意志は、同輩や仲間の死とともに消滅する。

ピーター・ワトスン「精神の戦争」

正気の人間なら望まないこと（つまり殺し、殺されること）を戦場の兵士が実行する第一の動機は、自己保存本能ではなく、戦友に対する強力な責任感である。このことは膨大な研究によって立証されている。リチャード・ゲイブリエルはこう述べる。「部隊の凝集力に関する文献を読むと、兵士と兵士を結ぶきずなは、たいがいの夫婦のきずなよりも強いという趣旨の文章に必ず出くわす」。多くの犠牲者（たいていは五〇パーセントほど）が出て、集団抑鬱と感情鈍麻に落ち込むほどになると、最精鋭集団ですら一般に敗北にいたる。メディンターはこう指摘している。「集団内の個人はときにその集団に強く同一化する。メンバーが死んだり捕らわれたりして集団が崩壊すると、そのような個人は抑鬱に陥って自殺することもある」。第二次大戦時の日本ではこれが集団自殺という現象となって表れたが、歴史上の例を見ると、集団の崩壊は降伏を引き起こすのがふつうである。

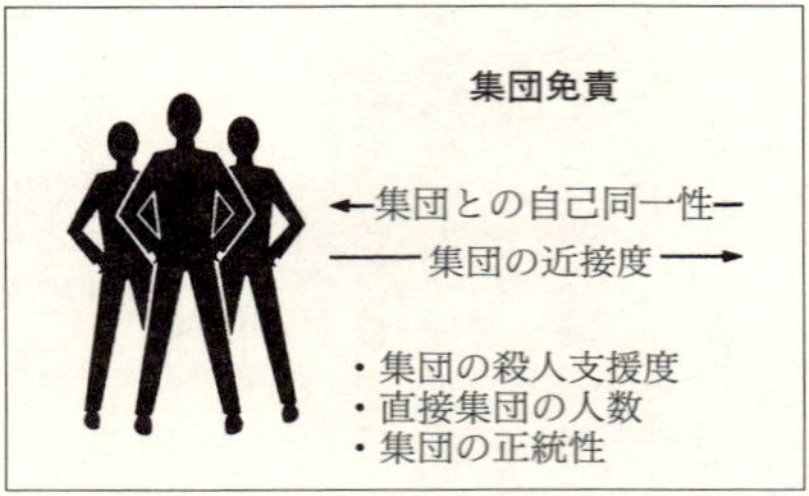

互いに強く結びついた人々の集団内では、同輩の圧力という強力なプロセスが働く。このとき、人は仲間のことを深く気にかけ、また仲間にどう思われるかをひどく気にするので、仲間をがっかりさせるぐらいなら死んだほうがましだと思うようになる。グウィン・ダイアが面接調査したあるベトナム帰還兵（海兵隊員）のことばには、その影響がはっきり表れている。「どんなに訓練を受けてても、第一の本能は死にたくないってことだ。……だけど、まわれ右して逃げ出すわけにはいかない。仲間の圧力だよ、わかるだろ」。ダイアはこれを「セックスとも理想主義とも関係のない特別な愛情の一種」と呼び、アルダン・デュピクは「相互監視」と呼んで、戦場での支配的な心理的要因と考えた。

マーシャルによれば、崩壊して退却する部隊からひとり取り残された兵士は、むりに別の部隊で戦わせてもほとんど役に立たないという。しかし、ふたり組にしたり、ある分隊や小隊の生き残りをまとめて使えば、たいていよく戦うものと期待できる。両者の違いは、兵士たちがどのていど結びついているか、つまりともに戦う少数の兵士たちに対して、どのていど義務感を感じるようになっているか、ということにある。この結びつきは、軍隊を全体として見たときのより一般化された凝集性とははっきり異なっている。個人が仲間と結びついていて、〈自分の〉集団に属しているとき、その個人が殺人に参加する確率はきわめて大きい。しかし、このような要因がない場合は、戦闘に積極的に参加する確率は非常に低くなる。

デュピクはこれを次のように要約している。「知らぬどうしの四人の兵士は、ひとりひとりがどんなに勇敢でも、あえてライオンを攻撃しようとはしない。だがそれほど勇敢でなくても、その四人が知り合いで、お互いを信頼でき、助けあえると信じているなら、決然として攻撃するだろう。要するに、これが軍隊組織の科学なのである」。

匿名性と集団免責

義務感の発生に加えて、集団はまた匿名性の感覚を育てることで殺人を可能にする。この匿名性の感覚はさらに暴力を助長する。場合によっては、この集団匿名性という現象は、先祖返り的な一種の殺人ヒステリーをうながすようだ。このような例は動物界にも見られる。一九七二年のクラックの研究には、無意味で不気味な殺生が動物界でも現実に起きていることを示す例があがっている。たとえば、必要以上の、あるいは食べられる以上の数のガゼルを殺すハイエナ、嵐の夜の飛べないカモメを〈いいカモ〉として、食べきれないほどに殺すキツネなど。シャリットはこう指摘する。「人間界でもたいていそうだが、動物の世界に見られるこのような無意味な暴力は、個ではなく集団によって行われる」。コンラート・ローレンツは言う。「ひとりでは殺せないが、集団なら殺せる」。シャリットはこの現象に理解が深く、広範にわたる研究を行っている。

人が集まればかならず増強効果が生じる。攻撃性が存在すれば、人が集まることで攻撃性はさらに高まる。喜びが存在すれば、人が集まることで倍加する。複数の研究が示しているように、……攻撃的素因のある攻撃者の前に鏡があると、攻撃性は増大する傾向がある。しかし、攻撃的素因がない場合は、非攻撃的な傾向が強まることになる。集団の効果は鏡の効果によく似ているようだ。ひとりひとりの行動が周囲の人々に反映され、それが既存の行動パターンを強化するのである。

群衆には匿名性を生み出す効果があり、それが責任の分散をもたらす。心理学者は早くからこのことを理解していた。文字どおり何十という研究が示しているように、ある状況に傍観者が介入する確率は、その状況を目撃している人数が多いほど低下する。つまり、大群衆のなかで身の毛もよだつ犯罪が行われても、周囲の傍観者が介入する確率はきわめて低いということである。しかし、傍観者がひとりしかいなくて、責任を分散する相手がまわりにいない状況では、介入する確率は非常に高くなる。それと同じように、集団は責任の分散をもたらし、暴徒に混じった個人や軍隊のなかの兵士は、自分ひとりなら想像もできないような行為にさえ参加することになる。肌の色を理由に私刑を加えたり、制服の色を理由に射殺したりできるようになるのだ。

群衆のなかの死――戦場での義務と匿名性

義務と匿名性の奇妙で強力な相互作用を通じて、集団は殺人行動に影響を及ぼす。このふたつの要因は、一見すると矛盾するように思えるかもしれない。だが実際には、相互作用によって拡大しあい増幅しあって、暴力を可能にしているのだ。

この義務と匿名性の相互作用に警察は気づいていて、集団内の個人をできるだけ名前で呼ぶことでこのふたつの要因を引き離すよう教育されている。名前を呼ばれると集団との同一化が弱まり、個人としての義務を負う一個の人間という自覚がよみがえるのである。それが集団への義務感を弱め、匿名性の感覚を否定して、暴力を抑制するのだ。

戦闘中の集団内では、この義務（仲間に対する）と匿名性（殺人に個人的に責任を負うという感覚が低下する）とが結びつき、殺人を可能にするうえで重要な役割を果たしている。本書でこれまで見てきたように、人間を殺すのは途方もなくむずかしい。しかし、殺さなければ仲間を失望させると感じれば、そしてその殺人行為に仲間を引き込むことができれば（罪悪感をみなで分かち合うことになり、個人の責任は分散される）、殺人はずっと容易になる。集団の人数が多いほど、集団への心理的な結びつきが強いほど、集団が密に集まっているほど、一般に殺人は容易になってゆくのである。

しかし、集団が存在するだけでは、戦闘で攻撃性を発揮できるとはかぎらない（平和主義者が集まれば、集団の影響で平和主義が強化されるかもしれないわけだ！）。同一化し、結びついている集団が、殺人を命じる正統性を備えていなければならない。さらに、個人が集団のなかにいるか、少なくとも近くにいなければ、その個人の行動に集団が影響を及ぼすことはできない。

戦車《チャリオット》、方陣、大砲、機関銃——軍事史における集団の役割

このような現象は、軍事史をひもとけばいたるところに見られる。たとえば戦車《チャリオット》（馬に牽かせる古代の戦車）である。戦車はきわめて長期にわたって戦場を支配してきたが、その理由はしばしば不可解とされてきた。戦術的、経済的、そして力学的に見た場合、戦車はコスト効率のよい戦争の道具とはいえない。にもかかわらず何世紀にもわたって戦場の花形でありつづけたのである。だが、戦車のもたらす心理的影響に目を向ければ、その成功の理由はすぐにわかる。戦車は史上初の組扱い《クルーサーブド》の武器《ウェポン》だったのだ。

ここには複数の要因が関わっている。長距離兵器としての弓、射手が高貴の身分だったことによる社会的な距離。戦車は敵を追跡して背後から矢を射かけるのに使われたから、そこから心理的な距離も生まれていた。しかし決定的だったのは、戦車が伝統的に御者と射手との二人乗りだったことだ。ただそれだけのことで、近接度の高い集団内における義務と匿名性が発生していたのである。第二次大戦中、ライフル銃手は一五～二〇パーセントしか発砲しなかったのに、組扱いの武器（機関銃など）では一〇〇パーセント近くが発砲されていたのと理由は同じである。

戦車は方陣に駆逐された。部隊の陣形じたいを大きな組扱いの武器にしたもの、それが方陣である。のちのローマの陣形とちがって決まった指揮官はいなかったが、方陣を形作る兵士は強力な相互監視システムのもとにあり、突撃の際に仲間に気づかれずに敵の急所を攻撃しそこなうのはむずかしかった。肝心な瞬間に槍が上がっていたか下がっていたか一目瞭然だからである。また言うまでもないことだが、義務が制度化されるだけでなく、兵士が密に集まることで高度な群衆の匿名性も発生する。

五〇〇年近くものあいだ、西欧の戦争では職業軍人によるローマ軍が方陣を圧倒していた（とくに、指揮官をうまく活用することによって）。しかし、方陣では集団作用が非常にシンプルかつ効果的に活用できるので、ローマ帝国の滅亡以後、方陣と槍は歩兵戦術を支配するようになった。この状況は火薬の完成まで一千年以上も続く。

ついに火薬が導入されたとき、殺人は組扱いの大砲におおむね任されるようになり、のちには機関銃がこれに変わった。グスタフ・アドルフ（一七世紀のスウェーデン王）は、三ポンドの小型大砲を導入し、各小隊に一門ずつ牽引させることで劇的に戦争を変革した。大砲は史上初の小隊付きの組扱い武器になり、今日の小隊機関銃の先触れになったのである。砲兵だったナポレオンは、大砲のこの役割をよく理解していた（しばしば近距離からぶどう弾を撃っている）。大砲は戦場での真の殺人兵器であり、ナポレオンはその時代を通じてつねに敵より多くの大砲をもつよう心がけていた。第一次大戦中に導入された機関銃は「歩兵部隊の究極の核」と呼ばれたが、実際には大砲の延長だった。大砲は間接攻撃兵器（何マイルも後方から兵士の頭越しに敵を攻撃する）になり、機関銃は直接中距離兵器としての大砲の役割を引き継いだのである。

ロンドンのウェリントン・アーチのとなりに、第一次大戦機関銃隊記念碑が立っている。若きダビデ像で、碑銘として聖書の一節が彫ってある。第一次大戦は大英帝国を骨までしゃぶった恐るべき戦争だったが、その戦争で機関銃がどんな意味をもっていたか、この碑が如実に物語っている。

サウルは千を打ち、
ダビデは万を打った。（サムエル記第一第一八章第七節）

「やつらが仲間を殺していた」――現代の戦場における集団

本書のあちこちでとりあげた殺人のケーススタディをよく読めば、そこに集団の影響がはっきり現れていることがわかる。敵味方の戦闘員が互いに殺さないことを選んでいるのは、たいてい集団の影響がない場合であることに注意してほしい。たとえば、『殺人と物理的距離』の部で、ウィリス大尉が北ベトナム兵と出くわしたときは、両者ともにひとりきりだった。大尉は「激しく首をふ」り、「休戦協定、停戦命令、紳士協定、それとも取引」が成立したあと、敵兵は「そろそろとあとじさって闇に消えてゆき、ウィリスはそのまま進みつづけた」。

さらに、『殺人と抵抗感の存在』の部の冒頭、マイクル・キャスマンはネズミのようにベトコンのトンネルをひとり這ってゆき、懐中電灯をつけた。すると「一五フィートと離れていないところに、ベトコンがひとり……米をつかみだして食べている。……ややあって、ベトコンは米の入った雑嚢を足元におろし、こちらに背を向けて遠ざかっていった。ゆっくりと奥へ這い進んでゆく」。そしてキャスマンのほうは、懐中電灯を消して反対方向にすべり出ていったのだ。

これらのケーススタディを読むときに注意してほしいのは、兵士が現実に殺人を選択した状況では、たいてい集団の存在と影響が見られることだ。典型的な例がオーディ・マーフィ、第二次大戦で最も多くの勲章を獲得したアメリカ兵である。マーフィは、ドイツの歩兵中隊とひとりで戦って名誉勲章を授与された。彼はひとりきりだったが、その動機を尋ねられるとあっさりこう答えた。「やつらが仲間を殺してたからだ」。

第22章　心理的距離――「おれにとってやつらは畜生以下だった」

違いを強調することによってであれ、あるいは攻撃者と犠牲者をつなぐ責任の連鎖を延長することによってであれ、いずれにしても［戦闘員］どうしの距離が増大すると、攻撃性の増大が可能になる。

ベン・シャリット「抗争と戦闘の心理学」

否認のベールの裂け目

ある晩、ニューヨークで復員軍人を対象に〈殺人の代償とプロセス〉について講演を行ったあとのこと、第二次大戦に従軍したある退役軍人に、バーで話ができないかと誘われた。ふたりきりになると、これまでだれにも話したことのないことだが、と前置きして彼は話しだした。私の講演を聞いて、その話を聞いてもらいたくなったのだという。

将校として南太平洋に配置されていたとき、彼の持ち場に日本軍が潜入攻撃をかけてきたことがあった。そのとき、ひとりの日本兵に突撃をかけられたというのである。

「私は四五［口径］を持っていた。それをぶっ放したとき、相手の銃剣の切っ先は、いまのあなたと私ほども離れていなかった。すべて片づいたあと、情報収集のためその兵士の遺体の調査を手伝いました。それで写真を見つけたんですよ」。

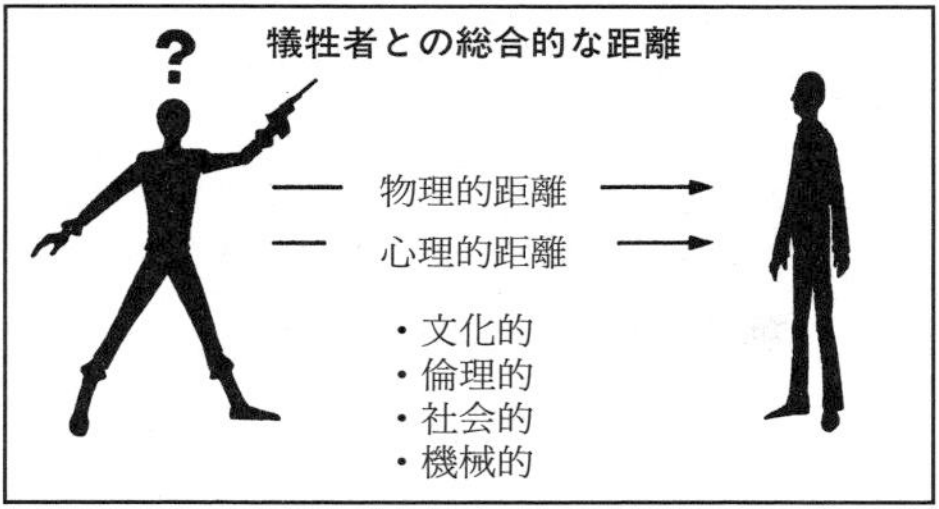

長いこと口ごもっていたが、ようやくまた口を開いた。「細君と、ふたりのかわいい子供が写っていました。それ以来」――声はあいかわらずしっかりしているが、頰には涙が伝いはじめていた――「それ以来、頭について離れんのですよ。あのかわいい子供たちは父親なしで育ったんだ、それというのも私が殺してしまったからだと。私はもう若くはない。まもなく自分の所業について神に申し開きをせねばならんのです」。

一年後、イギリスのパブで、現在はアメリカ陸軍の大佐になっているベトナム経験者にこの話をした。写真のことを聞いて、彼はこう言った。「なんてことだ、気の毒に。写真の裏には住所が書いてあったんだろう」。

「いえ、少なくともそんな話は出ませんでしたね」と私は答えた。

その晩のうちにまたその話を持ち出す機会をとらえて、なぜ写真の裏に住所が書いてあったと思うのか尋ねてみた。すると、ベトナムで同様の経験をしたことがあって、見つけた写真の裏には住所が書いてあったのだという。ふと彼の目が焦点を失った。なにかにとり憑かれたような、はるか遠くを見るような目。そんな眼差しを私はなんども見たことがある。精神も感情も戦場に戻っているとき、ベトナム帰還兵が見せる目つきだ。彼は言った。「私はずっと、あの写真を送り返さなくてはと本気で思っているんだ」。

どちらもアメリカ陸軍で大佐の階級にまで達した人物だ。その世代の華というべき善良にして高貴な男たちである。そのふたりがふたりとも、ただの写真にとり憑かれているのだ。しかし、その写真が体現しているもの、それは戦争を可能にする否認のベールの裂け目なのである。

社会的障壁から心理的距離へ

物理的距離のプロセスは先に述べたが、戦争での距離は物理的なものだけとはかぎらない。殺人への抵抗感を克服するには、心理的距離という要因も重要な役割を果たしているのだ。文化的距離、倫理的距離、社会的距離、そして機械的距離（機械の介在）といった要因は、いずれも人間を殺しているという事実の否認を可能にするという点で、物理的距離と同じように有効である。

一九六〇年代にはこんな気のきいたせりふが流行っていた。「戦争を始めたのにだれも来なかったらどうする？」。最初に思うほどこれは滑稽な話ではない。接近戦が長く続くと、敵味方の戦闘員が互いに知り合うようになり、そのために殺しあいができなくなる危険が、戦場にはつねに存在する。次にあげる文章には、この危険が、そしてそれの起きる過程が感動的に描かれている。第二次大戦にドイツ兵として従軍したヘンリー・メテルマンが、ロシア戦線での自分の体験をつづったものである。戦闘が小康状態に入ったとき、ふたりのロシア人がタコツボを出て、メテルマンのほうへ近づいてきた。

私はふたりに歩み寄った。……ふたりは自己紹介をして……煙草を一本差し出した。私は煙草は吸わないが、せっかく勧めてくれたのに断るのは悪いと思った。だがひどいしろものだった。私は咳き込み、あとで仲間に「ロシア人ふたりといっしょに突っ立って、頭が吹っ飛ぶほど咳をして、そりゃあいい印象を与えただろうよ」と言われたものだ。……ふたりと話をして、こっちのタコツボに来てもいいと私は言った。そのなかでロシア兵が三人死んでいたからだ。申し訳ないことだが、私が殺したのである。ふたりはその死体の［認識票］と給与手帳を回収しようとした。……私はちょっと手を貸してやって、三人でかがみこんで、その給与手帳の一冊に写真が何枚かはさんであるのを見つけた。ふたりはそれを私に見せてくれた。三人でそこに突っ立って、写真を眺めた。……最後にもういちど握手をした。ひとりは私の背中をぽんと叩いて引き上げていった。

メテルマンは、半トントラックを運転して後方の野戦病院へ行くよう命じられた。一時間以上たってからまた戻ってきてみると、ドイツ軍は先ほどのロシア人の持ち場を越えて前進していた。仲間が何人か殺されていたのに、なにより気になったのは、なぜか〈あのふたりのロシア人〉がどうなったかということだった。

「死んだよ」と仲間は言った。

「どんなふうに？」私は尋ねた。

「降参しようとしないんで、両手をあげて出てこいと怒鳴ったけど出て来なかった。だから戦車で踏み込んでいったら、ほんとに下敷きになって死んじまったんだ」。私はひどく悲しかった。人間と人間、同志と同志として会って話をしたのに。かれらは私を同志と呼んだものだった。奇妙に聞こえるかもしれないが、この狂った戦闘で死なねばならなかったかれらのことが、あのときは味方の死よりも悲しかった。いまでも思い出すと悲しくなる。

犠牲者との同一化はストックホルム症候群にも見られる。ストックホルム症候群は、おおむね人質が犯人に同一化する現象として理解されているが、実際はもっと複雑で、三つの段階を経て進行してゆく。

・まず人質の内部で、犯人との結びつきが強まってくる。

・犯人と交渉している当局との同一化が、人質のなかで弱まってくる。
・最後にこんどは犯人の側で、人質との同一化と結びつきが強まってくる。

数々の同様のケースのうちでもとくに興味深いのは、七五年にオランダで起きたモルッカ人による列車襲撃事件である。テロリストはすでに人質をひとり射殺し、次に処刑する人質もすでに選んでいた。この処刑予定者は、家族あてに手紙を書かせてくれと頼んで許可される。この人物はジャーナリストだった。それも非常にすぐれたジャーナリストだったにちがいない。その手紙を読んで強く胸を打たれたテロリストは、気の毒になって……ほかの人質を射殺したのである。

ときには、この現象がもっと大きな規模で起きることがある。第一次大戦中には、敵味方がたがいによく知り合うようになったために、なんども非公式な停戦状態が発生した。一九一四年のクリスマス、イギリスとドイツの兵士は多くの防衛区域で平和的に会い、プレゼントを交換し、写真を撮りあい、サッカーの試合さえしている。ホームズはこう述べている。「最高司令部は通常どおり戦争は続いていると頑固に主張していたが、地域によっては休戦はゆうに新年に入っても続いた」。

エリッヒ・フロムは言う。「信頼できる客観的な証拠から判断すれば、破壊的攻撃は、少なくともかなりのていど、一時的あるいは慢性的な心理的離脱に関連して起きると考えられる」。右にあげた状況は心理的距離の崩壊を意味しているが、この心理的距離こそが、相手にたいする共感を消し、この〈心理的離脱〉を実現するうえで決定的な要因なのである。ここでもやはり、この現象が起きるには複数のメカニズムが関わっている。

・文化的距離——人種的・民族的な違いなど。犠牲者の人間性を否定するのに有効。

・倫理的距離——ここで問題になるのは、みずからの倫理的優越と復讐／制裁の正当性を固く信じるという、多くの内戦に見られる心理である。

・社会的距離——社会的に階層化された環境において、特定の階級を人間以下と見なす慣習の生涯にわたる影響。

・機械的距離（機械の介在）——手の汚れない〈テレビゲーム〉殺人の非現実感のこと。テレビ画面、熱線映像装置、暗視装置などの機械的な緩衝物が介在することによって、犠牲者が人間だということを忘れることができる。

文化的距離——〈劣った生命形態〉

あとで『アメリカでの殺人』の部で見てゆくが、アメリカ海軍所属の精神科医が、心理的に暗殺を可能にする方法論を海軍の求めで開発している。基本的には古典的な条件づけと、暴力的な映画を使った系統的な脱感作（感受性を軽減または除去すること）を利用したものだが、文化的な距離という要因も組み込まれている。その目的は、今後出会うことになる潜在的な敵について、劣った生命形態であると思い込ませることである。これには、その敵を人間以下の存在と見せる偏見に満ちた映画を用いる。敵の慣習を愚劣なものとしてあざ笑い、敵国の有名人を邪悪な半神と見せるのである。

ピーター・ワトスン「精神の戦争」における引用

先に述べたイスラエルの研究によれば、誘拐された犠牲者は、フードをかぶせられていると殺される危険性が非常に高くなる。文化的距離は一種の心理的なフードであって、本物のフードと同じように有効に機能する。シャリットはこう述べている。「身近であればあるほど、あるいはこちらと似ていればいるほど、攻撃者は犠牲者と同一化しやすい」。そして殺すのはむずかしくなる。

この現象はまた正反対の方向にも働く。自分と外見がはっきり違う人間は、非常に殺しやすくなるのである。組織的なプロパガンダによって、敵はほんとうは人間でなくて〈劣った生命形態〉であると兵士に信じさせることができれば、同種殺しへの本能的な抵抗感は消えるだろう。人間性を否認するため、敵は〈グック（東洋人の蔑称）〉、〈クラウト（ドイツ兵の蔑称）〉、〈ニップ（日本人の蔑称）〉などと呼ばれる。ベトナムでは、〈ボディカウント（敵の戦死者数）〉的思考回路がこの現象を助長していた。敵をたんなる数として呼び、また考えるのである。あるベトナム帰還兵によれば、そのおかげで北ベトナム軍兵士やベトコンを「蟻を踏みつぶす」ように殺すことができたという。

現代においてこの現象をだれよりもうまく利用したのは、アーリア人支配者民族説という神話を掲げたアドルフ・ヒトラーだろう。優越人種たるアーリア人は、劣等人種を世界から一掃するのが義務だと唱えたのである。

このようなプロパガンダの標的となる十代の兵士たちは、やれと強制されていることを必死で正当化しようとし、そのためにこんなたわごとをあっさり信じてしまう。人間を家畜のように追い立て、家畜のように殺すようになると、あっというまにその人々を家畜と――あるいは、お望みならば〈劣等人種〉と考えるようになる。

トレヴァー・デュピュイ(アメリカの軍事アナリスト)によれば、第二次大戦のあらゆる段階において、ドイツ軍が殺した米英軍兵士の数は、米英両軍が殺したドイツ兵の数の一・五倍だった。ナチの指導部ならまっさきにこう言うだろう――ドイツの兵士がこれほどの成績をあげたのは、人種的・文化的優越という周到に植えつけられた信念のためだと。(しかし、『殺人と残虐行為』の部で見るようにこれには落とし穴があって、それがナチの最終的な敗北に大きく影響したのである)。

しかし、戦争において人種的・民族的憎悪という剣を振るったのはけっしてナチスドイツだけではない。ヨーロッパ列強による〈有色人種〉の征服と支配は、文化的距離という要因によって促進されていたのだ。

とはいえ、この剣は両刃の剣である。支配者が被支配者を同じ人間ではないと考えるようになると、被支配者がついに優位に立ったときには、この文化的距離を逆に利用して植民地の支配者たちを殺害し、弾圧するようになるからだ。セポイの乱やマウマウ団の蜂起といった激しい反乱が起きたとき、両刃の剣は支配者側に跳ね返ってくる。世界各地で帝国主義打倒のための最後の戦闘が起こったとき、現地の人々に力を与えた第一の要因はこの両刃の剣の跳ね返りだった。

合衆国は比較的平等主義的な国家なので、戦時中に民族的・人種的憎悪を国民の心に深く植えつけるのは、他国にくらべていささかむずかしい。だが対日戦では、敵があまりに異質だったために文化的距離を有効に導入することができた（パールハーバーの〈復讐〉だったので、倫理的距離という強力なバックアップもあった）。ストウファーの研究によれば、第二次大戦中のアメリカ兵の四四パーセントは「ぜひ日本兵を殺したい」と答えている。しかし、ドイツ兵についても同じように答えた者はわずか六パーセントだった。

ベトナムでは、文化的距離はアメリカに不利に働く恐れがあった。敵は人種的・文化的に同盟軍と見分けがつかなかったからだ。このため、アメリカは（国家政策のレベルで）敵との文化的距離を強調しないよう熱心に努めている。ベトナムでおもに利用されたのは、倫理的な距離のほうだった。コミュニストに対する正義の〈十字軍〉だというのである。だがどんなにがんばったところで、人種的憎悪という魔物を壜に完全に閉じ込めておくことはできなかった。

私が面接したベトナム帰還兵は、ほとんどがベトナムの文化や国民に深い愛情を抱くようになっている。ベトナム女性と結婚している者も多い。他国の文化と交流し、それを受容し、称賛し、愛するまでになるというこの平等主義的傾向は、アメリカにとって強みである。そのおかげで、占領したドイツと日本を、負けた敵国から友好的な同盟国に変身させることができたのである。だがベトナムでは、多くのアメリカ兵はベトナム国内で長い年月を過ごしながら、地元の文化や国民のよい面、友好的な面からは完全に切り離されていた。目にするベトナム人は、こちらを殺そうとするか、ベトコンを支援していると疑われている者ばかり。このような状況では、根深い猜疑心と憎悪が生まれる可能性は大きい。あるベトナム帰還兵は、自分にとって「やつらは畜生以下だった」と語っている。

ベトナムのようなゲリラ戦をともなう環境下にあっても、他国の文化を受容する能力のおかげで、アメリカの犯した残虐行為は比較的少なかったのではないだろうか。同じ環境に置かれれば、たいていの国はもっと数多くの残虐行為を犯していたのではないか。少なくとも、アメリカはたいていの植民地政府よりはましだった。だがそれでもミライ村は起こった。そしてこのただ一回の事件によって、ベトナム戦争におけるアメリカの努力は深く、おそらくは致命的にむしばまれたのである。

殺人を容易にするため、戦時中に人種的・民族的憎悪という魔物を解き放つのは簡単である。壜の栓をしっかり締めて、魔物を封じ込めておくほうがむずかしいぐらいだ。そしていったん解き放ってしまうと、戦争が終わったからといってすぐに魔物を壜に戻すことはできない。憎悪は何十年、ときには何世紀も尾を引く。その例は、レバノンやかつてのユーゴスラビアに今日でも見ることができる。

そんな尾を引く憎悪は、レバノンやユーゴスラビアのような遠くかけ離れた国にしか存在しない――そんなふうに考えて独りよがりの優越感にひたるのは簡単である。だが現実には、奴隷制が廃止されてから一世紀以上経ったいまでも、人種差別主義との戦いは続いている。また、第二次大戦とベトナムであるていど文化的距離を援用したせいで、この戦争で敵だった国々にたいするアメリカの態度には一点の曇りもないとは言いがたい。

将来の戦場では、ふたたび文化的距離というこの両刃の剣を利用したくなるかもしれない。だがそんなときには、それにともなう代償をよくよく考慮するべきだ。戦争中に支払う代償だけではない。戦争が終わって望みどおり平和の時代が来たとしても、やはり代償は支払わねばならないのである。

倫理的距離――「大義が神聖なのに、どうして罪を犯しえようか」

敵国の心臓部を攻撃する私たちは、〈嬰児殺し〉とか〈女殺し〉と中傷されています。……たしかに自分でも不快なことをしていると思いますが、しかしこれは必要なことなのです。絶対に必要なことなのです。今日の世界には、非戦闘員などというものは存在しません。現代戦は全面戦争なのです。工場労働者、農夫などの生産者が背後にいなければ、前線の兵士は戦えません。このことは以前も話し合いましたね。お母さんには私の言いたいことがわかってもらえると思います。部下たちは勇敢で名誉ある兵士です。

神聖な大義のために戦っているのに、どうして罪を犯すことなどあるでしょうか。私たちのしているのが恐ろしいことだとすれば、ドイツの解放じたいが恐ろしいことだということになってしまいます。

ペーター・シュトラーサー大尉（第一次大戦のドイツ軍飛行船師団長）
グウィン・ダイア「戦争」に引用された手紙

倫理的距離とは、自己および自己の大義を正当化することでもある。この正当化は、ふつうふたつの要素から成っている。たいていの場合、まずひとつめは敵は有罪だと決めつけ、非難することだ。有罪なのだから、とうぜん罰するか復讐するかしなければならない。そして第二は、自国の大義は正義であり正当であると主張することである。

倫理的距離によって認められるのは、敵の大義は明らかにまちがっており、敵の指導者は犯罪人であり、敵の兵士は単にだまされているか、指導者の罪悪を共有しているかどちらかだということだ。とはいえ、敵も人間であることに変わりはなく、敵を殺すのは正義のためである。敵の抹殺が目的になりやすい文化的距離とはこの点が違う。

伝統的に、この心理は警察の暴力を可能にしてきた。それと同じように、戦場の暴力もこれによって可能になる。アルフレッド・ヴァーグツはこれを次のように認識していた。

敵はあらかじめ有罪と決められている。戦争を始めたことで有罪なのだ。侵略者を見つけるという仕事は、戦争勃発の前あるいは直後から始まることになっているし、敵の戦争のやりかたは犯罪的と烙印を押されることになっている。したがって、勝利は名誉と勇気に対する名誉と勇気の勝利ではなく、警察の追跡劇のクライマックスなのだ。法と秩序とその他もろもろの善にして聖なるものを踏みにじった、血に飢えた恥知らずどもを狩り立てる追跡劇のクライマックスなのである。

現代の戦争では、この種のプロパガンダの影響力が増大しているとヴァーグッツは述べている。たぶんそのとおりだろう。しかし実は、これは新しい現象などではない。かつて西欧文明の絶対的な精神的指導者だった教皇が、十字軍という名の悲劇的で残酷な戦争を倫理的に正当化した時代——西欧のプロパガンダの歴史は、少なくともその時代までさかのぼる。

†——懲罰の主張による正当化——「アラモ／メーン号／パールハーバーを忘れるな」（メーン号はアメリカの戦艦。ハバナで爆沈され、米西戦争の引金になった）

敵は有罪なのだから懲罰または復讐が必要だと主張するのは、暴力の正当化の基本手段であり、また広く受け入れられた手段でもある。ほとんどの国家は死刑〈執行〉の権利を保持しており、兵士を差し向けるのも無理はないほど凶悪な犯罪人ならば、相手を殺すことは正義の執行以外のなにものでもないと簡単に合理化できる。

懲罰を唱えて暴力を正当化するのは非常に基本的な心理過程なので、人為的に操作することも可能である。第二次大戦中、日本の一部の指導者はこの正当化を人為的に助長しようとした。ホームズはこう述べている。

マレー半島への侵攻計画を指揮した辻正信大佐は、兵士の怒りをかき立て、戦闘へ駆り立てることを主目的とする小冊子を書いている。「上陸後敵に遭遇したら、ついに親の仇にめぐり会ったものと思え。こやつを殺せば、積もり積もった長年の恨みを晴らすことができるのだ。敵を徹底的に滅ぼせなければ、永遠に心の休まるときはないと思え」。

†――正統性の主張――「自明の真理」

歴史の必然によって、一国の人民が他国との政治的きずなを断たねばならなくなったとき、そして自然の理法によって付与された独立にして平等な地位を、世界の列強と伍して占めてゆくことが必要になったとき、国際世論に当然の顧慮を払い、独立にいたった理由を宣言すべきであろう。……

われわれは、これを自明の真理と考える。

アメリカ独立宣言

自己の言い分の正当性を主張するのは、懲罰を訴える動機と表裏一体である。自分の大義が正当だと声高に主張する心理過程は、内戦において暴力を可能にする基本的なメカニズムなのだ。戦闘員どうしがそっくりで、文化的距離を導入するのがむずかしいからである。だが、程度は場合によりけりながら、倫理的距離という要因にも暴力を可能にする力がある。内戦にかぎらず、どんな戦争でもそうである。

倫理的距離がはっきり見てとれるのは、いわゆる〈地元有利〉という現象だ。自分の巣、家、国を守ることには倫理的な優越性がともなう。これは動物界にも見られるほど長い伝統をもつ現象である。国家の暴力に正統性を与える倫理的距離の影響を評価するうえで、これは無視できない問題だ。ウィンストン・チャーチルはこう言っている。「みずからの生きる国のために死に、また殺すことは人間の基本的な権利である。侵略者の炉辺で手を暖めてきた同種の生物を、他に例のないほど厳しく罰することも」。

アメリカの戦争の場合、文化的距離でなく倫理的距離に頼ろうとする傾向が顕著に見られる。民族的にも人種的にも国民の構成が多様で、比較的平等主義的な文化をもつアメリカでは、文化的距離を導入するのはいささかむずかしいからだ。独立戦争の際には、ボストン虐殺事件をもとにあるていど懲罰による正当化が見られたし、独立宣言（「われわれは、これを自明の真理と考える」）に現れた正統性の主張は、その後二世紀のアメリカの戦争の基調を定めることになった。一八一二年の第二次米英戦争は、まさに〈地元有利〉の〈自衛〉戦争であり、ホワイトハウスの焼失とマクヘンリー要塞への砲撃（「見よ、射しそめた朝日に」［アメリカ国歌『星条旗』の冒頭の一節。もともとは英軍の砲撃を耐え抜いたマクヘンリー要塞を称える詩］）が、懲罰による正当化をもたらす拠点になった。抑圧される他者に対して国民が義憤を感じ、その義憤の正当性の主張が倫理的基盤になるという現象は、南北戦争に見てとれる。北軍兵士の多くは、奴隷解放を真剣に念じて戦争に加わったのである（「わが目は見たり、主の来ます栄光を」［北軍兵士に歌われた愛国歌『リパブリック賛歌』の冒頭の一節］）。いっぽうサムター要塞（一八六一年、南軍がここを砲撃して南北戦争が始まった）の砲撃には、あるていど懲罰という動機が見てとれる。

過去一〇〇年のうちに、開戦を正当化する理由としては、アメリカは倫理性の主張からやや離れてきた。倫理的距離のうち、懲罰の側面に目を向けるようになってきたのだ。米西戦争（一八九八年）では、メーン号の爆沈事件が戦争を正当化する懲罰の対象になった。第一次大戦ではルシタニア号（イギリスの客船。一九一五年ドイツ潜水艦に沈められ、アメリカはこれを契機に参戦した）、第二次大戦ではパールハーバー、朝鮮戦争ではアメリカ軍へのいわれのない攻撃、ベトナムではトンキン湾事件、そして湾岸戦争ではクウェート侵攻だった。

これらの戦争に関わるとき、アメリカが正当化のために持ち出したのは懲罰だったが、おもしろいことに、あとになると倫理性の主張も行われるようになり、きわめてアメリカ的な色彩が加わってきた。連合軍が強制収容所の解放を開始したとたん、連合軍最高司令官アイゼンハワー将軍は第二次大戦を十字軍と見なすようになった。また冷戦の正当性は、全体主義と圧政に対する正義の戦いという考えかたでつねに補強されていた。

倫理的距離という要因には、殺人を可能にするその他の要因の基盤になりやすいという傾向がある。文化的距離に比べると残虐行為につながりにくく、国際連合などの組織が守ろうとする種類の〈ルール〉（攻撃を抑制し、人間の尊厳を擁護する）に従おうとする傾向が強い。しかし文化的距離の場合と同じく、倫理的距離にも危険はつきまとう。言うまでもないが、正義はわれにありと思わない国はなさそうだからである。

社会的距離——スワイン・ログの向こうの死

一九七〇年代、第八二空挺師団で軍曹を務めていたころ、姉妹大隊の事務室をいちど訪ねたことがある。こういう事務室には、入ってすぐのところに大きな出欠表が掛けてあるものだ。そして、そこに所属する者全員の名前が階級順に並べてあるのがふつうである。だが、ここの表は少し毛色が違っていた。一番上に将校たちの名が書かれており、その下に〈スワイン・ログ〉（スワイン［豚］は下士官兵を意味する俗語〈グラント〉の派生語、〈ログ〉は出欠表の別名。したがって「スワイン・ログ」で「豚の出欠表」という意味になる）と書かれた仕切りの行があって、下士官兵の名はその下に並んでいたのだ。下士官兵を豚呼ばわりするのはそう珍しいことではない。ふつうは罪もない冗談だし、こんなあからさまな使いかたはしないものだが、そうは言っても将校と下士官兵のあいだに社会的な距離があるのは事実である。私は兵卒から軍曹になり、将校に昇進した。妻も子供たちも私もこの階級構造を経験し、それにともなう社会的距離を経験してきた。軍の基地には、将校用、下士官用、兵卒用に別々のクラブがある。妻の出席する行事も別々だし、住む居住区も別々である。

軍隊におけるスワイン・ログの役割を理解するには、友に死ねと命じる立場にあるというのがどんなに困難なことか理解しなければならない。名誉ある降伏をして、悲惨な戦闘を終わらせるのがどれほど簡単か理解せねばならない。よい指揮官であるためには真に部下を愛さねばならず（奇妙に超然とした愛しかたで）、そのうえで、その愛する者を進んで殺さねばならない（少なくとも、結果として死につながるような命令を出さねばならない）。それが軍隊というものの本質なのである。愛する者を進んで危険にさらす指揮官のほうが勝利を収める可能性が高く、したがって部下を守れる可能性も高い、それが戦争のパラドックスなのだ。軍隊に存在する階級制度は否認のメカニズムを与える。これがあるから、指揮官は部下に死ねと命じることができる。だが同時に、これがあるから軍の指揮官は孤独なのである。

イギリスの軍隊では、階級構造はもっとはっきりしている。英軍参謀大学時代に仲良くなったイギリスの将校たちは、かの国の階級制のなかで生まれ育った者のほうがよい指揮官になれると信じていた（私も同感だ）。昔は社会的距離の影響はずっと強力だったにちがいない。すべて将校は高貴の出で、生殺与奪の権をふるうのに子供のころから慣れていたからである。

ナポレオン時代以前の戦闘では、ほとんど例外なく、槍またはマスケットの先を見つめる農奴は、そこに自分とそっくりの哀れな農奴の姿を見たものだった。その鏡像のような敵を殺す気になれなかったとしても無理はない。そういうわけだから、古代史における接近戦の殺人の圧倒的多数は、戦闘員の大多数を構成する農奴や小作農が行ったのではなかった。戦場で真の殺人者だったのは、精鋭集団、すなわち高貴の人々だったのだ。それが可能だったのは、なんといってもやはり社会的距離のおかげだった。

機械的距離（機械の介在）――「人間を見なくてすむ……」

新しいウェポン・システムの開発によって、戦場にある兵士でさえ、以前よりはるかに破壊力の大きい兵器で、はるか遠方の敵を正確に攻撃できるようになる。そして敵はいよいよ顔のない人影になってゆく。丸い照準器のなかの人影、熱線映像に輝く人影、装甲板に覆われた人影になってゆくのである。　リチャード・ホームズ「戦争という行為」

西欧の戦争では、殺人を可能にする手段としての社会的距離は全般的にすたれてきている。しかし、平等主義の時代に社会的距離が消えた代わりに、別の心理的距離が生まれている。科学技術に基づく距離、湾岸戦争で〈ニンテンドー・ウォー〉と言われたのがそれである。

歩兵は敵を接近戦で対人的に殺すものだが、ここ数十年のうちに接近戦の性格は大きく変化してきた。アメリカ軍でも、つい最近まで暗視装置はめったに見かけない奇妙な装置だった。それがいまでは、戦闘は基本的に夜間に行われるようになり、ほぼすべての戦闘員が熱線映像装置や暗視装置を持たされている。熱線映像では、人体の発する熱がまるで光のように「見える」。だから雨や霧や煙も見通すことができるのだ。カムフラージュを透視することもできるし、以前ならまったく発見できなかったような、深い森の奥にひそむ敵も探知できる。

暗視装置を使うと標的は非人間的な緑のしみにしか見えず、それが抜群の心理的距離をもたらす。

熱線映像技術を戦場に完全に組み込めば、現在は夜間にしか存在しない機械的距離のプロセスを日中にも応用できるだろう。そうなれば、すべての兵士がガドと同じような戦場を目の当たりにすることになる。イスラエル軍戦車砲兵のガドは、ホームズにこう語っている。「まるでテレビのなかで起きてることみたいなんだ。……そのときにはそう見えたんですよ。走ってる人影が見える、発砲する、倒れる、それがみんなテレビを見てるみたいなんです。人間を見なくてすむのがあれのいいところだな」。

第23章　犠牲者の条件――適切性と利益

シャリットの要因――手段、動機、機会

戦闘の際に、敵を殺す機会と考える時間を与えられた兵士は、殺しの〈手段と動機と機会〉を勘案するという点で、古典的な推理小説中の殺人者によく似ている。イスラエルの軍事心理学者ベン・シャリットは、犠牲者のどのような点が標的にされる誘因になるかを考え、その誘因をモデル化している。このモデルをいくらか修正して、殺人を可能にする要因についての全体的なモデルに組み込むことにしよう。

シャリットがあげたのは次の二点である。

・相手を殺す戦略の適切性と有効性（手段と機会）
・犠牲者の適切性と殺害の有利性（殺す側の利益と敵側の損失という面から見て）（動機）

――戦略の適切性――手段と機会

人は、殺される危険を冒さずに殺そうと知恵を絞る。　アルダン・デュピク「戦闘の研究」

犠牲者の標的誘因

・戦略の適切性
・犠牲者の適切性
・有利性
　―殺人者の利得
　―敵の損失

戦術的・技術的に優位に立てれば、兵士のとりうる戦闘戦略の有効性は高まる。ある兵士のことばを借りれば、「敵をねらってる最中にケツを吹っ飛ばされたかないだろ」ということだ。だからこそ、待ち伏せ、側面攻撃、背面攻撃によって、兵士はつねに戦術的に優位に立とうとするのである。現代ではまた、暗視装置や熱線映像装置を用いて発砲することで、そのような手段をもたない科学技術的に遅れた敵に対して優位に立つことができる。こうした戦術的・技術的な優位は〈手段〉と〈機会〉を生み、それによって兵士が敵を殺せる確率は高まる。

このことがもたらす影響は、たとえば『殺人と物理的距離』の部でとりあげた作戦結果報告に見ることができる。以下にあげるのは、ウォールドロン二等曹長の行動について述べた部分である。ウォールドロン曹長は狙撃兵であり、暗視装置と消音器つきライフルを用いて、極端な遠距離から夜陰に乗じて狙撃して敵を殺している。その最中になんの危険も感じないという、これはまったく緊張感のない殺人行為である。

先頭のベトコンが射程に入って……まず一人死んだ。すぐにほかのベトコンが倒れた死体のまわりに集まってきた。なにが起こったのかまったくわかっていないようだった[傍点グロスマン]。ウォールドロン曹長はベトコンをひとりずつ仕留めてゆき、合計五人[全員]のベトコンが死んだ。

逃げる敵や、背中しか見えない敵ほど殺しやすいことはすでに述べた。これはひとつには、身の危険を覚えずに敵を殺す手段と機会が得られるからである。スティーヴ・バンコの場合は、ベトコンに忍び寄って撃つことで手段と機会をふたつながら手にした。「おれが隠れてることにぜんぜん気がついてなかった」とバンコはいう。そのおかげで勇気が湧いてきて、「そっと引き金をしぼる」ことができたのである。

†――犠牲者の適切性と殺害の有利性――動機

「殺される危険を冒さずに殺せる」と確信すると、次の問題はどの兵士を狙って発砲するかということだ。シャリットのモデルによれば、この問題はこう言い換えることができる――この人間を殺すことは戦術的見地から適切か、またそうすることで利益が得られるか。

古典的な推理小説になぞらえて言えば、これが殺しの動機にあたる。

戦闘中の殺人の動機としてもっともわかりやすいのは、殺すか殺されるかという状況での自己または味方の防衛だろう。すでに見てきたケーススタディで、この要因は何度も登場している。

山刀を高々と振りかざして、(彼が)全速力で向かってくる……だしぬけに男が現れて、まともにこっちに向かって発砲しはじめた……だしぬけに全身を反転させてオートマティック銃を向けてきた。……すぐにこっちを撃ちはじめるのはわかっていた。

敵集団から標的を選ぶ場合、味方にとって利益が大きく敵にとって損失の大きい人間を殺そうとするのは、あまりにも当然のことである。ところが、とくに脅威となる行動をとっている兵士が存在しない場合は、もっとも価値の高い標的を選択するのはいささかむずかしい。

指揮官や将校を標的に選ぶという傾向はつねにある。すでにとりあげたが、ある海兵隊狙撃兵はトルービーにこう語っている。「ふつうの兵隊を狙ったってしかたがない。せいぜい怯えた徴募兵ってとこだもんな。狙うなら大物だよ」。指揮官や旗手は標的になりやすいものであり、これは昔から変わらない。敵の損失が大きいという意味で、味方の利益が最大になるからである。第二次大戦時の第八二空挺師団司令官ジェイムズ・ギャビン将軍は、当時のアメリカ歩兵の制式銃であるM1ガランド式銃を携行していた。若い歩兵将校たちにも、敵の目を惹く目立つ武器を持たないようにいましめている。

危険な武器を担当しているというのが、標的を選ぶ際の判断基準になることも多い。スティーヴ・バンコは、自分の殺したベトコンは「機関銃のそばに腰を下ろしていたから、そのせいで死ぬことになった」と述べている。

降伏するなら、まず武器を捨てなければならない。兵士は本能的にこのことを知っているものだ。頭がよければヘルメットも捨てるだろう。ホームズはこう述べている。「ピーター・ヤング准将は第二次大戦中、相手のドイツ兵がヘルメットをかぶっていればまるで『釘の頭を打つ』ように平然と発砲した。だがなぜか、無帽の者を撃つことはどうしてもできなかった」。ヘルメットに対するこのような反応を知っているからこそ、国連平和維持軍の兵士は、ヘルメットでなく伝統的なベレー帽を好んでかぶるのだ。銃弾を防ぎ、砲弾幕の中で生き延びるにはこのほうが役に立つというのである。

適切性も有利性もない殺人

相手が戦闘員であると識別できるかどうかは、殺人後の合理化の過程において大きな意味を持つ。子供や女性など、潜在的脅威にならない相手を殺した場合、ただの人殺し（正当と認められる戦闘による殺人ではなく）の仲間入りをしてしまうことになり、合理化はきわめて困難になる。たとえ自衛のためでも、通常適切性も有利性もないと見なされる人間を殺すことには、非常に大きな抵抗が存在するのだ。

ベトナムでレンジャー・チームの指揮官を務めたブルースは、自分の手で敵を殺した経験が何度かあるが、直接命令されたにもかかわらず殺せなかったことが一度だけある。そのベトコンが女性だったからだ。ベトナムに関する話や書物には、ベトコンの女性兵士を殺したときのショックと恐怖を詳細に扱っている例は少なくない。戦闘において女性を相手に戦い、殺すことはアメリカ兵にとって初めての経験であり、戦闘の歴史を通じても比較的めずらしいことだが、前例がないわけではない。一八九二年のフランス軍のダオメー遠征中、屈強のフランス外人部隊は見慣れない女戦士軍と対することになった。ホームズはこの古強者たちが「半裸のアマゾンたちを撃ったり銃剣で突いたりするのを一瞬ためらい、その一瞬が致命的な結果をもたらした」と述べている。

その場に女性や子供がいることで攻撃性が抑制されることもあるが、これはかれらに危険がおよばない場合に限られる。女性や子供に危険が迫った場合、そしてまた戦闘員がかれらを保護する責任を引き受ける場合には、戦闘の心理は変化する。雄どうしの慎重に抑制された儀式的な戦闘だったものが、巣を守るけものの情け容赦のない血みどろの戦いに変化するのである。

つまり、女性や子供の存在が戦場の残虐性を高めることもあるということだ。イスラエルは一九四八年以来、一貫して女性を戦闘に加えることを拒んできた。イスラエルの将校数名に聞いたところでは、戦場で女性兵士が死傷したとき、男性兵士が際限のない残虐行為に走る例がたびたび見られたからであり、またアラブ人は女性に降伏するのを極端に嫌うためであるという。

ホームズは、女性や子供の戦闘抑制効果についてはっきり理解している。

バーバリエープ(北アフリカの無尾猿)は年長の雄に近づくとき、手近にいる幼い猿を連れてゆこうとする。相手の攻撃性を抑制するためである。兵士にも類似の行動が見られる。第一次大戦に従軍したあるイギリス人歩兵によると、降伏しようと待避壕から出てきたドイツ兵は「情けをかけてもらおうと家族の写真を掲げたり、腕時計などの貴重品をくれようとした」という。

しかし状況によっては、それだけではじゅうぶんでないこともある。この例でも、「ドイツ兵たちが階段を上ってくるのを見て、ある兵士が、といっても自分の大隊の兵士ではないが、ひとりひとりの腹をめがけてルイス式軽機関銃を発砲した」という。無抵抗の降伏兵を次々に殺そうとしたこの兵士は、戦場での殺人を可能にする、もうひとつの要因に支配されていたのだろう。その要因とは殺人傾向である。次章ではこれについてくわしく見てゆくことにする。

第24章　殺人者の攻撃的素因——復讐、条件づけ、二パーセントの殺人嗜好者

第二次大戦時代の訓練は、野外射撃場（KD（既知）射程）で行われた。中央を黒く塗りつぶした的を撃ち、ひととおり射撃がすむと的を調べて、どこに当たったかフィードバックされるのである。

現代の訓練法は、本質的にはB・F・スキナーのオペラント条件づけである。これによって、兵士に発砲という行動様式を植えつけるのだ。訓練というより、実際の戦闘状況のシミュレーションに近い。完全な戦闘装備でタコツボの中に立つと、前方に人型の的がさっと飛び出す。これが誘因となって、発砲という目標行動が喚起される。命中すると的はただちに倒れ、その場でフィードバックが得られる。成績がよければ二級射手のバッジがもらえるし、それにともなってたいていはなにがしかの特権や褒賞（称賛、表彰、三日間の休暇許可など）が与えられるから、発砲行動はさらに強化される。

伝統的な射撃訓練が戦闘シミュレーターに変容したのである。この種のシミュレーター訓練を受けた兵士たちは、「のちに実際に緊急事態が起こったとき、正しく教練どおりに行動し、シミュレーションではないと気づく前にすでにことを終えていた、とよく報告してくる」とワトスンは述べている。ベトナム帰還兵も、やはり同様の体験をしたとくりか

えし語っている。この強力な条件づけのプロセスにより、第二次大戦以降のアメリカ兵の発砲率は劇的に上昇している。このことは、それぞれ別個に行われた複数の研究によって裏づけられている。

リチャード・ホームズによれば、現代式訓練法で条件づけされた軍隊とくらべると、第二次大戦時代の伝統的手法で訓練された軍隊は能力が劣るという。ホームズは、フォークランド紛争から帰還したイギリス兵に面接調査を行い、第二次大戦中にマーシャルが観察したような、発砲できない兵士の例に出くわしたことがあるかと質問した。すると、現代的な方法で訓練されたイギリス兵には見られなかったが、第二次大戦式訓練を受けていたアルゼンチン兵には明らかにそのような例が見られ、有効な発砲を行えたのは機関銃手と狙撃兵のみだった、という結果が得られた。

この現代的な戦闘強化訓練の有効性は、一九七〇年代のローデシア紛争でも証明されて

殺人者の素因

- 訓練
- 気質
- 最近の体験

いる。ローデシア自衛軍は高度な訓練を受けた現代的な軍隊であり、対するのはろくな訓練も受けていないゲリラ部隊である。優秀な戦術と訓練のおかげで、自衛軍の殺傷率は全体で見ると終始ゲリラ側の八倍を維持していた。コマンド部隊の場合はさらにこの数字は上昇し、三五倍から五〇倍にも達する。ローデシア軍は、航空戦力や重火器による支援もなく、武器の面でもとくに優勢でもない状況で、ソ連の後押しを受けた敵に対してこれだけの成果を上げたのだ。唯一有利だったのは、すぐれた訓練を受けていたことだけ。しかしそのことが、ほかならぬ全体的な戦術的優位につながったのである。

戦闘での殺人を可能にするうえで、現代的な条件づけ技術がきわめて有効なのは疑いようのない事実である。この技術は、現代の戦場に絶大な影響を及ぼしている。

最近の体験——「同胞のために」

ボブ・ファウラーは第六歩兵隊の人気者、亜麻色の髪をした指揮官だったが、脾臓を撃たれてのちに失血死した。彼に心酔していた伝令兵は、軽機関銃をひっつかむと降伏したばかりの日本兵の列に向け、非武装の敵を情け容赦なく虐殺した。

ウィリアム・マンチェスター「回想太平洋戦争」

戦闘で友や敬愛する上官を失ったばかりのときは、戦場で攻撃性を発揮しやすい。友や指揮官の死に茫然自失し、心理的に挫折してしまう者もいるが、多くの場合は怒りという反応が引き起こされ（よく知られているように、これは死に対する反応の一段階である）、その後には殺人が可能になるのだ。

このような例は文学作品にはいくらでも出てくる。この種の一時的狂気という考えかたは法律にも反映されていて、情状酌量、罪の軽減が定められているほどだ。怒りに駆られた報復殺人は歴史を通じて繰り返されてきたテーマであり、戦場での殺人を可能にする大きな方程式においても、ひとつの要因として考慮しなければならない。

戦闘中の兵士は環境の産物であり、暴力は暴力を生む。生まれか育ちかという問いから言えば、これは育ちのほうである。しかし、人はまた気質によっても大きく左右されるものだ。つまり、生まれと育ちという方程式の〈生まれ〉の側も無視できない。であるから、次はこの問題をくわしく見てゆくことにしよう。

「生まれながらの兵士」の気質

「生まれながらの兵士」というべき人間は確かに存在する。男同士の友情、スリルと興奮、物理的障害の克服に大きな満足を覚えるような人間である。殺人じたいが好きなわけではないが、戦争のように殺人を正当化する倫理的枠組みのなかで行われるならば、そしてまた、それが望ましい世界へ近づく代償であるならば、このような人々は殺人を少しも悪いこととは思わないだろう。これが先天的なものか、後天的な人格なのかはわからないが、このような人間はだいたいにおいて軍に入隊する（そしてその多くはやがては傭兵になる。平時の正規軍の生活は日々くりかえしで、かれらにとってはあまりに退屈すぎるのだ）。

とはいえ、軍隊にこんな人間がごろごろしているわけではない。もともときわめて数が少ないから、職業軍人から成る小規模な軍隊のなかでもほんのひと握りである。その大半は、コマンド型の特殊部隊に集まっている。徴集兵から作られる大規模な軍隊のなかでは、圧倒的多数を占めるごくふつうの兵士のなかにほとんど埋もれてしまう。そして軍が人殺しをさせようと苦心すべき相手は、戦闘を好まないこの大多数のほうなのだ。その仕事に自分たちがいかにしくじっているか、つい一世代前まで軍はまったく気づいていなかった。

グウィン・ダイア「戦争」

スウォンクとマーシャンの第二次大戦の研究によると、戦闘中の兵士の二パーセントが〈攻撃的精神病質者〉の素因をもっている。かれらは明らかに殺人に対して常人のもつ抵抗感をもたず、戦闘が長引いても精神的な損傷をこうむることがない。ただし〈精神病質者《サイコパス》〉、現代ふうに言えば〈社会病質者《ソシオパス》〉という語にまつわるマイナス・イメージはここでは適当でない。戦闘中の兵士にとっては、これはおおむね望ましい行動様式なのだ。

だからといって、全戦争体験者の二パーセントが精神病質の殺人者だと結論するのはとんでもない誤りである。これは無数の研究によって証明されていることだが、戦争体験者のほうが未体験者より攻撃的傾向が強いわけではない。より正確に言うならば、強制された場合もしくは正当な理由を与えられた場合、全男性の二パーセントは後悔や自責を感じずに人を殺すことができるだろう、ということになる。この二パーセントが体現しているものは、これはきわめて重要な点なのでぜひ強調しておかねばならないが、それは社会全体が賛美するもの、ハリウッド映画を見ればすべての兵士がもっていると信じてしまいがちなもの、すなわち戦闘にあって平静でいられる能力なのである。本調査の一環として復員軍人を対象に面接調査を行ったとき、この二パーセントに当たると思われる者が数名いた。戦場から帰還したのち、かれらはひとりのもれもなく、社会の繁栄と発展のため明らかに平均を上まわる貢献をしている。

ダイアは、兵士としての直接体験に基づいて次のように考察している。

攻撃性は確かに人間の遺伝的構造の一部であり、またそうでなければならないが、正常人のもつ攻撃性がその知人を殺す原因になることはなく、まして異国の未知の相手に戦争をしかける原因になることもない。私たちの周囲には、非情かつ能率的に、機銃掃射、火炎砲撃、地上二万フィートからの爆弾投下を行い、同胞たる人類を殺した人々が何百万といる。しかし、だからといってそんな人々が恐れられているわけではない。

現在または過去のある時点で人を殺したことのある者は、その圧倒的多数が戦争中に兵士として殺しているのだ。そのことと、同胞である市民に危険を及ぼすたぐいの個人的攻撃性とは、実質的になんの関係もないと認識されているのである。

マーシャルによれば、第二次大戦時の発砲率は一五から二〇パーセントである。だがこのことは、スウォンクとマーシャンの二パーセントという数字とかならずしも矛盾しない。大半がやむをえない状況で発砲されたのであり、しかもその多くは、威嚇段階での単なる乱射や敵の頭上をねらったものだったと思われるからだ。その後の五五パーセント（朝鮮戦争）や九〇〜九五パーセント（ベトナム戦争）という発砲率は、条件づけのプロセスがますます有効性を高めていったことを示している。だがここでもやはり、そのうちどれぐらいが威嚇だったのかはわからない。

ダイアによれば、第二次大戦の全死傷者の四〇パーセントは、アメリカ陸軍航空隊の戦闘機パイロットのうち一パーセントによるものだという。この数字もまた、スウォンクおよびマーシャンの推計とほぼ一致している。第二次大戦のドイツ軍の撃墜王だったエーリッヒ・ハートマンは、三五一機の撃墜が確認されたという、全時代を通じて文句なく最高の戦闘機乗りである。そのハートマンが言うところによると、対戦機の八〇パーセントは彼の機の存在にまったく気づいていなかったという。これが事実だとすれば、この種の殺人者の本質について理解する大きな手がかりになるだろう。最優秀の狙撃兵や戦闘機乗りのように、これらの殺人者の圧倒的多数は、いわゆる待ち伏せや不意打ちで人を殺すのである。殺人の引金になるような、挑発も怒りも感情の揺れもなく。

アメリカ空軍の先任将校数名が語ってくれたところによると、空軍は第二次大戦後、戦闘機パイロットに適した人材をあらかじめ選抜しようとした。このとき、第二次大戦の撃墜王たちに唯一見つかった共通項は、子供のころ喧嘩ばかりしていたということだったという。いじめではない。いわゆるいじめっ子は、まともに喧嘩のできる相手は避けて通るものだ。ここで言うのは本物の喧嘩である。校庭での喧嘩で子供が感じる怒りや屈辱を、思い出すなり想像するなりしてほしい。それを人生の枠に広げて考えてみれば、かれらが暴力を許容するわけがわかってくるだろう。

アメリカ精神医学会(APA)の「精神障害の診断と統計の手引き」第三版(DSMⅢ-R)によると、国内の男子全員における〈反社会的人格障害者〉(すなわち社会病質者)の割合はおよそ三パーセントであるという。本質的に権威に反抗する傾向が強いので、社会病質者は軍隊には向いていない。だが何世紀にもわたって、軍は戦時中、このような攻撃性の高い人々をかなり使いこなしてきた。三パーセントの三分の二が軍の規律を受け入れられたとすれば、数字のうえでは兵士の二パーセントが、APAの定義にいう「みずからの行為が他者に及ぼす影響に自責の念をもたない」人々だということになる。

攻撃性には遺伝的素因がある。このことは有力な証拠で裏づけられている。どの生物種をとっても、最も狩りがうまく、戦いに強く、攻撃的な雄が勝ち残り、その生物的素因を子孫に伝えている。しかし、この素因が完全に発達して攻撃性となって現れるには、そこに環境的な要因も作用する。つまり、遺伝的素因と環境的要因とがあいまって人は殺人者になるわけだ。だがそれだけではない。他者への感情移入能力の有無という要因もある。この感情移入の能力にも、おそらくは生物的および環境的な要因が働いているのだろうが、どちらに起因するにせよ、他者の痛み苦しみを感じ理解できる者とできない者がはっきり分かれることはまちがいない。攻撃性があって感情移入力のない者は社会病質者となる。いっぽう攻撃性はあるが感情移入能力もある場合は、社会病質者とはまったく異なる種類の人間になるのである。

面接調査に応じたある復員軍人はこう語ってくれた。彼の考えでは、世界の大半は羊なのだ。優しくておとなしくて親切で、真の意味で攻撃的になることはできない。だがここに別の種類の人間がいて（彼自身はこちらに属する）、こちらは犬である。忠実でいつも油断がなく、環境が求めればじゅうぶんに攻撃的にもなれる。だがこのモデルにならって言えば、この広い世界には狼（社会病質者）や野犬の群（ギャングや攻撃的な軍隊）も存在するわけで、牧羊犬（兵士や警察）は環境的にも生物的にもこれらの野獣に立ち向かう傾向を与えられた者だ、ということになる。

心理学および精神病理学の専門家のなかには、かれらはみなたんなる精神病質者であって、犬だの狼だのというのはおとぎ話だという者もいる。しかし、ここには区別すべき種類の人間がいると私は思う。社会病質者の存在を私たちが知っているのは、その症状が病気すなわち精神障害であると定義されているからだ。だが心理学は、もうひとつの種類、つまり牧羊犬にたとえられる人間の種類を認識していない。なぜなら、その人格型が病理でも病気でもないからだ。それどころか、かれらは貴重にして有用な社会の一員であり、その特徴が表に現れるのは戦争中か、警察活動の場にかぎられる。

帰還兵との面接調査では、このような〈牧羊犬〉に何度も出会った。ベトナム経験者である陸軍中佐はこう語ってくれた。「世の中には、機会さえあれば他者を傷つけようとする人間がいる。私はそのことを早いうちに学んだ。そしてこれまでずっと、そんな連中と対決する準備をしてきたんだ」。こんな人々はたいてい武装しており、常に用心怠りない。牧羊犬は羊の群れに牙をむくことはない。それと同じように、みずからの攻撃性を乱用したり誤った方向へ向けたりすることはないが、かれらの多くはひそかに正義の戦いにあこがれている。自分の能力を正当かつ合法的に発揮する機会として、狼の出現を待ち望んでいるのだ。

リチャード・ヘクラーは、著書「戦士魂とはなにか」のなかで、このあこがれについてこう述べている。

この激しい自然の欲求は、試練を望み、限界を超えた挑戦を求める。内なる戦士は軍神マルスにこいねがう、恐るべき危急存亡のとき、雌雄を決する戦闘の場を与えたまえと。ゴリアテの出現を待ち望む、いまも身内に生きる戦士ダビデを目覚めさせるために。戦さの神々にエリコの壁へ導きたまえと祈る、たのもしく力強いトランペットの呼び声に応じて立つために。はるかに強大な力の前に戦場で打ち負かされることを人は願ってやまない。そんな敗北は、自力では到達できない高みに人を押し上げるからだ。ついに威厳と栄光とを与えてくれる敵に出会うときを人は待ち望んでいるのだ……だが誤解してはならない。このあこがれはだれのうちにもある。それは忠実にして恐ろしく、美しくも悲劇的なあこがれである。

ここにもうひとつ、よく似た考えかたがあると思う。カール・ユングによれば、万人の集合無意識の奥深くには、原型と呼ばれる深く染みついた行動モデルが存在する。祖先の普遍的な経験に由来するイメージが受け継がれ、無意識に蓄えられたもので、これは人種の別なくだれもが共有している。強力な原型は、リビドーのエネルギーにはけ口を与えることで、人間を突き動かすことができる。ユングのいう原形とは、太母、老賢者、英雄、そして戦士である。ユングなら、先に述べたような人々のことを、〈牧羊犬〉でなく〈戦士〉または〈英雄〉と呼ぶところだろう。

グウィン・ダイアによれば、攻撃的殺人行動についてのアメリカ空軍による調査の結果、第二次大戦の空中戦における殺人の四〇パーセント近くは、やはり戦闘機パイロットの一パーセントによるものだったことが確かめられたという。大多数のパイロットは、撃墜しようとさえしなかったのである。第二次大戦当時の戦闘機パイロットの一パーセントも、スウォンクとマーシャンの二パーセントも、グリフィスのいうナポレオン戦争と南北戦争中の低い殺傷率も、マーシャルによる第二次大戦中の低い発砲率も、戦闘状況で進んで敵を殺す戦闘員がほんのひと握りしかいないとすれば、少なくともあるていどまでは説明がつく。精神病質者、牧羊犬、戦士、英雄、なんと呼ぼうとかれらはたしかに存在する。だがまぎれもなく少数派であり、ひとたび危機が迫れば国家はかれらを切実に必要とするのである。

第25章　すべての要因を盛り込む——死の方程式

自分の武器が人の膝を砕き、だれかを未亡人にする。敵は自分と寸分たがわぬ人間で、同じような仕事や任務に就き、同じストレスや緊張を感じている——こんなことをたえず考えていては、戦場でりっぱに兵士の務めを果たすのはむずかしい……敵をもっと抽象的にとらえ、訓練中に非人格化してしまわなければ、戦闘に耐えることはできない。かといって抽象化が度を越し、非人格化が憎悪の域に達してしまうと、戦場での行動からは抑制などあっさり吹っ飛んでしまう。しかし逆に、敵も同じ人間だということをあまり考えすぎると、だれが見ても正当そのものの目的があっても、任務を果たせなくなる恐れがある。愛憎のもつれあうゴルディオスの結び目のように、兵士と敵との関係の中核にはこの難問が存在するのだ。

リチャード・ホームズ「戦争という行為」

この第四部でとりあげた殺人のプロセスには、いずれも同じ基本的な問題が関わっている。さまざまな変数を操ることで、現代の軍隊は暴力の流れを管理し、水道の蛇口でもひねるように殺人のエネルギーを出したり止めたりしている。しかし、これはデリケートで危険な仕事だ。蛇口を開きすぎればミライ村大虐殺の再来であり、これまでの苦労は水の泡。しかし絞りすぎれば、こんどはより攻撃的な敵に打ち負かされ、殺されてしまう。

ここまで、殺人を可能にするさまざまな要因について見てきた。これらの要因に、『殺人と物理的距離』の部で取り上げた物理的距離という要因を組み合わせることによって、ひとつの〈方程式〉を得ることができる。この方程式から求められるのは、ある特定の殺人環境に関わる抵抗感の総和である。

要するに、ミルグラムの要因、シャリットの要因、そして殺人者の素因を変数として含む方程式を作ろうというわけである。

ミルグラムの要因

実験室における殺人行動（すなわち、それによって他の被験者を殺すことになると信じる行動に、被験者がどのていど積極的に関わるか）についてのミルグラムの有名な研究によって、殺人行動に影響を及ぼす、あるいは殺人行動を可能にする基本的な三つの状況変数が特定された。私のモデルでは、これらの変数を次のように呼んでいる。すなわち（一）権威者の要求、（二）集団免責（責任の分散という考えかたときわめて類似する）、（三）犠牲者との距離。それぞれの変数はさらに以下のような「操作しやすい」形に細分できる。

†——権威者の要求

・服従を要求する権威者の被験者に対する近接度
・服従を要求する権威者に対する被験者の主観的敬意度
・服従を要求する権威者による殺人行動の要求の強度
・服従を要求する権威者の権威と要求の正統性

†――集団免責

・集団に対する被験者の自己同一性
・集団と被験者との近接度
・集団による殺人支援の強度
・直接集団の人数
・集団の正統性

†――犠牲者との総合的距離

・殺人者と犠牲者の物理的距離
・殺人者と犠牲者の心理的距離、すなわち
　―社会的距離
　社会的に階層化された環境において、特定の階級を人間以下と見なす慣習の生涯にわたる影響

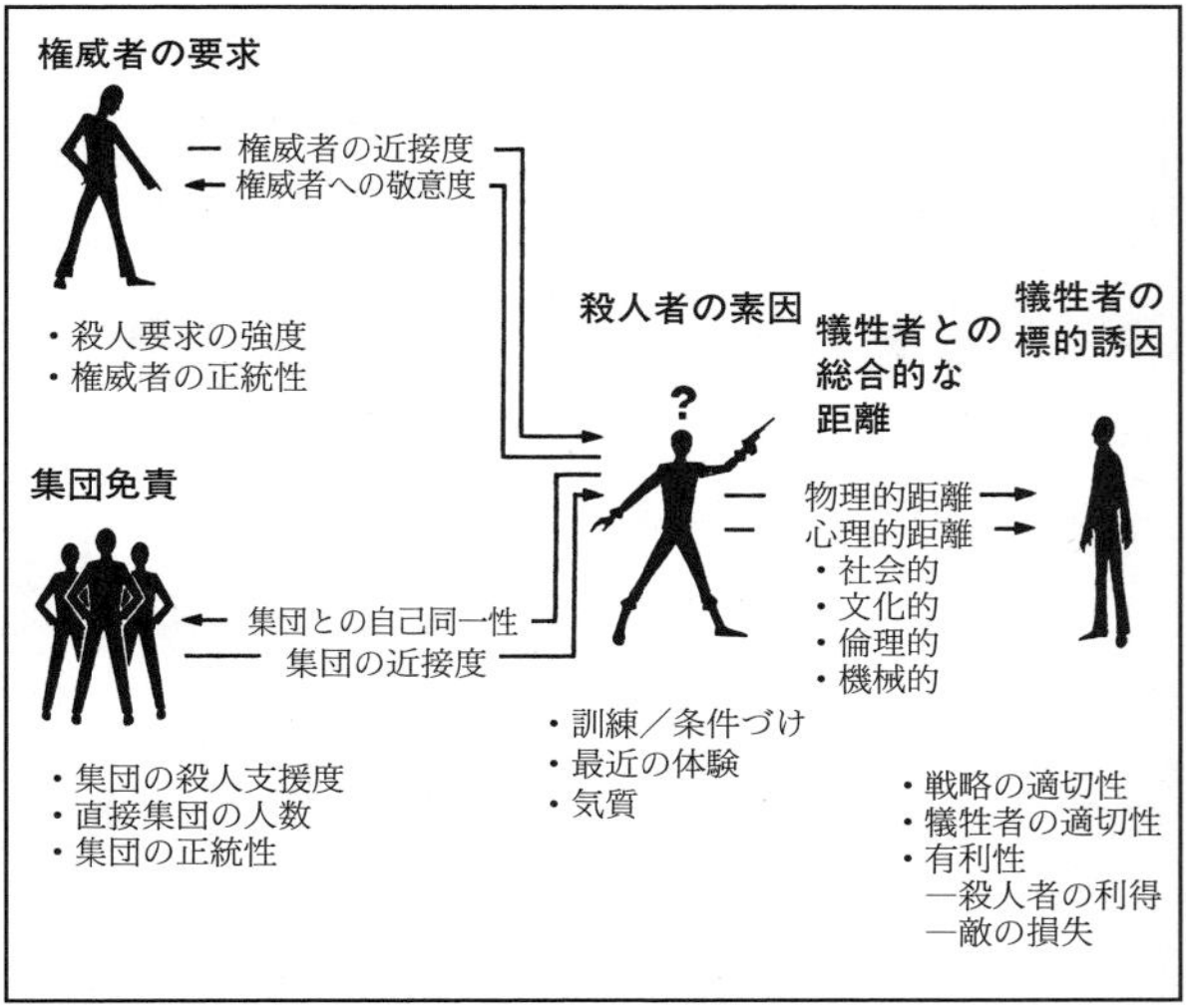
権威者の要求
権威者の近接度
権威者への敬意度
・殺人要求の強度
・権威者の正統性
集団免責
集団との自己同一性
集団の近接度
・集団の殺人支援度
・直接集団の人数
・集団の正統性
殺人者の素因
?
・訓練／条件づけ
・最近の体験
・気質
犠牲者との総合的な距離
物理的距離
心理的距離
・社会的
・文化的
・倫理的
・機械的
犠牲者の標的誘因
・戦略の適切性
・犠牲者の適切性
・有利性
—殺人者の利得
—敵の損失

―文化的距離
人種的・民族的な違いなど。犠牲者の人間性を否定するのに有効
―倫理的距離
倫理的優越と〈復讐〉の正当性を固く信じること
―機械的距離
手の汚れない〈テレビゲーム〉殺人、すなわちテレビ画面、熱線映像、暗視装置など、機械的な緩衝物を通じて行う殺人の非現実感をいう

シャリットの要因

ここで本モデルに取り入れるのは、イスラエルの軍事心理学者の考案した犠牲者の条件に関するモデルである。ここでは、次のような戦術的環境について考慮する。

・その犠牲者を殺すためにとりうる戦略の適切性と有効性
・犠牲者の適切性（殺人者および戦術的状況に対する脅威としての）
・殺人行為の有利性
―殺人者の利得
―敵の損失

殺人者の傾向

ここでは次のような要因を考慮する。

・兵士の訓練／条件づけ（マーシャルの研究に基づくアメリカ陸軍訓練プログラムは、第二次大戦時に五〜二〇パーセントだった個々の歩兵の発砲率を、朝鮮戦争で五五パーセント、ベトナム戦争では九〇〜九五パーセントにまで向上させた）

・兵士の最近の体験（たとえば、敵に友人や親族を殺された体験は、戦場での殺人行動と密接に関連する）

殺人行動をとりやすい気質というのは、とくに研究のむずかしい分野である。しかしスウォンクとマーシャンによれば、兵士の二パーセントは〈攻撃的精神病質者〉の素因をもち、殺人行動に通常ともなうトラウマを経験しないらしい。また、この調査結果をあるていど裏づける研究もいくつかなされており、戦闘機パイロットの攻撃的殺人行動に関する空軍の研究もそのひとつである。

応用――ミライ村への道

カリー中尉率いる小隊の関わった、悪名高いミライ村大虐殺を例にとろう。ここには、先にあげた要因がいくつか作用しているのがわかる。ティム・オブライエンはこう書いている。「ミライの地雷原でGIたちに起きることを理解するには、このアメリカで起きていることを知らねばならない。ワシントン州フォート・ルイスを理解しなければならない。

基礎訓練の名で何が行われているか理解しなければならない」。オブライエンは、文化的距離と訓練／条件づけという要因を、銃剣訓練の際にふたつながら感じたという（もちろん使っていることばは違うが）。練兵係軍曹が耳元で怒鳴る。「ベトコンどもはチビなんだぞ。腹をねらうなら低く突け。かがんで突くんだ」。同様に、ホームズもこう述べている。「ミライへの道をまず最初に拓いたのは、ベトナム人の非人格化、そして民間ベトナム人など殺してもどうということはないという『たかが黄色いサル』式の考えかたであった」。

　カリー中尉の小隊からは、それまでに敵の攻撃で何人もの死傷者が出ていた。だが敵の姿はめったに見えず、いつでも民間人のなかに紛れ込んでしまうようだった。虐殺の前日、人気者のコックス軍曹が仕掛け爆弾《ブービートラップ》で死んでいる（民間人の犠牲者としての〈適切性〉が強まり、敵による仲間の喪失という最近の体験が加わり、同時に殺人への集団支援強度も高まる）。ある目撃者の証言によると、カリーの属する中隊指揮官メディーナ大尉は、部下へのブリーフィングでこう述べている。「われわれの任務は、急襲してなにもかも破壊することだ。全員を殺せ」「女子供もですか？」「全員と言ったんだ」（正統かつ敬うべき権威者からの中程度の要求）。

　女性と子供の死体が山をなすミライ村の写真を見れば、こんな残虐行為にアメリカ人がどうして手を染めたのか理解できないと思うかもしれない。だがミルグラムの実験では、見も知らぬ権威者に命じられたというだけで、〈犠牲者〉の悲鳴や嘆願にも耳を貸さず、被験者の六五パーセントが相手を死なせるほどの電気ショックを与えているのだ。なんの言いわけにもならないが、少なくともミライの事件がどうして起こったのか理解することはできる（そしておそらくは同様の事件の再発を防ぐこともできるだろう）。それには、殺人を命じられた兵士にどのような要因が複合して作用していたか、その累積的な強度を理解しなければならない。殺人を命じたのは、正統性も近接度も敬意度も高い権威者である。殺人を実行した兵士たちは、近接度も敬意度も正統性も高い同意の成立した集団に属し、訓練と最近の喪失体験による脱感作と条件づけによって殺人傾向も高まっていた。また、文化的・倫理的へだたりが広く認められていて、犠牲者との距離は大きかった。そして命じられた行動をとることで、これまでどんな戦略も通じなかった敵に損失を与えられる可能性があったのである。

ダイアの引用した帰還兵は、「ごくふつうの、基本的には心優しい」アメリカ兵に、これらの要因がどれほどの圧力を及ぼすか鋭く見抜いている。

そういう若いのをしばらくジャングルに送りこみ、心底びびらせて眠れないようにしておけば、ほんのちょっとしたことで恐怖は憎悪に変わる。そのうえで、仕掛け爆弾や不注意のせいで部下を大勢なくした下士官に任せてやるわけだ。そういう下士官は、ただ自分と違うというだけで、ベトナム人はのろまで薄汚い弱虫だと思いこんでいるものだ。ついでにほんの少し集団の暴力を経験させてやれば、ここらにいるあのお行儀のいい若いのだって、昔の戦士みたいに女を強姦するようになる。殺しと強姦と盗みが目的

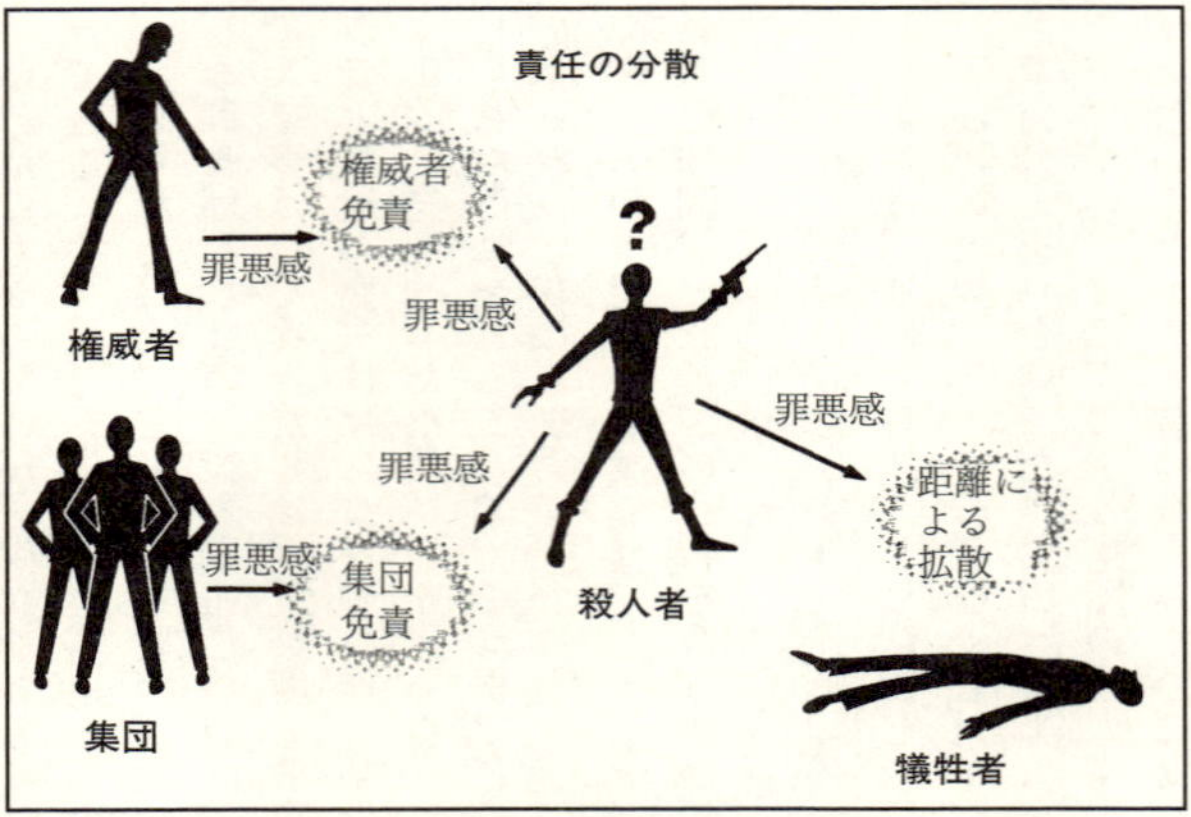

になってしまうんだ。

だれもが銃殺隊員

要約すれば、戦場での殺人を可能にする要因の大半は、銃殺隊による死刑執行の際の〈責任の分散〉という現象に見てとれる。戦場では、だれもが大きな銃殺隊の一員だからである。指揮官は命令を与え、権威者の要求をもたらすものの、みずからは殺人には関わらない。銃殺隊という集団は一体感と免責の感覚をもたらす。犠牲者に目隠しをすることで心理的距離が生まれる。犠牲者の罪状を知っていれば、適切性と合理性が得られる。

殺人を可能にするさまざまな要因は、殺人への抵抗を回避あるいは克服するための強力な道具になる。ただ『ベトナムでの殺人』の部で見るように、回避した抵抗が大きければ大きいほど、次の合理化の段階で克服すべきトラウマも大きくなる。殺人には代償がつきものであり、兵士はみずからの行為を死ぬまで背負ってゆかねばならない。そのことを社会は学ぶべきだ。本書で概略を述べてきた研究からわかるのはこういうことだ——銃殺隊の力学によって殺人は可能になる。しかし、銃殺隊のメンバーが支払う心理的代償は恐ろしく高い。同様に、戦場での殺人のプロセスとその代償の大きさについても、社会はそろそろ理解しなければならない。いちど理解すれば、殺人にたいする見かたは一八〇度変化するはずである。

第五部

殺人と残虐行為

【ここに栄光はない。徳もない】

戦時下国家の基本的目的は、敵のイメージをはっきりさせ、敵を殺すこととたんなる人殺しとを峻別することである。
グレン・グレイ「戦士」

〈残虐行為〉とは非戦闘員を殺すことと定義できる。非戦闘員とは、戦うのを放棄した、すなわち降伏したもと戦闘員か、あるいは民間人のことだ。だが現代の戦争、とくにゲリラ戦ではこの区別がなかなかむずかしい。

戦争には残虐行為がつきものであり、戦争を理解するには残虐行為を理解する必要がある。そのために、まず残虐行為のスペクトルを端から端まで見てゆくことにしよう。

第26章　残虐行為のスペクトル

第二次大戦時のナチスの残虐行為は、すべて精神病質者やサディスティックな殺人者が犯したものと考えがちだ。だが幸運にも、その手の人間は社会全体から見ればほんの少数なのである。現実には、戦闘での殺人といわゆる人殺しを区別するのはじつに複雑な問題なのだ。残虐行為という現象の本質を理解するためには、個々の現象の種類を正確に定義するより、連続的なスペクトルとしてとらえたほうがよいだろう。

このスペクトルに入るのは個人による対人的な殺人のみとし、爆弾や大砲による民間人の無差別殺人は除外する。

敵ながらあっぱれ

残虐行為のスペクトルのいっぽうの極にあるのは、こちらを殺そうとする武装した敵を殺す行為である。これはまったく残虐行為とは言えないが、他の殺人を評価する基準にはなる。

戦って「あっぱれ」な最期をとげる敵は、殺した側の信念、つまり自分もあっぱれな戦士であり、輝かしい大義のために戦っているという信念を裏書きしてくれる。ホームズによれば、第一次大戦時のあるイギリス軍将校は、死ぬまで忠実に戦ったドイツの機関銃手たちについて、感に堪えないようすでこう語ったという。「最高の敵だった。死ぬまで戦って、こっちはさんざん苦しめられた」。またT・E・ロレンス（アラビアのロレンス）も、あるドイツ人部隊を称えて不滅の名声を与えている。第一次大戦のトルコ軍敗走のおり、ロレンスはアラブ軍を率いていたのだが、このドイツ人部隊は彼のアラブ軍に屈しようとしなかったのである。

同胞を殺した敵ではあるが、しだいにあっぱれと感じるようになった。故国を二〇〇〇マイルのかなたにし、希望も案内もないまま、どんな勇者もくじけるような最悪の状態に置かれている。それでも隊伍を崩すことなく、トルコとアラブ双方の残軍のあいだを装甲艦のように進んでゆく。昂然と頭をあげ、粛々と。攻撃を受ければ足を止め、構え、号令とともに発砲する。あわてる者も、叫ぶ者も、ためらう者もいない。まことに戦士の鑑である。

このような〈高貴なる殺人〉の場合、殺人者はほとんど良心の呵責を感じることはない。したがって、倒した敵を称えることによって、自分の行為をさらに合理化することができる。殺した相手の高貴さによってみずからを高め、心の平和を得られるのだ。

グレイゾーン――待ち伏せとゲリラ戦

現代の戦闘では待ち伏せや奇襲が多用される。敵は直接の脅威にならず、しかも降伏のチャンスも与えられずに殺されるのである。スティーヴ・バンコの話はその好例だ。「あっちは私が隠れてることにぜんぜん気がついてなかった。……だが、こっちからは丸見えだ。……クソみてえな死にかただ、そっと引金をしぼりながら思った」。

このような殺人が残虐行為と言われることはないが、高貴な殺人でないことも明白で、合理化や対処がむずかしい場合もある。今世紀に入るまでこんな待ち伏せ作戦は戦闘ではごくまれだった。そんな戦法をとるのは卑怯だとすることで、多くの文明はみずからの良心と精神の健康をあるていど守ってきたのである。

ベトナム戦争がとくにトラウマ的だったのは、ひとつにはゲリラ戦の必然でもあった。つまり、戦闘員と非戦闘員の区別がつけがたい状況にしばしば遭遇したということだ。

村の包囲を命じられた米兵は、緊張すると同時に戦争疲れしていた。そんなかれらにとって、尋問官じゃあるまいし、細かいニュアンスや特徴をとらえてベトコンと民間人、戦闘員と非戦闘員を見分けることなどどだい無理な話だった。ベトコンかそうでないか、とっさに判断しなければならないことも多いし、言葉の壁の問題もある。ちょっと不審なところがあるというだけで命を落とす村人もいる。たとえばベン・スクで、アメリカ軍の一部隊が村に続く道のそばにひそみ、ベトコンを見張っていたときのこと。ひとりのベトナム人が自転車で近づいてきた。黒いパジャマのような服。貧しい農民の服装だが、ベトコンも着ている。視界に入ってきてから二〇ヤード進んだころ、男の前方三〇ヤードあたりで機関銃がはじけた。男は溝に転げ落ち、泥にまみれて死んだ。

ひとりの兵士がきっぱりと言った。「こいつはベトコンだったんだ。正真正銘のベトコンさ。この格好を見りゃわかる。町を出ようとしてた。何かわけありだったんだ」

チャールズ・マロイ少佐も言った。「黒いパジャマの男が目に入ったらどうする？ 向こうがオートマティックを出して撃ちはじめるまで待つのか。私だったらそうはしない」

男がベトコンだったのかどうか、結局確認できなかった。敵が外国軍でなく、民間人に紛れ込み、民間人のなかから攻撃してくる戦争はこれだからむずかしい。

エドワード・ドイル「三つの戦闘」

このような証言を読めば、兵士たちの身になってかれらのことばを理解できるようになる。兵士は人を殺す訓練を受けたのだし、一瞬も気の休まらない状況に置かれていたのだから、ほんとうなら自分の行動を正当化する必要などないのだ。それなのに、なぜ正当化しようとするのだろう。「こいつはベトコンだったんだ。正真正銘のベトコンさ。この格好を見りゃわかる。町を出ようとしてた。何かわけありだったんだ」。自分の行動の正しさを必死で自分に納得させようとしているかのようだ。ずっとこの種の行動を強いられてきて、いつまた同じ過ちをくりかえすか知れない。だからこそ、おまえのしたことは正しい、必要なことだったんだと、どうしても言ってもらわなければならないのである。

さらにむずかしい状況もある。たとえば、アメリカ陸軍のヘリコプターパイロットがベトナムで遭遇した状況を見てみよう。

左手遠く、二機のヒューイ（ヘリコプター）が田んぼのなかに墜落していた。高台の真上にさしかかったとき、妙なことに気づいた。その高台のど真ん中で、老女がひとりのんきに苗を植えているのだ。あいかわらずジグザグ飛行をつづけながら、あんなところで何をしているのかと肩ごしにふりかえってみた。気が狂っているのか、それとも戦争ぐらいで予定を変えるものかとでも思っているのだろうか。燃えるヒューイにまた目をやったとき、ふいに老女の意図がわかってヘリを戻した。

「あの婆さんを撃て、ホール」叫んだが、ドア・ガナー（ヘリコプターのドアに取り付けた機関銃の銃手）のホールはヘリの反対側を見ていて老女に気づいておらず、気でも狂ったかという目で見返してきた。というわけで発砲もせずに老女の上を素通りし、狙撃をかわしてジグザグに田んぼの上を旋回しながら、私はホールに説明した。

「いいか、あそこからなら三六〇度、村の周囲を木に邪魔されずに見晴らせるだろうが」私はわめいた。「機関銃手はあの婆さんを見てるんだ。ヒューイが来るのに気づくと、婆さんはそっちに顔を向ける。すると銃手はそっちの方角に集中砲火を浴びせるんだよ。ここらで撃ち落とされるヘリが多いわけだ。あの婆さんは風見なんだ。撃て！」

ホールは親指を立てて見せ、私は回頭してもういちど老女の上を通過しようとしたが、同じことに気づいた（別の機の）ジェリーとポールが先に老女を仕留めていた。燃えるヒューイの上をまた飛び過ぎたとき、無力な老女を殺したというのになぜか安堵感しか感じなかった。

D・ブレイ「捕虜を求めて」

老女は強制されてこんなことをしていたのだろうか。根っからのベトコン協力者だったのか、それとも犠牲者だったのか。ベトコンに銃を突きつけられていたのだろうか。同じ状況に立たされたとき、このパイロットたちと違う行動をとる者がいるだろうか。いるかもしれないが、そういう者はたぶん生きて戻ってはいないのだ。このパイロットたちを非難する者がいないのはたしかだろう。しかし、かれらが一生疑念を背負って生きてゆかねばならないことも、またたしかなのである。

現代の戦闘におけるこのようなグレイゾーンの殺人は、ときに恐ろしいトラウマを引き起こす。

いいかい、おれだって人を殺したかないさ。だけどアラブ人なら殺したことがある［無意識に敵を非人格化していることに注意］。あんたになら話してもいいかな。（レバノン）戦争の最中に、白旗もあげないで車が一台こっちに走ってきたんだ。その五分ばかり前に来たＲＰＧ（ロケット推進式擲弾《てきだん》）をもったパレスチナ人が四人乗ってやがって、仲間が三人殺られたばかりだった。だから今度は、その近づいてきたプジョーにみんなで銃をぶっ放した。乗ってたのは家族づれだったよ。子供が三人。おれは泣いたけどどうしようもなかったんだ。それが大問題なんだ。……子供に親父におふくろ。家族全員みな殺しさ。だけど、ほかにどうしようもなかったんだ。

一九八二年レバノン駐屯イスラエル予備兵ガービイ・ベイシャン
グウィン・ダイア「戦争」より

これもまた、現代の戦争に特有の殺人である。ゲリラとテロリストの時代、黒と白にきれいに分かれていたものが、しだいに灰色に変わってゆく時代だ。残虐行為のスペクトルをたどってゆくと、着実にその灰色は黒に近づいてゆく。

ダークゾーン——見下げた敵

戦争中、捕虜や民間人を近距離から殺害すれば、それはまちがいなく逆効果をもたらす。敵は戦意を固め、ますます降伏しなくなる。だが戦闘の興奮のさなかでは、捕虜殺しはままあることなのだ。

私の面接調査に応じてくれたベトナム帰還兵数名は、詳細にはふれずにこう言っている——「捕虜をとったことはない」。学校や訓練の場では、捕虜は「たいせつにする」べきだという暗黙の了解が存在する場合が多い（訓練でとりあげるのは敵前線後方で作戦遂行中という状況であって、捕虜などとっている場合ではないのだが）。

しかし、戦闘のさなかではことはそう簡単ではない。至近距離で戦うには敵の人間性は無視しなければならない。ところが降伏されたらこんどは逆のことを要求される。敵の人間性を認め、情けをかけねばならないのだ。戦闘のさなかに降伏するのは、どちらの側にとっても一八〇度の頭の切り換えを要求する行為だ。これは非常にむずかしい。威嚇または闘争を選び、戦闘のさなかに死ぬことを選べばあっぱれな敵と称えられる。しかし、最後の瞬間に降伏しようとすれば、その場で殺されるリスクは大きい。

ホームズはこの現象についてくわしく書いている。

戦闘中の降伏はむずかしい。チャールズ・キャリントンはこう述べている。「ぎりぎりまで戦ったら、『命乞い』する権利はない」。T・P・マークスは、七名のドイツ軍機関銃手が射殺されるのを目の当たりにした。「丸腰だったが、それは向こうの勝手だ。武器を捨てろとは言ってないんだからな。機関銃でさんざなぎ倒しといて、敵が近づいてきて形勢が逆転したからって降伏しても遅いぜ」。

エルンスト・ユンガーも、次のような状況では防衛軍に降伏する倫理的権利はないという意見だ。「たった五歩しか離れてないところから銃弾を浴びせていれば、報いを受けるのは当然だ。血煙を浴びて突撃中に頭を切り換えろと言われてもむりだ。頭にあるのは捕虜をとることではない。殺すことなのだ」。

一九一四年のモンセルでの騎兵隊作戦中、第九槍騎兵連隊のジェームズ・テイラー軍曹は、興奮した兵士を制止するのがどんなにむずかしいか体験している。「それからちょっと混戦状態になって、馬はいななくし兵士はわめいたり叫んだりしてるし……落馬して両手を上げているドイツ兵に、ボルタ伍長が槍でまっすぐ突っ込んでいくのを見て、あれはまずいと思ったのを憶えている」。

ハロルド・ディアドンは西部戦線の衛生将校だったが、母親宛ての若い兵士の手紙を読んだことがあるという。「敵の塹壕に飛び込んだとき、敵は全員両手を上げて『カメラド、カメラド』と叫んでいました。『降伏する』という意味です。だけどそういうわけにはいかないんです。きょうはここまでにします。愛をこめて、アルバートより」

……どんな戦争でも、小火器の射程に入るほど敵が近づいてくるまで戦っていれば、命乞いして助けられる率は五分五分がいいところだろう。降伏しようと立ち上がれば、「いまさら遅いぜ」という決まり文句とともに殺される恐れがある。かといって身を伏せれば、危険を冒す気のない掃討部隊から手榴弾を投げつけられるだけだろう。

だがホームズによれば、このような状況下でつねに驚かされるのは、降伏しようとして殺される兵士が多いことではなく、逆にきわめて少ないことだという。怒りをたぎらせていてもなお、殺人への普遍的な抵抗感がやはり作用するのである。

降伏者の処刑は明らかに過ちであり、戦後に国家と兵士が折り合ってゆけるように暴力を戦闘に向けてきた、それまでの努力が水泡に帰してしまう。しかし、戦闘の興奮のさなかに処刑が行われても、それで起訴されることはまずない。たいていの場合、兵士ひとりひとりがみずからの責任で行動を律してゆかねばならないのだ。

ただし、冷静に行われる処刑の場合は話はまったく別である。

ブラックゾーン——処刑

ここでいう〈処刑〉とは、非戦闘員（民間人または捕虜）を近距離から殺すことで、なおかつ殺される人間が、軍事的または個人的に、殺人者にとって重大または差し迫った脅威にならない場合をいう。このような殺人は、殺人者にとっては強烈なトラウマ的影響を及ぼす。犠牲者を殺す内的動機に乏しく、ほとんど完全に外的な動機から行われるからである。しかも、近距離から殺す場合は犠牲者の人間性を否定するのがきわめてむずかしく、また個人的な責任を否定することもとほうもなくむずかしい。

グリーンベレー隊員だったジム・モリスは、ベトナムから戻ったあと作家に転身した。次にあげるのは彼が行ったインタビューの記録である。相手はもとマレーシア治安部隊員で、処刑の記憶を背負って生きようとするオーストラリア人。この人物の物語は「引退した殺人者——〈英雄も悪者もいない。仲間がいるだけ〉」と題されている。

今回は、部屋の反対側の壁にもたれていた。彼は前屈みになって、落ち着いてまじめに話している。もう取りつくろおうとはせず、包み隠さず話そうとしていた。

「テロリスト収容所を襲って、女テロリストをひとり連れだした。党の重要人物にちがいなかった。人民委員の記章をつけてたからな。部下には捕虜はとらないと前もって言ってあったが、女を殺したことはなかった。『すぐに殺しましょう。もう行かないと！』軍曹が言った」。

「ちくしょう、私は冷や汗をかいていた」ハリーは続けた。「女は堂々としていた。『どうしたんです、ミスター・バレンタイン？　汗をかいてますよ』そう訊いてきた」。「『あんたのせいじゃない。マラリアのぶりかえしだ』と私は言って、拳銃を軍曹に渡そうとしたが、首をふるだけだった。……だれもやろうとしない。自分がやらなかったら、二度とこの部隊をまとめることはできないと思った」。「『汗をかいてますね、ミスター・バレンタイン』女はまた言い、『あんたには関係ない』と私は答えた」

「それで、殺したんですか」

「くそ、女の頭を吹っ飛ばしてやったよ」ハリーは答えた。……

「小隊の全員が集まってきた。みんな笑顔だった。『さすがはツアン〈マレー語で〈上官〉または〈指揮官〉だ』軍曹が言った。『さすがはツアンだ』って」

私は聖職者ではない。もう将校でもない……この表情で、私の好意がハリーに伝わることを願った。彼が自分で自分を許すことができればそれでいいのだ。だが、それはむずかしいことである。

これが残虐行為のスペクトルである。残虐行為はこのようにして行われる。しかし、これだけでは理由はわからない。次は残虐行為の理由について見てゆく。残虐行為の原理と、残虐行為に手を染めた者に与えられる邪悪な力について考えてみよう。

第27章　残虐行為の闇の力

問「正義は銃身から生まれるか」

　ある寒い雨の日、ワシントン州フォート・ルイスでは訓練が行われていた。捕虜に関する課題を終えたばかりの兵士たちが話をしている。敵軍は持続性神経ガスの充満する地帯を行進させればいいと言う者、捕虜の始末には指向性破片地雷《クレイモア》こそいちばん安上がりで手っとり早いと言う者、どっちもむだだ、地雷の撤去とか、核や化学兵器の汚染地域の偵察に利用するのがいちばんだと言い張る者。近くに立っていた大隊付きの牧師が、これはどう見ても倫理的な問題だと口をはさんできた。

　牧師はジュネーヴ条約を引用して、わが国は正義の軍隊であって、神を助けて大義を実現せねばならないと論じた。だがこんな道徳論では、現実的な兵士たちにはたいして効き目はない。ジュネーヴ条約は却下され、過激な意見が飛び出した。「ジュネーヴ条約では、黄燐焼夷弾を軍に向けて発砲してはならないと定めているから、敵の装備に当たったと主張すればいい」と教官に教わったが、と若き砲兵は言う――「条約を出し抜く方法をこっちが考えつくぐらいだから、敵だって考えついてるはずですよ」。また別の兵士も口を開いて、「ロシアの捕虜になったら殺されるかもしれない。敵に同じ薬を盛ってなにがいけないんです」。牧師の「正義」や「神を助ける」ということばに対して、冷たい雨に濡れた兵士たちの考えは「正義は銃身から生まれる」、「歴史は勝者がつくる」のほうへ傾いていた。

〈ジュネーヴ条約と黄燐焼夷弾〉の話は、私もフォート・ベニングで聞いている。士官候補生学校での大砲の射角に関する講義でも、歩兵将校基本コースでも、レンジャー養成校でも、そして歩兵迫撃砲小隊将校コースでも聞かされた。捕虜の扱いについて述べたレンジャー養成校の教官は、自分の考えをはっきり伝えていたものだ。いわく、襲撃や待ち伏せの際には捕虜をとるものではないと。私の見るところ、レンジャー大隊出身の優秀な若い兵士たちは、大半がこのレンジャー養成校ばりの考えかたを身につけてくる。

回答「私がこの手で撃ち殺す」

こんな考えに染まった兵士にたいして、私は基本的にこう言うことにしていた。「いちどでもこちらに虐殺行為があったと敵に知られたら、バルジの戦い（第二次大戦最後のドイツ軍の大反攻）でマルメディのわが軍兵士がそうだったように、何千もの敵兵がぜったい降伏はするまいと決心し、最後まで手こずらされることになる。バルジの戦いで、ドイツ軍は捕虜を射殺するという噂が流れたときと同じだ。それに、それがりっぱな理由になって、捕虜になっている味方の兵士が殺されるかもしれない。つまり、ひと握りの敵の捕虜、自分たちと変わらない哀れな疲れきった兵士を殺すことで、敵軍はひどく頑固になるうえに、大勢の仲間が死ぬ、いや無惨に殺されることになるんだ。

ところが、捕虜を連れていけないときに、武器を取り上げて縛りあげたうえで、どこかの空き地にでも残していけば、アメリカ軍は捕虜を丁重に扱っていると噂になるだろう。するといざというときになって、おびえて疲れきった敵兵が、死ぬよりはましだとそろって降伏してくることになるんだ。第二次大戦中、ソ連の一軍団がまるごと脱走し、ドイツ軍に下ったことがあった。ドイツ軍はソ連人捕虜を犬並みに扱っていたが、それでもひとつの軍団がまるごと逃げてきたんだ。もし敵が人道的だったらどうするだろうか。

最後に言っておくが、英雄気取りで捕虜を殺している現場をおさえたら、私がその場で諸君を射殺する。違法行為だから、不正だから、罰当たりなことだからだ。そんなことをしていたら、勝てる戦争も勝てなくなる」。

ソ連軍の捕虜や亡命者は戦闘部隊に組織できる見込みがあるし、捕虜をとらえて情報を得るのにはきわめて現実的な意味があるのだが、それについてはわざわざ言うまでもなかった。

教訓とさらなる問題

最大の問題は、捕虜を適切に扱わないと反動を引き起こす恐れがあるのに、そのことを私に指摘してくれた者がひとりもいなかったということだ。上官のだれひとり、自分がこの立場を取っていることを明確に表明し、その正しさを主張した者はいなかった。それどころか事実はまったく逆だった。兵卒のときも軍曹になったときも、私の上官になった下士官たちはみな、生かしておくと不便なら捕虜はいつでも処刑してよいという考えだったし、当時は私もそれはもっともなことだと思っていた。戦場での捕虜の扱い（というより虐待）のとんでもない重大性とその恐るべき影響については、だれもなにひとつ教えてくれなかったのだ。たぶん上官たちもわかっていなかったのだろう。

次の戦場では、わが軍の兵士たちは戦争犯罪を犯すかもしれない。そして、戦闘の効果を高める要因のひとつをみすみす捨てる結果になるかもしれない。その要因とはすなわち、被抑圧層が国家を裏切る傾向である。

第二次大戦時の捕虜に面接したある人物によると、ドイツ兵の口からなんども聞かされたのは、第一次大戦を体験した親戚に「心配するな、歩兵になって最初に会ったアメリカ軍に降伏しろ」と助言されたという話だったそうだ。アメリカ軍のフェアプレイと人命尊重の評判は、世代を超えて生き残った。第一次大戦時のアメリカ軍の公明正大な行為が、第二次大戦で多くの兵士の命を救うことになったわけである。

これが、戦闘での残虐行為の影響にたいするアメリカの立場であり、その立場を支える論理である。しかし、戦争における残虐行為の利用価値について、多くの国家がこれとは異なる立場をとってきたし、そこには考慮すべきもうひとつの論理がある。それは残虐行為にたいする歪んだ論理であるが、殺人を完全に理解したければ、この論理についても理解せねばならない。

資格の付与

戦争……が人を変えるわけではない。ただ人のうちにある善と悪を誇張するだけだ。

モラン卿「勇気の解剖学」

†——死による資格付与

落下傘降下中に兵士が墜死するのを初めて見たとき、気持ちの整理をつけるのに何年もかかったものだ。その死に怖じ気づくいっぽうで、落下しながらもからまった予備落下傘と格闘するその兵士の姿に、誇らしい思いを味わってもいた。彼の死によって、落下傘部隊について私の信じていたことが、すべて正しかったと裏書きされたからだ。われわれは日々死に直面している。あの勇敢で不運な兵士は、空挺部隊の精神に一身を捧げたのだ。

仲間の落下傘部隊員と語り合い、世を去った仲間の思い出に乾杯したあとで、しだいにわかってきたことがある。精鋭部隊に特有の自負、危険な任務に従事する崇高かつ優秀な部隊であるという自負が、仲間の死によっていっそう強められたということだ。意気消沈するどころか、みょうなことに私たちは彼の死によって高められ、資格を与えられたのである。精鋭の戦闘集団にはつねにこのような現象が見られるが、しかしこれは精鋭部隊に限ったことではない。国家は高くついた戦闘を、たとえ負け戦さであっても称える。アラモしかり、ピケットの突撃しかり、ダンケルク、ウェーク島、レニングラードしかり。戦闘に一身をささげた犠牲者の勇敢さと崇高さのゆえに。

†——残虐行為による資格付与

空挺行動中の落下傘兵の死を、第二次大戦中のユダヤ人虐殺になぞらえるのは乱暴かもしれない。しかし、一兵士の死を見たとき私のなかに生じたのと同じ心理が、はるかに拡大された形で、残虐行為を犯す者のうちにも存在しているのだと思う。

ユダヤ人大虐殺《ホロコースト》のことを、ユダヤ人をはじめとする罪もない人々を無意味に殺戮した行為と誤解する向きもある。しかし、この殺戮は無意味な行為ではない。残忍で邪悪な行為ではあるが、無意味ではないのだ。このような殺人には独自の論理が内在している。きわめて強力な、しかし歪んだ論理だ。これに立ち向かおうとするなら、まず理解しなければならない。

残虐行為という闇の力を利用する者は、多くの利益を手にする。政策としての残虐行為に手を染める者は、たいてい目前にあるつかのまの利益のために未来を売り渡しているのだ。つかのまではあっても、利益は現実に存在し、きわめて有効でもある。残虐行為の魅力を理解するには、個人、集団、そして国家がどんな利益を求めて残虐行為に走るのか、その利益について理解し、はっきり認識しなければならない。

†——テロリズム

残虐行為の利益と聞いてだれでも思いつくのは、人を震え上がらせることができるということだ。殺戮し虐待する者のむきだしのおぞましさと残虐性を前に、人々は逃亡し、隠れ、弱々しい自衛を試み、しばしばおとなしく従ってしまう。新聞を開けば、自分をも他者をも守れず、なすすべもなく大量殺人犯の犠牲になった人々の記事が毎日のように出ている。ハンナ・アレントが著書『イェルサレムのアイヒマン　悪の陳腐さについての報告』で述べているように、ナチに人々が抵抗できなかったのも同じことである。

ジェフ・クーパーは犯罪学分野での経験をふまえ、一般社会に見られるこの傾向について次のように書いている。

> スタークウェザー、シュペク、マンソン、リチャード・ヒコック、ケアリ・スミスなど、残虐行為についての最近の研究を見ればすぐにわかることだが、犠牲者はそのあきれた無能さや臆病さによって、自分を殺そうとしている犯人を手助けしているも同然なのである。……
>
> いやしくも男なら、暴力で脅されて屈したりするものかと思うかもしれない。だが、多くの人は臆病なのではなくて、ただ人間の残虐性という事実に慣れていないのだ。そんなことは考えたこともなく（新聞やニュースで読んだり聞いたりしているのにまさかと思うかもしれないが）、いざとなるとどうしてよいかわからないのだ。悪逆非道に直面する

と、あまりのことに茫然としてしまうのである。

社会に犯罪者やごろつきをはびこらせるこの現象は、革命組織や軍や政府によって政策として制度化されれば、さらにその威力を発揮する。あからさまに虐殺を政策として利用し、それによって勝利したひとつの勢力が、北ベトナムとその代理のベトコンである。一九五九年、南ベトナムの二五〇人の役人がベトコンに暗殺された。暗殺は簡単で安上がり、おまけに効果的だと、これでベトコンは味をしめた。一年後、この恐怖の殺人集団の犠牲者は一万四〇〇〇人に昇り、これがそれから一二年間も続いたのである。

その年月、本国アメリカの消耗戦の唱導者は北への報復爆撃を行ったが、いっこうに成果は上がらなかった。方法論といい目標といい、第二次大戦時の戦略爆撃にくらべると、この爆撃はまったくおそまつなものだった。だいたいその第二次大戦後の研究で、イギリスでもドイツでも、この手の爆撃は敵の戦意をいよいよ高めるだけだということはわかっていたはずなのだ。

アメリカが無益な北爆を続けているのをしりめに、北は南の土台を効率よく突き崩していった。ベッドで、自宅で、ひとりひとり殺していったのだ。すでに見たように、二万フィートの上空からの殺人は奇妙に非対人的で、心理的な影響力も弱い。しかし近距離からの個別の死、敵の強烈な憎悪の風をまともに受ける死は、相手の戦意をくじき、最後には勝利を達成するうえで恐ろしく有効である。

殺人を命じられた分隊は、その地域の名士の家へ押し入り、本人、妻、息子とその妻、男女の使用人とその赤子を射殺した。飼い猫は絞め殺され、犬は殴り殺され、水槽の金魚も床に投げ捨てられた。コミュニストが去ったあとの家には、命あるものはなにひとつ残っていなかった。ひとつの〈家族〉がまるごと抹消されたのだ。

ジム・グレイヴズ「もつれた蜘蛛の巣」

残虐行為には、単純にして恐ろしく、きわめて明白な有用性がある。モンゴルは、かつて抵抗した町や国を徹底的に殲滅《せんめつ》したことで有名だったが、ただそれだけで、戦わずして数々の国を降参させることができた。〈テロリスト〉の語はずばり〈恐怖《テロル》を行使する者〉という意味である。個人でも国家でも、恐怖を無慈悲かつ効果的に行使して権力をにぎるのに成功した例は、地理的にも歴史的にも近いところにごろごろしている。

†——殺しの資格付与

大量殺人・大量処刑は、大量の資格保持者を生み出す。

それは悪魔と契約を結んだようなもので、悪霊の大群がナチの親衛隊（これは一例にすぎない）の犠牲者のうえにはびこり栄え、血のいけにえへの褒美として、国家には悪の力が与えられる。ひとり殺すごとに、血をもって肯定され裏書きされたナチの人種的優越性という悪霊が、倫理的距離、社会的距離、そして文化的距離に基づく強力な疑似種分化（犠牲者を劣等種と類別すること）を確立していったのである。

ダイアの著書「戦争」には、中国人捕虜を銃剣で突いている日本兵を写した貴重な写真が収録されている。後ろ手に縛られ、深い溝に膝を折ってすわっている捕虜たちの列がどこまでも続いている。溝を見下ろす土手には、こちらも延々とつづく列をなして日本兵が並んでいる。その手には銃剣を装着したライフルが握られている。兵士はひとりずつ溝におりてゆき、捕虜に銃剣による〈個人的暴行〉を加えていく。捕虜は無気力なあきらめと無言の恐怖に頭を垂れている。銃剣を刺し通された者の顔は苦悶に歪んでいる。そして驚くべきことに、殺人者たちの顔も同じように歪んでいるのだ。

このような処刑の場では、倫理的距離、社会的距離、文化的距離、集団免責、集団との近接、そして服従を要求する権威者という強い力がひとつになって、兵士に処刑を強要する。生まれや育ちで身にそなわった人間らしさも、生得的な殺人への抵抗感もここでは無力である。

大量処刑に積極的または消極的に参加する兵士は、ひとりひとりが厳しい選択に直面する。ひとつの道は、そろって殺せと要求してくる圧倒的な力に抵抗することだ。だがそれはそのまま自分の国、指揮官、仲間から否定されることにつながり、他の犠牲者たちとともに処刑される破目になるだろう。もうひとつの道は、殺せと要求する社会的・心理的力の前に屈することだ。だがそうすることで、兵士は奇妙にも力を与えられるのである。

実際に人を殺した兵士は、おまえは女子供を殺した殺人犯だ、許しがたいけだものだと責めたてる自分の一部を抑えこまなくてはならない。身内の罪悪感を否定しなければならない。世界は狂っていない、自分が手にかけた相手は畜生以下なのだ、邪悪な害虫なのだ、国や上官の命令は正しいのだ、そう自分で自分を納得させねばならない。

この残虐行為はたんに正しいというだけではない。殺した相手よりも自分のほうが、倫理的社会的文化的に勝っているという証拠なのだと、兵士はそう信じなければならない。残虐行為は相手の人間性を否定する究極の行為であり、殺人者の優越を肯定する究極の行為である。これと相いれない考え、すなわち自分は過ちを犯したのだという考えを、殺人者は力ずくで抑えこまねばならない。そしてさらに、この信念を脅かすものには、それがなんであれ激しく攻撃を加えねばならない。殺人者の精神の健康は、自分の行いが善であり正義であると信じられるかどうかにかかっているのである。

さらなる殺人へ、虐殺へと殺人者をしばり、またその力を与えるのは、犠牲者の血である。この資格付与の基本的な心理は、悪魔的な殺人や狂信的な殺人の動機そのものだ。そこを理解すれば、悪魔との契約というたとえがそれほど突飛でないこともわかる。これこそが、何千年も前から人身御供という儀式に内在する力であり、機能であり、また魅力だったのである。

指揮官・同輩との絆

残虐行為を命じた者は、命令を実行した者に、そしてその大義に、罪悪感によって強力に結びつけられる。大義が成就しなかったら責任を問われるからだ。全体主義の独裁者の場合、指導者のため大義のために最後の最後まで戦うと信頼できるのは、秘密警察や親衛隊型の部隊である。ルーマニアのニコライ・チャウシェスクの国家警察やヒトラーの親衛隊は、残虐行為によって指導者と結びついていた部隊の例である。

全体主義国家の指導者は、部下を残虐行為に参加させることによって、寝返る恐れのまったくない手先を手に入れることができる。かれらの運命は、指導者の運命とひとつになる。みずからの論理と罪悪感の罠にはまった残虐行為の実行者には、〈神々の黄昏〉が訪れたときには、完全な勝利か完全な敗北か、ふたつにひとつの運命しか残されていない。

正当な脅威が存在しない場合、リーダーは（国家元首であれ、ギャングの親玉であれ）スケープゴートを立てることがある。スケープゴートを汚し、その無垢の血を流すことによって、殺人者は力を与えられ、そのリーダーとの結びつきも強まるからだ。伝統的にこの役割を負わされてきたのは、社会のなかでとくに目立つ弱者または少数者、たとえばユダヤ人や黒人だった。

女性もまた、他者を高めるために汚され、おとしめられ、人間性を奪われてきた。歴史を通じて、女性ほどこの資格付与という心理の犠牲になってきた集団はないだろう。敵を征服し、その人間性を奪うプロセスにおいて、強姦は非常に重要な役割を果たしている。

他者を犠牲にして互いに力を与え、結束を強めるというのは、まさに輪姦の心理そのものだ。戦争中には、このような輪姦を通じての資格付与と結束強化が国家レベルで行われるのである。

第二次大戦中のドイツとロシアの戦闘は、両者がともに残虐行為と強姦に完全に踏み込んだ悪循環の好例である。アルバート・シートンによると、ドイツに攻め入ったソ連兵は、ドイツ国内で犯した民間犯罪には一切責任を問われない、個人の財産とドイツ女性はすべてわがものにしてよいと言われていたという。最後はそこまで行っていたのである。

こんな奨励の結果、強姦事件の件数は何百万にも昇ったと言われる。コーネリアス・ライアンの「ヒトラー最後の戦闘」によれば、第二次大戦後のベルリンだけで、強姦によって生まれた子供はおよそ一〇万人もいたという。近いところでは、セルビアとボスニアでも強姦が政治の道具に使われていた。ここで押さえておくべきなのは、平時にしろ戦時にしろ、輪姦も集団や狂信者による殺人も〈無意味な暴力〉ではないということだ。それらは集団の結束を固め、犯罪行為を可能にする強力な行為なのであり、特定のリーダーまたは組織の富や権力を高め、あるいは虚栄心を満足させるという目的が隠されている場合がきわめて多い。いずれにしても、それは罪のない人間を犠牲にして達成される。

残虐行為と否認

残虐行為のむきだしのおぞましさは、それに直面する人々を震え上がらせるだけでなく、当事者以外の人間にはまさかという気持ちを起こさせる。現代社会における儀式的なカルト殺人にしても、大きくは外国の政府による大量殺人にしても、人が共通して感じるのはとても信じられないという思いである。だが、それが身近で起きれば起きるほど、信じないわけにはゆかなくなる。

たいていのアメリカ人は、ナチスドイツが数百万の人間を殺したという事実を受け入れることができたが、それはわが国の兵士が現にそこにいて、ナチの強制収容所をその目で見せられたからである。目撃者の証言、映像、発言力も影響力もあるユダヤ人層、そしてダッハウやアウシュビッツの強制収容所の霊廟、それがすべて結びついているから、この惨事を否認することはほとんど不可能になっている。ところが、こんな証拠を突きつけられてもなお、ユダヤ人虐殺などなかったと本気で信じている奇妙な少数者がこの国にもいるのだ。

残虐行為のあまりのむごたらしさに、人はできれば知りたくないと思う。カンボジアの集団殺人などの事件に直面すると、目をそむけてしまう。一九六〇年代の急進論者デーヴィッド・ホロウィッツは、自分や友人が経験したこの否認の心理についてこう書いている。

私も元左翼の同士たちも、スターリン派の圧政という反ソビエト派による〈嘘〉を信じようとしなかった。新たな人類の夜明けとして私たちが歓迎した社会では、億に昇る人々がアウシュビッツやブーヘンヴァルト並みの強制労働収容所に入れられていた。社会主義支配のもと、平和時に三千から四千万の人々が日常的に殺されていた。左翼が政府の進歩的政策を称え国境を守っているときに、ソビエトのマルクス主義者たちは農民や労働者を殺し、共産主義者さえ殺していたのだ。歴史始まって以来、資本主義政府が殺した共産主義者の数をすべて合わせても、ソビエトが殺した数には及ばない。

そしてこの悪夢のあいだずっと、ウィリアム・バクリイズやロナルド・レーガンなどの反社会主義者たちは、いまなにが起きているのか正確に世界に向かって語りつづけていた。それなのに親ソビエト派の左翼は、反動主義者とか嘘つきとか、その手の侮蔑のことばをかれらに浴びせつづけていたのだ。……

犯罪者たち自身がついにみずからの罪を認めなかったら、左翼はいまだにソビエトの残虐行為を否認していただろう。

これはとくに顕著な例であるが、アメリカの地位も発言力もある少数派が、この自己欺瞞のプログラムにとらわれていたのはまちがいない。だまされたのはおおむね善良でまともな、教育程度も高い男女である。だが、まさにその善良さ、まともさのゆえに、自分が称賛している人やものがそれほど完璧に邪悪だなどとは、どうしても信じられないのだ。おそらく大量虐殺の否認は、生得的な殺人への抵抗感と結びついているのだろう。抗しがたい圧迫を受け、力をもって脅されながらも人が殺人をためらうように、現に事実を突きつけられていても、人はやはり残虐行為の存在を想像することも、信じることもできないのである。

だが否認してはいけないのだ。世界を注意深く見まわせば、この私たちが信じている大義を守るために、どこかでだれかが闇の力をふるっているのが見つかるだろう。自分の好きな人、よく知っている人が、同胞たる人間に対してそんな行為ができると信じ、受け入れるのはむずかしい。それは、人間の本性というものをだれもが無邪気に信頼しているからだ。いつまで経ってもこの世界から残虐行為や陰惨な事件がなくならないのは、ほかのなによりも、この素朴な天真爛漫さ、信じようとしない、あるいは直視しようとしない傾向が原因なのかもしれない。

第28章　残虐行為の罠

「地獄だ！　地獄だ！」

クルツ（の台詞、岩波文庫より）
ジョゼフ・コンラッド「闇の奥」

短期的には利益があるものの、政策としての残虐行為はふつう（ただしかならずではない）自滅につながる。ただあいにく、この自滅はたいてい直接の犠牲者を救うには間に合わない。

残虐行為を強制することで人を結束させる場合、このプロセスをあるていど持続させるには正統性という基盤が必要である。国家の権威（スターリン主義下のソ連やナチスドイツなど）、国家宗教（大日本帝国の天皇崇拝など）、個々の人命を軽んじ、暴力と残酷を肯定する伝統（モンゴルの遊牧民や中国の各王朝など、古代文明に多く見られた）、長年の経験や集団のきずなが存在するところへ加わった経済的圧力（KKK団や暴力団など）、形はさまざまだが、これらはすべて「正統性を与える」要因である。単独または複数が結びついて、これらの要因は残虐行為の継続を保証するのだ。しかし、そこにはやはり自滅の種子が内包されている。

残虐行為による結束強化と資格付与のプロセスを経験すると、個々の成員はその集団にからめとられる。なぜなら、かれらの本性に気づくその他の勢力はみな敵対勢力になるからである。残虐行為を犯す者は、それが世間では犯罪と見なされることをもちろん承知している。だからこそ、民族国家レベルでは国民やマスコミを操作しようとするのだ。
しかし、人や知識の操作は一時しのぎでしかない。電子的な伝達手段が普及し、簡単に使える現代ではとくにそうだ。ナチのユダヤ人大虐殺やソ連の強制収容所の存在は公然と論じられていたし、天安門事件はただちに世界中にテレビ中継されて、中国の共産党政府もさすがに否定できなかった。

燃える橋と一方通行路

残虐行為を強制するのは比較的やさしいが、結束強化と資格付与のプロセスとして残虐行為を受容させるのはきわめてむずかしい。しかし、いったん資格付与のプロセスを受け入れた者、敵は人間以下なのだからなにをしてもよいのだと思い込んでしまった者は、やがて深い心理的な罠にはまり込む。

第二次大戦中のドイツの行為について調べるとき、ナチスの対ロシア戦のパラドックスにはどうしてもめんくらいがちだ。いっぽうでは飛び抜けて有能な戦闘組織をもっているのに、ウクライナを〈解放〉して、離反したソ連の部隊をナチスの大義に転向させるチャンスをナチスは活かせなかった。問題は、みずからに力を与える源泉そのものに足をすくわれたということだ。ナチスは民族差別主義をとり、残虐行為の基盤として敵の人間性を否定してきた。かれらの軍隊が戦闘において強力だったのはそのためである。だが、人間性を否定してきたがために、〈アーリア人〉以外は人間として扱うことができなくなってしまった。最初のうち、ウクライナ人はナチスを解放者として歓迎し、ソ連軍はこぞって降伏した。だがほどなく、ナチスはスターリン主義のソ連よりなお悪いと気づきはじめたのである。

いまのところ、中国とボスニアでは政策としての残虐行為が成功を収めているようだ。ベトナムでは、北が残虐行為によって勝利した。そして何十年ものあいだ、残虐行為という闇の力をふるうことでソ連はロシアと東欧に君臨してきた。しかしおおむね、体系化された国家政策として残虐行為を利用しようとする者は、この両刃の剣によって打ち倒されてきた。残虐行為という道を選ぶ者は、みずから背後の橋を焼きはらっている。引き返す道はないのだ。

敵に力を与える

第二次大戦のバルジ戦の際、ドイツの親衛隊はマルメディでアメリカ人捕虜の一集団を皆殺しにした。この虐殺の噂はアメリカ軍全体に野火のように広まり、何千もの兵士がなにがあってもドイツには降伏するまいと腹をくくった。また、ドイツ兵は相手がロシアのときは死ぬまで戦ったものだ。だがすでに見たように、相手がアメリカのときは、なるべく早く恥にならない機会をとらえて降伏しようとしたのである。残虐行為を犯す者は背後の橋を焼きはらったのと同じで、降伏が許されないことを知っている。しかし、残虐行為はかれら自身に力を与えるのと同時に、敵にも力を与えているのだ。

ここまで、残虐行為の限界をいくつか見てきた。しかし、これらすべてのマイナス面を考慮しても、残虐行為を犯した者が直面する、最も重大にして困難な問題をほんとうに理解したことにはならない。政策としての残虐行為を制度化し実行するとき、実行者も社会もその行為とともに生きていかねばならなくなる、それがなにより恐ろしいことなのである。しかし、締めくくりとして残虐行為の心理的代償をとりあげる前に、残虐行為のケース・スタディを簡単に見てゆくことにしよう。

第29章　残虐行為のケーススタディ

　ここにとりあげるのは、あるカナダ人兵士が体験した心理的反応をみずからつづった記録である。一九六三年、彼は国連平和維持軍の一員としてコンゴに派遣され、おそらくは残虐行為の最低最悪の一面を目撃することになった。気持ちのよい話ではない。この記録はアラン・スチュアート＝スミスの偽名で書かれている。スチュアート＝スミス大佐は、二三年間国連平和維持軍に勤務し、兵卒から大佐にまでなった人物である。二度負傷し、国連から勲章を授与され、殊勲報告書に名をあげられ、カナダ勲章、殊勲章も授与されている。八六年に退役したのち、アメリカのさる一流大学の招きを受けて教授に就任し、二年間犯罪学を教えている。

　ここでは残虐行為が両刃の剣であることに注意してほしい。残虐行為によって殺人者が力を得ると同時に罠に落ちていること、そしてかれらに敵対する兵士たちにも力を与えていることに注意してほしい。残虐行為の現場を押さえた以上、犯人を殺さないわけにはゆかないからである。

　建物に近づくにつれてはっきり聞こえるようになってきた。うめき声、それをときどきかき消す低い笑い声。教会の裏手には、目の高さに小さな汚れた窓がふたつあり、そこからなかをのぞいてみた。戸外のまぶしい日差しのせいでなかは薄暗く見えたが、どうやら裸の黒人がふたりで若い白人女性を拷問しているようだ。女性は尼僧か教師だろう。全裸で教会の側廊に大の字にされて、暴徒のひとりに両腕を思いきり頭上のほうへ引っ張られている。もうひとりの暴徒は、彼女の腹に膝をついて火のついた煙草をくりかえし乳首に押しつけていた。女性は顔にも首筋にも火傷のあとをつけられている。カタンガの憲兵隊の制服が椅子の背に無造作にかけてあり、女物の衣類が扉の近くに散らばっていた。……カービン銃が一挺、側廊の女性のわきにころがっていた。もう一挺は制服のそばの壁に立てかけてある。教会のなかには、ほかにはだれもいないようだった。

……

私の合図で、いっせいに教会内になだれ込んだ。銃はフルオートにセットしてある。「動くな」私は怒鳴った。「国連軍だ。おまえたちを逮捕する」こんなやりかたはいやだったが、ええいちくしょう、私はやはり兵士だし、女王陛下の法と秩序に服する身なのだ。

暴徒ふたりははじかれたように立ち上がり、目を丸くしてこちらに顔を向けた。私はスターリング式九ミリSMG（軽機関銃）を携行していて……それをかまえて裸のふたりに向けた。一五フィートと離れていなかった。

尼僧の腕を押さえていたほうは、見るからに恐怖に震えていた。視線はふらふらとあたりをさまよっている。と、その視線が側廊のライフルのうえで止まった。尼僧はうつ伏せになり、胸を抱いて苦痛にうめきながら身体を左右にゆすっている。

「バカなまねはよせ」私は警告したが、男は耳を貸さなかった。

一瞬にしてパニックに襲われた男は、耳をつんざく金切り声をあげてライフルめがけてジャンプした。両膝で着地して銃をつかむと、怯えた顔でこちらを振り向き、銃を構えようとする。私の一発目はその顔に命中し、二発目はまともに胸をとらえた。倒れるより早く死んでいた。死体には頭がほとんど残っていなかった。

第二の暴徒は狂ったように両腕をばたばたさせはじめた。羽毛のない黒い鳥が飛び立とうとしているかのようだ。その目は、スターリングの銃口と自分の銃のあいだをせわしなく行ったり来たりしている。壁に立てかけた銃までゆうに一〇フィートはあった。

……

「よせ、よせ」と言っているのに、男は「ヤ――」と大声をあげてライフルに飛びついていった。もういちど警告したが、銃をつかみ、アクションを作動させて弾薬を薬室に送り込み、銃口をこちらに向けようとする。

「ばかやろう、ぶっ殺せ」そのとき、エジャトン伍長が背後から入ってきてわめいた。

「さっさと撃て！」

暴徒と化したテロリストは、すでに完全にこちらに正対していた。ボルトアクション式ライフルの長い銃身をこちら側にぐるりと向けて、私の胸にねらいをつけようとあせっている。目と目が合った。白目のまんなかの黒い目はすでに正気を失っていた。強力な軽機関銃の弾丸が腹を引き裂き、胸へ這いのぼり、首の左側の頸動脈を切り裂いたときも、その目は私の目をのぞきこんでいた。スターリングの連射に吹っ飛ばされ、床にどさりと倒れても、その目はなおも私の目に釘付けになっていた。やがてその身体から力が抜け、瞳孔が開き、その目は視力を失った。……

オコンダに来るまで、私は人を殺したことがなかった。つまり、殺したとはっきりわかったことはなかったのだ。戦闘の混乱のなか、動く人影に発砲しているときは、当ったかどうかわかるものではない。第一九橋梁を爆破したときは、たしかに大勢の兵士を殺した。敵の護衛隊をまとめてあの世へ吹き飛ばしてやったのだ。だがなぜか、それは心理的には遠い事件だった。だいぶ離れていたし、敵の姿も動きも、人間性そのものまで夜の闇が覆い隠していた。だが、このオコンダではわけがちがう。私の殺したふたりは、手を伸ばせば届くほどそばにいて、表情がはっきり見え、息づかいさえ聞こえた。その恐怖を見、その体臭を嗅いだのだ。それなのに、不思議となにも感じなかったのだ！……［傍点はスチュアート＝スミス］

オコンダには尼僧がふたりいた。あのとき救った若い尼僧と、救えなかった年長の尼僧と。教会に踏み込んだとき、私は祭壇のやや後ろ左寄りに立っていた。そこからは祭壇の正面は見えなかった。粗削りの木材でつくった大きな祭壇で、その上には十字架がそびえていたのだが、たぶん見えなくてよかったのだろう。暴徒たちはその祭壇で年長の尼僧を切り刻んでいたからだ。

　彼女も裸にむかれていたが、年配で太っていたせいか、性的暴行は受けていなかった。そのかわり、祭壇にまっすぐ上体をもたせて座らされ、両手を祭壇に釘付けされていた。磔刑をまねたつもりだろう。暴徒どもはさらに彼女の乳房を銃剣で切り取ったあげく、蛮行の仕上げに銃剣を口から祭壇まで突き通し、上体を起こした姿勢で釘付けにしていた。もがいた跡があり、銃剣の傷で即死したのではなかったようだ。おそらく胸の傷からの出血多量で死んだのだろう。膣には白人の男根と睾丸がなかば突っ込まれていた。切り取られた乳房は見当たらなかった。

　男性器の主《ぬし》は村の中央で見つかった。大の字なりに縛られて、胸にはとがった棒で尼僧の乳房が留めつけられていた。……

　オコンダを発つ前、あの若い尼僧が訪ねてきた。命を救ってくれた兵士に会いたいと言って。いまは服を着て、軍医の助けを借りて多少は身ぎれいにしている。あまり若いので驚いた。二〇代初めか、もっと若いかもしれない。……膣を何針か縫われていたし、これから火傷の手当ても必要だろう。逃げるチャンスはいくらでもあったのに、敵地にとどまった決意には感心できなかったが、その気力にはさすがに舌を巻いた。私の目をまっすぐに見てこう言ったのだ。「あなたが来てくださったのを神に感謝します」。ひどく殴られていたが、くじけてはいなかった。

　私はといえば、つい二日前に一九になったばかりだった。いまだに善良なキリスト教徒家庭の素朴なしつけから抜けきれずに苦労していたが、このオコンダでそれもかなり失せた。ここには名誉も徳もない。アメリカの家庭や教会や学校で教わるお行儀など、戦闘の場ではお呼びでない。子供を育てるのにしか役に立たない絵空事だ。たったいまからきれいさっぱり忘れればよいのだ。同じ人間を殺したのに、罪悪感も恥辱も後悔もなかった。それどころか、自分で自分が誇らしかった。

アラン・スチュアート＝スミス「コンゴの悪夢」

残虐行為の例は無数にある。残虐行為を犯していない国家や人種や民族などほとんどない。だが、その殺人学的な側面の表現として、これは非常にすぐれた例である。わかりやすく、文学的でさえある。

本書で論じてきた（あるいはまもなく論じる）要因や心理の多くが、このケーススタディにはっきり見てとれる。暴徒たちは本能的に、〈抑圧者〉が神聖視するものを片端から攻撃し、汚そうとしている。その残虐行為が敵対者を怒らせ、力を与えている。暴徒らは残虐行為の罠に落ち込んでいる。犯行現場を押さえられ、降伏すれば処刑されるとわかっているから、戦う以外に選択の余地はなかったのだ。スチュアート＝スミスは、その残虐行為を目の当たりにしてもなお、殺すのをためらっている。素裸の男が「羽毛のない黒い鳥が飛び立とうとするように両腕をばたばたさせる」という滑稽で無害な動作には、標的誘因の弱さが見てとれる。刺激因子がそろっていても、やはり命じられるまで撃てなかったというくだりには、服従を要求する権威者の役割が読み取れる。殺せと命じた本人は発砲しておらず、ここには責任の分散が見られる。スチュアート＝スミスが初め「なにも感じなかった」と言い、のちに「同じ人間を殺したのに、罪悪感も恥辱も後悔もなかった。それどころか、自分で自分が誇らしかった」と矛盾することを言っているあたりに、合理化と受容のプロセスが進んでいるのがわかる。その合理化と受容は、殺した相手が残虐行為を犯していたという事実に大いに助けられている。

このようにさまざまなことが読み取れるのだが、そこになによりはっきり表れているのは残虐行為の強大な影響力である。戦争というこのちっぽけな小宇宙で自分の役柄を演じている人々、そのひとりひとりの生に、残虐行為は大きな影響を及ぼしている。

第30章 最大の罠——汝の行いとともに生きよ

残虐行為の代償と影響

同じ人間に対して残虐行為を働いた者は、その行為を背負って生きていかねばならない。その精神的なトラウマこそ、残虐行為の最大の代償と言えるだろう。残虐行為を犯す者は、悪を相手にファウストの取り引きをしている。良心と未来と心の平和を売り払い、かわりにつかのまのはかない利益、自滅につながる利益を手に入れるのだ。

これまで、殺人に対する注目すべき抵抗感、人に人を殺させるのに必要な心理的な影響力と操作、そしてそれに起因するトラウマについて見てきた。すべてを考え合わせると、残虐行為を犯した者の心理的な重荷がどれほどのものかわかるだろう。

しかし、ここでぜひともはっきりさせておきたいのだが、殺人にともなうトラウマの研究は、残虐行為の被害者の恐怖やトラウマを過小評価したり、軽視したりする意図で行っているのではけっしてない。ここでねらっているのは、残虐行為にまつわるさまざまな現象を理解することであって、犠牲者の痛みや苦しみを軽んずることとはなんの関係もない。

従順の代償

殺人者は殺すことで力を得るが、しまいには――何年も経ってからという場合も多いが、自分の行為とともに封じ込めていた、罪悪感という心理的な重荷を背負うことになる。この罪悪感は、殺人者の側が敗北してその行為の責任を問われたときには、ほとんど避けがたいものになる。これまで見てきたように、残虐行為を強制することは、戦闘での兵士の動機づけの手段として不思議に有効である。それはひとつにはこの罪悪感のためなのだ。

次にあげるのは、何年も経ってから自分の行為の邪悪さに向き合うことになったひとりのドイツ兵の例である。

（彼は）ロシアの百姓家が数軒燃えているさまをはっきりと記憶している。なかにはまだ住人がいた。「子供が見えた。赤ん坊を抱いた女もいた。ボッと音がした――炎が藁葺き屋根を突き破って、黄土色の煙の柱が噴き上がった。あのときは大したこととも思わなかったが、いま思い出すと……私はこの手であの人たちを虐殺したんだ。皆殺しにしたんです」。

ジョン・キーガン&リチャード・ホームズ「兵士たち」

罪もない民間人を殺すよう強いられたふつうの人間は、罪悪感とトラウマにさいなまれる。そこから嫌悪感がわき上がり、ついに反抗に至るまで、何年もかかるとはかぎらない。殺人を強いる力に抵抗できなかった死刑執行人の場合でも、人間性と罪悪感の小さな声がその直後に勝利を収めることもあるのだ。自分の罪の大きさに真に気がついたとき、兵士は極端な反抗に走るにちがいない。第二次大戦の際、グレン・グレイは情報将校としてあるドイツ人脱走兵に面接している。処刑に参加したことで道義心に目覚めたという人物だった。

その劇的な目覚めについて語ったドイツ人兵士の顔を、私は一生忘れないだろう。……調査のため呼んだのは……一九四四年で、そのドイツ兵は祖国を敵にまわしてフランスのマキ（第二次大戦時フランスの対独遊撃隊）とともに戦っていた。フランスのレジスタンスに身を投じた動機について尋ねると、ドイツ軍によるフランスへの報復襲撃に加わっていたころのことを話しだした。ある襲撃の際、彼の隊は村をひとつ焼き払って村人を皆殺しにしろと命令された。……燃えさかる家から飛び出し、悲鳴を上げて逃げまどう女子供が撃たれるさまを語りながら、兵士の顔は苦しげに歪み、息も詰まらんばかりだった。この異常な体験に激しい衝撃を受け、自分自身の罪にはっきり目覚めたのはあまりにも明らかだった。一生かかってもその罪を償いきれないのではないかと怯えているのだ。目覚めの瞬間には虐殺を止めるほどの勇気も覚悟もなかったが、その後まもなくレジスタンスに走ったことが、一八〇度の転向のなによりの証拠である。

ごくまれではあるが、処刑を命じられた者が人並みはずれた正義感の持ち主だった場合、服従を要求する権威者に正面切って立ち向かい、処刑を拒絶することがある。よほど勇気がなければできないことだから、そんな人物はときに伝説にさえなる。兵士との面接調査では、対人的な殺人の体験談を正確に聞き出すのはきわめてむずかしいものだが、間違っていると思う行為を拒否した人は、自分の行動を心から誇りに思っていて喜んで話してくれるのがふつうである。

本書の最初のほうで、第一次大戦に従軍した退役兵の話をとりあげた。銃殺執行隊に属していたとき、わざとはずして軍を「出し抜いた」ことをたいへん自慢にしていたという話である。民間人でいっぱいの船を申し合わせたように見過ごしにして、コントラの傭兵が大喜びしたという話も見た。また、レバノンのキリスト教徒義勇軍のある古参兵は、何度か対人的殺人の経験があってそれを平然と話してくれたが、ある車を撃てと命じられて拒否したこともあったという。だれが乗っているかわからないのに撃つぐらいなら、営倉入りするほうがましだ、と誇らしげに語っていたものだ。

人はみな、自分が残虐行為に参加するわけがないと思いたがる。必要ならば、仲間や上官にそむき、武器を向けることさえできると。だが残虐行為の環境には、同輩や指揮官に立ち向かうのを妨げる重大な要因が関わっている。まず第一の要因は、集団免責と同輩の圧力である。

ある意味では、服従を要求する権威者、殺人者、その同輩たちはみな、殺人の責任を仲間うちで分散させて薄めている。汚れ仕事を他者にさせているから、権威者は殺人のトラウマからも責任からも守られている。また殺人者は、真の責任は権威者にあり、並んで引き金を引いた者全員に罪は分散していると合理化することができる。銃殺隊の場合は例外なく、そして残虐行為の場合もその大半において、基本的にはこの責任の分散と集団免責が心理的な支えになっているのだ。

集団免責は見知らぬ他人どうしの集団内でも作用する（銃殺隊の場合と同じく）が、集団への結びつきが強ければ、同輩からの圧力と集団免責との相互作用によって、残虐行為への参加は拒みにくくなってゆく。友情と相互依存で縛られていると集団から離脱するのはむずかしくなるし、たとえそれが罪もない女子供を殺すことであっても、集団の行為への参加をおおっぴらに拒絶することは途方もなくむずかしくなるのである。

残虐行為の場で反抗をむずかしくする強力な要因はもうひとつある。それは、テロ行為と自己保存の影響である。いわれのない暴力的な死を目の当たりにするのは、衝撃的かつおぞましい体験であり、それに対して人は原初的な深い恐怖を感じる。残虐行為によって抑圧された人々は麻痺状態に陥り、服従と従順という学習性無気力状態に落ち込んでゆく。いっぽう、残虐行為を行う兵士のほうもこれと非常によく似た影響を受ける。残虐行為によって人の命の重みは著しく低下する。そして兵士は、自分自身の命の重みも同じように低下していることに気がつくのだ。

心のどこかで兵士は思う。「運が悪ければ自分もそうなったかもしれない」。そして腹の底からの共感をもって悟るのである――悲鳴をあげ、苦悶に身をよじり、ばったりと倒れ、血を流し、恐怖に打ちひしがれた人肉、自分もいつああなってもおかしくないのだと。

……そして不服従の代償

次にあげるのは、グレン・グレイがとりあげている事例である。残虐行為への参加を拒絶したこの兵士は、歴史資料に見える最も際立った事例といってよいだろう。

オランダでは、ひとりのドイツ兵の話が語り継がれている。罪のない人質を射殺するよう命じられた銃殺隊の一員だったが、処刑のとき不意に列からはずれて関与を拒否したというのだ。担当の将校からその場で反逆罪を言い渡され、人質の側に立たされて、仲間たちの手でただちに処刑されたという。たった一度の行動で、この兵士は集団の安全をすっぱり捨て、自由という究極の要求を受け入れた。ぎりぎりの瞬間に良心の声に応え、それっきり外部の命令には動かされなかったのだ。……殺す者と殺される者に彼の行動がどんな影響を及ぼしたか、その点は想像するほかはない。いずれにしてもその影響はけっして小さくはなかっただろうし、この話を耳にした人は鼓舞されずにはいないはずである。

あらゆる人間にそなわった善の可能性が、ここには最高の形をとって現れている。集団の圧力、服従を要求する権威者、そして自己保存本能をはねのけたこのドイツ軍兵士は、人類への希望を与え、ほんの少しではあるが同じ種に属することを誇りに思わせてくれる。

良心的でありながら集団や国家にからめとられた人々にとっては、究極的にはこれこそが不服従の報酬なのかもしれない。もっともその集団や国家のほうも、残虐行為の悪循環という出口のない恐怖にからめとられているのだが。

最大の挑戦——自由の代償を支払う

基準を高く設定しようではないか。その基準に従って生きるのが栄誉となるほどに。そしてそれに従って生きて、アメリカの栄冠に新たな月桂樹を添えようではないか。

ウッドロウ・ウィルソン

同様に、戦闘で殺人を拒否する兵士はみな、ひそかに、あるいはおおっぴらに、人類のなかにひそむ高貴さの可能性を示しているのだ。しかし、ここに逆説的な危険がひそんでいる。残虐行為によって無制限の殺人の力を与えられた者に、自由と人間性の力が直面した場合である。

殺人への抵抗感を克服しようとしない〈善〉は、否定しようのない〈悪〉に直面すれば、最後には破滅するしかないのかもしれない。自由と正義と真理を重んじるなら、この世界にもうひとつの力が野放しになっていることに気づかねばならない。抑圧、不正、虚偽という力のなかには、歪んだ論理と能力が宿っている。だが、この能力を求める者は破壊と否定の悪循環に囚われており、そのためにしまいには自滅するのである。かれらに引きずられてこの地獄に落ち込んだ犠牲者たちとともに。

個々の人間の命と尊厳を重んじる者は、自分の強さがどこから来るのか気づかねばならない。どうしても戦争をせねばならないときは、人間として可能な限り罪のない人々の命に配慮しなければならない。誘惑あるいは反発から、残虐行為という欺瞞に満ちて逆効果をもたらす道に足を踏み入れてはならない。グレイのいうように、「ドイツ軍は残酷だったから、かれらと戦うのは簡単だった。アメリカ軍は残酷ではなかったから、戦意はなえ、理性は混乱した」のである。集団全体が、残虐行為の歪んだ論理を全面的に奉じる覚悟をしないかぎり、その論理のもたらす短期的な利益さえ手に入らず、みずからの矛盾と偽善によって集団はたちまち弱体化し混乱する。魂は半分だけ売るというわけにはいかないのである。

残虐行為——罪もない弱者にたいするこの近距離殺人は、戦争の最も忌まわしい一面である。そして人間のうちにあって残虐行為を許すのは、人間の最も忌まわしい一面なのだ。自分自身がその一面のとりこにならないよう心しなければならない。だが、忌まわしいからといって無視することもできない。この部の、そしてこの研究の究極の目的は、戦争の最も醜い面を見ることだった。戦争の最も醜い面を知り、それに名前を与え、それに立ち向かうことだったのである。

祈ろう、みなでこいねがおう
すべての低き夢を一掃して
高き目的を掲げて進めるようにと
魔法から覚めた人のごとくに
より強く、より高貴な者になれるようにと
地に平和があるときに

オースティン・ドブソン（第一次大戦の復員兵）「地に平和があるときに」

第六部

殺人の反応段階

【殺人をどう感じるか】

第31章　殺人の反応段階

殺人をどう感じるか

一九七〇年代、エリザベス・キュブラー＝ロスは有名な死についての研究を発表した。人は死に臨むと、否認、怒り、交渉、抑鬱、受容という一連の心理段階を経験するという。これまでに読んだ歴史に残る体験談や、ここ二〇年にわたる復員軍人への面接調査から、私は戦闘中の殺人にも同様の心理的反応段階が見られることに気づいた。

戦闘中の殺人に対する基本的な反応段階には、殺人に対する不安、実際の殺人、高揚感、自責、そして合理化と受容がある。エリザベス・キュブラー＝ロスの有名な死に対する反応段階と同じく、これらの段階は一般的に連続的であるが、必ずしも万人共通ではない。つまり、ある段階が飛んだり、混ざりあったり、あるいはあっという間に終わってそんな段階があったことさえ気づかないこともある。

多くの復員軍人は、これは初めて鹿狩りをするときに経験するプロセスに似ていると語っている（はるかに強力ではあるが）。〈のぼせ〉（チャンスが来たときに発砲できないこと）を起こすのではという不安、ほとんど考える間もなく起こる実際の殺し、殺したあとの高揚と自賛、一瞬の自責と嫌悪感（本職の猟師でも、鹿の内臓を抜くときは気分が悪くなるという

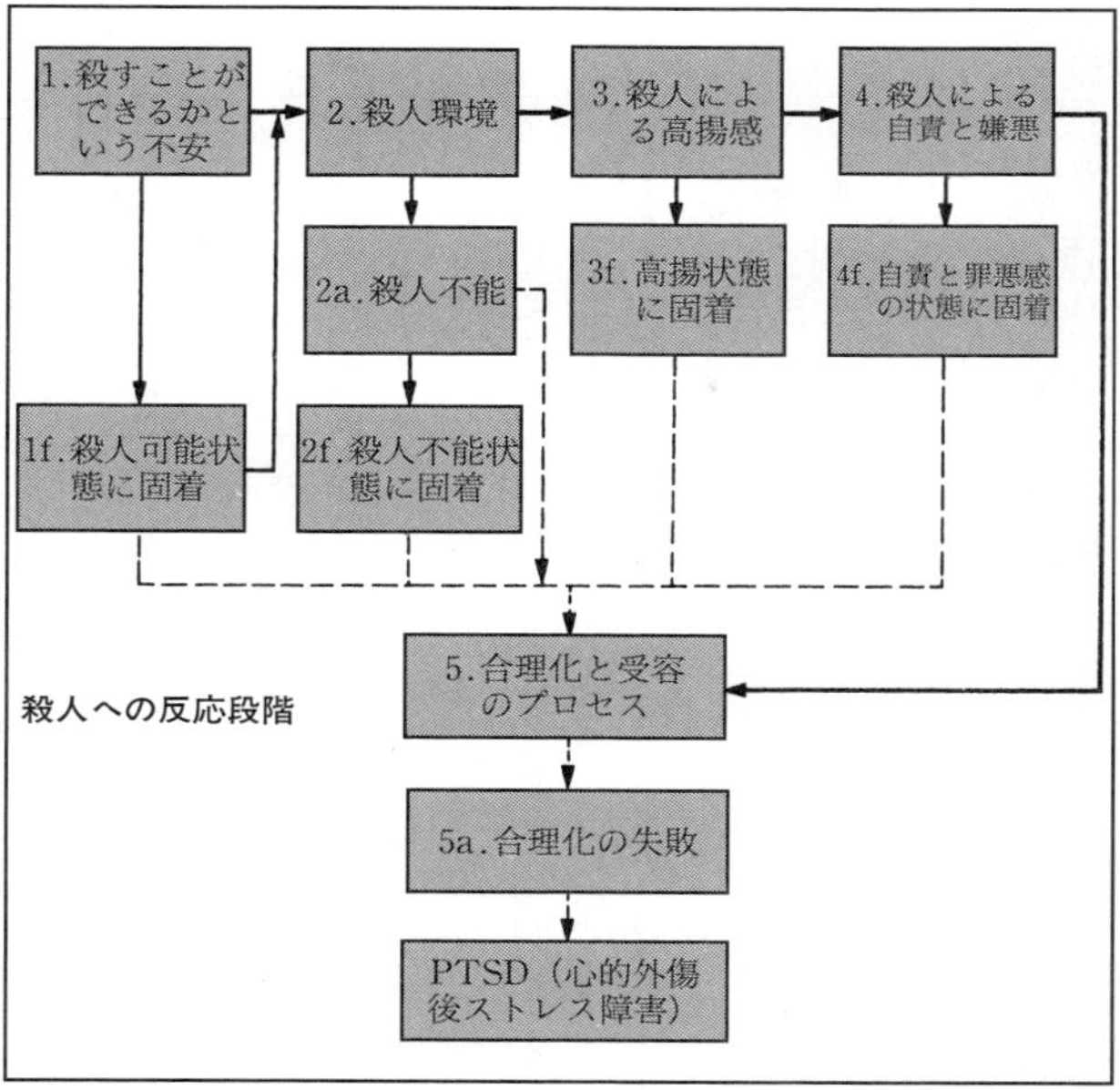
1.殺すことができるかという不安
2.殺人環境
3.殺人による高揚感
4.殺人による自責と嫌悪
2a.殺人不能
3f.高揚状態に固着
4f.自責と罪悪感の状態に固着
1f.殺人可能状態に固着
2f.殺人不能状態に固着
5.合理化と受容のプロセス
殺人への反応段階
5a.合理化の失敗
PTSD（心的外傷後ストレス障害）

者も多い)。そして最後に受容と合理化の段階がくる。この場合は獲物を食べ、記念の角を飾ることでこのプロセスは完了する。

プロセスは似ているかもしれないが、各段階における心理的な衝撃と、罪悪感の大きさと強さは非常に異なっている。

不安の段階——「うまくやれるだろうか」

アメリカ海兵隊のウィリアム・ロージェル軍曹は、複雑な心理状態を簡単にこう表現している。「新兵は……おもにふたつのことを怖がってる。ひとつは——たぶんこっちのほうが大きいと思うが、うまくやれるだろうか、臆病風に吹かれやせんだろうか、腹をくくってやることをやれるだろうかってことだ。そしてもうひとつは、言うまでもないが、生き残れるだろうか、殺されたり負傷したりしやせんかというありふれた恐怖だ」

リチャード・ホームズ「戦争という行為」

ホームズの調査によると、殺人に対する兵士の最初の心理的反応は、いざというときに敵を殺すことができるか、「すくみあが」って「仲間を失望させ」るのではないかという不安である。私の面接および研究でも、ほとんどの兵士がこの深刻な不安を抱いていることが立証されている。ここで忘れてならないのは、第二次大戦時のアメリカのライフル銃兵のうち、この第一段階より先に行けた者はわずか一五〜二〇パーセントだったということである。

過剰な不安と恐怖は固着につながり、兵士のなかに殺人に対する強迫観念を植えつける。この現象は戦争中に限ったことではなく、殺人に固着する、つまり殺人にとり憑かれる精神病理は平和時にも見られる。兵士の場合も、平時に殺人にとり憑かれた者の場合も、この固着は第二段階、つまり殺人の結果として生じることが多い。もしその後に殺人環境が生じることがなかったら、ハリウッドの生み出す殺人という幻想の世界に住むことで固着を満足させておけるかもしれないし、最終段階の合理化と受容を通じて固着を解消できるかもしれない。

殺人の段階——「考える間もなく」

引金を二回引く。バンバン。訓練のとおりの〈すばやい殺し〉。まったくそのとおりに殺したのだ。完全に訓練どおり。考える間もなかった。

ボブ(ベトナム帰還兵)

ふつう、戦闘中の殺人は一瞬の興奮のうちに終わる。適切に条件づけされた現代の兵士にとって、そんな環境での殺人はほとんど反射的に行われ、意識的な思考はともなわない。まるで人間がそのまま武器になったようだ。この武器の撃鉄を起こし安全装置をはずすプロセスは複雑だが、安全装置を外してしまえば引金を引くこと自体はむずかしくもなんともない。

殺せないというのはありふれた体験だ。戦場で敵を殺せないことに気づいた兵士は、その事態の合理化に進む場合もあるし、殺せないことで固着を起こし、トラウマを引き起こす場合もある。

高揚の段階――「強烈な満足感を覚えた」

戦闘中毒……が起きるのは、銃撃戦の際に体内に大量のアドレナリンが放出され、いわゆる〈コンバット・ハイ（戦闘酔い）〉状態になるためである。このコンバット・ハイはモルヒネ注射のようなもので、気分がうきうきして笑ったりふざけたりし、周囲の危険がまったく気にならなくなる。もし生き延びて語るときがあれば、強烈きわまる経験だというだろう。

だが、モルヒネならぬ戦闘の〈注射〉を次々に求めるようになると問題だ。気がつかないうちに中毒になっているのだ。ヘロインやコカインと同じく、戦闘中毒も確実に死につながる。そして中毒の常で、次の一発のためならやぶれかぶれで何でもするようになってしまう。

ジャック・トンプスン「隠れた敵」

数度の戦争で接近戦を経験したジャック・トンプスンは、戦闘中毒の危険性を警告している。戦闘中のアドレナリンは、もうひとつの〈ハイ〉、つまり殺人のそれによって大きく増加する。標的を倒した歓喜や満足に、ぞくぞくしたことのないハンターや射手がいるだろうか。戦闘中はこの興奮がいちじるしく増幅される。中〜長距離で殺人に成功した場合はとくにそうである。

戦闘機のパイロットは、その性格上、そしてまた長距離殺人が当たり前であるために、とくにこの種の殺人中毒に陥りやすいようだ。それとも、パイロットの場合は、それを口にしても社会的に受け入れられやすいということだろうか。いずれにしても、多くのパイロットがそのような感情を経験したと語っているのはまちがいない。ある戦闘機乗りはモラン卿に次のように語っている。

二機か三機撃ち落とすとその効果は絶大で、自分が殺されるまで撃ちつづけることになる。義務感じゃなく、スポーツのおもしろさでやめられなくなるんです。

J・A・ケントはこう書いている。第二次大戦時の戦闘機乗りの「荒々しい興奮した声が(空中戦が終わったとき)、無線を通して聞こえてくる。『やった！　ばらばらだ、そこらじゅう破片だらけだ！　うへえ、こりゃすげえ！』」。

この高揚感は地上にも存在する。先の部で、第一次大戦中に若き日の陸軍元帥スリムが、対人的殺人に典型的な反応を示したのを見た。「残酷だとは思うが、薄汚いトルコ人がきりきり舞いして倒れたときは強烈に満足感を覚えた」。私がこれを高揚感の段階と名づけたのは、そのきわめて強烈な、あるいは極端な例を見ると、それが高揚感であることはまちがいないと思えるからである。しかし、多くの復員軍人はスリムと同じことばを選び、たんに「満足感」と呼んでいる。

この段階で感じられる高揚感は、あるアメリカ軍の戦車指揮官の話にも見られる。初めてドイツ兵を撃ち殺したときの強い高揚感を、彼はホームズにくわしく語っているのだ。「ものすごく興奮した……あの高揚感、長年訓練を積んだ末に、天にも昇るような気分、興奮、高揚感を味わって、あれは初めて鹿狩りに行ったときみたいだった」。

高揚感の誘惑が、一過性の出来事ですまなくなる戦闘員もいるだろう。数は少ないが、高揚感の段階に固着して真に自責を感じることのない者もいる。パイロットと狙撃兵は物理的距離に守られているため、この固着が比較的よく見られるようだ。自分の行為（殺人）を愛する攻撃的なパイロット像は、二〇世紀の生んだ遺産のひとつである。しかし、接近戦で人を殺しながら自責をまったく感じないというのは、また完全に異なる現象だ。

ここでふたたび、スウォンクとマーシャンのいう二パーセントの〈攻撃的精神病質者〉（今日では〈社会病質者〉という語で呼ばれる）の世界に足を踏み入れることになる。この人々は、責任感も罪悪感も感じることがないという。先の部で見たように、私としては攻撃的人格と呼びたい（社会病質者の場合は、同類である人間に対してなんら感情移入せずに攻撃することができる。いっぽう攻撃的人格の場合、攻撃能力があるのは同じだが、感情移入の能力がある者とない者がいる）ところだが、これは簡単に分類できるような性格ではなくて、おそらくは程度の問題だと思われる。

高揚感の段階に真に固着している者は非常にまれであるか、さもなければそのことを口外しないだけかもしれない。このふたつの要因があいまって、殺人による満足感について書いたり、論考したりしようとする者は（戦闘機乗りのほかには）めったにいない。戦闘の際に殺人を楽しんだなどと言ったら、社会からとほうもない不名誉な烙印を押されることになる。だから、R・B・アンダーソンが「捨てぜりふ——ベトナムは楽しかった（？）」のなかで述べている、こんな感情を公言する人物の存在はきわめて貴重である。

二〇年遅かったが、アメリカはついにベトナム帰還兵を発見した。……善意の人々はいまおれに同情し、大変な目にあったなと言ってくれる。

だがほんと言って楽しかったんだ。たしかに、無傷で帰ってこられたのは運がよかった。たしかに、当時は若くてバカで若いインディアンよりも粗暴だった。たしかに、おれはばら色のガラス越しに当時を振り返っているのかもしれない。だが、本当に楽しかったのだ［傍点はアンダーソン］。お代わりが欲しくてまた舞い戻ったぐらい愉快だったんだ。考えてもみてほしい。

……究極のでかい獲物のハンティングと〈都会〉のどんちゃん騒ぎに明け暮れていら

れる場所が、ほかにどこにある？　丘の斜面に腰を下ろして、空軍が連隊基地を爆撃するのを眺められる場所が、ほかにどこにある？……

たしかに苦しいことも悲しいこともあった。だがいまでは、どんな経験を測るにもベトナムが物差しだ。あとの人生なんて、軍のまわりをうろうろして、昔の感情をいくらかでも味わおうとしてるうちに過ぎてしまった。戦闘では、おれは仲間から一目おかれていた。生きるか死ぬかのぎりぎりで生きて、この世でいちばん男らしいことをやっていたんだ。要するに戦争に生きる戦士だったわけだ。

こんなこと、同じ帰還兵どうしでなきゃ話せやしない。戦闘を経験した者にしか、戦争で芽生える深い兄弟愛はわからない。帰還兵にしか殺人のスリルはわからないし、家族以上に親密だった友を失うときの恐ろしい痛みはわからないのだ。

この手記は、戦闘のどこが人を中毒にするのか、非常に鋭い洞察を与えてくれる。こんな戦争表現には多くの帰還兵は強く反論するかもしれない。内心うなずく者も少しはいるかもしれない。しかし、この筆者のように勇気をもって公言する者はほとんどいないのだ。

自責の段階――苦痛と嫌悪のコラージュ

近距離殺人にともなう強烈な自責と嫌悪感についてはすでに見た。

……私が経験したのは、嫌悪感と不快感だった……私は銃を取り落として声をあげて泣いた……あたりは血の海だった……私は吐いた……そして泣いた………後悔と恥辱にさいなまれた。いまも思い出す。私はバカみたいに「ごめんな」とつぶやいて、それから反吐をはいた。

これらの引用はすべて前に見たものだが、この苦痛と嫌悪のコラージュがすべてを雄弁に物語っている。その根っこにあるのは、犠牲者の人間性に対する一種の自己同一化すなわち共感だという古参兵もいる。なかにはこのような感情に心理的に圧倒されて、二度と人を殺すまいと決意し、それゆえに戦場では役立たずになってしまう者もいる。だが、現代の兵士のほとんどは、この段階で強烈な感情を実際に経験しているにも関わらず、その感情を否認し、内部から冷たくかたくなになってゆく傾向がある。そうなると、以降の殺人はかえってずっと容易になるのである。

否認するにしても、折り合いをつけるにしても、あるいは圧倒されるにしても、いずれにしても自責の念が消えることはない。人を殺した者の自責の念は現実に存在するものであり、だれもが感じる強烈な感情で、死ぬまで折り合いをつけてゆかねばならないものなのだ。

合理化と受容の段階――「ありったけの合理化の技術が必要だった」

対人的殺人の次の反応段階は、自分の行いを合理化し受容しようとする生涯にわたるプロセスである。これはほんとうには終わることのないプロセスなのかもしれない。殺人者は自責と罪悪感を完全に捨て去ることはできない。とはいえ、自分のしたことは必要な正しいことだったのだと受容するところまではゆけるのがふつうである。

次にあげるジョン・フォスターの手記は、殺人の直後にもあるていどは合理化が可能であることを示している。

バレーボールの試合みたいだった。やつが撃ち、こっちが撃ち、またやつが撃ち返してくる。こんどはこっちのサーブだ――弾倉が空になるまでぶっ放してやった。手からライフルがすべり落ちたかと思うと、やつはそのまま倒れた。……たしかに子供の戦争ごっことはちがう。何時間も撃ち合いっこをして遊んだものだ。悲鳴をあげたり怒鳴ったりして。撃たれたら地面でのたうちまわるのがお約束だった。

……死体をひっくり返してみた。仰向けにすると、その顔に目が釘付けになった。顎の一部、それに鼻と右目がなくなっていた。他の部分は泥と血にまみれていた。唇がめくれて、食いしばった歯がのぞいていた。申し訳ない気分になりかけたとき、そのベトコン野郎がこっちにぶっ放していた銃を海兵隊員が見せてくれた。アメリカ政府支給のM1カービン銃だった。腕にはめてた時計はタイメックスだし、履いていたのは真新しいアメリカ製のテニスシューズ。なにが申し訳ないもんか。

対人的殺人の合理化の初期段階を理解するうえで、この手記はこれ以上はないほどの手がかりを与えてくれている——それも、まちがいなくほとんど無意識に。〈やつ〉ということばを使って、書き手が敵の人間性を認めていることに注意してほしい。ところが、敵の武器を見たことで合理化のプロセスが始まり、〈やつ〉は〈死体〉となり、しまいには〈ベトコン野郎〉になる。いったんこのプロセスが始まると、不合理で無関係な情報が傍証として集められ、アメリカ製の靴や時計をもっていたことが、人格を認めるどころか逆に非人格化のよりどころになってゆくのだ。

読むほうから見れば、こんな合理化や正当化はまったく不要に見える。だが書き手にとっては、自分が人を殺したことを合理化し正当化することは、心理的・精神的健康のために絶対に必要なことなのだ。この手記には、その経過が無意識に現れている。

殺人者が合理化の必要性と使いかたをはっきり認識していることもある。偵察ヘリのパイロット、D・ブレイによる次の文章には、意識的な合理化と正当化が読み取れる。

われわれは非常に効率的な死刑執行人になっていった。とても自慢できる役柄ではないが。

複雑な気分だったが、気分がどんなに悪かろうと、北ベトナム軍を見逃してよそでアメリカ軍を攻撃されるよりはましだ。たいてい、一日の命令はこんな感じだった——「どこそこの区域で北ベトナム兵を発見し……尋問のため連行せよ」。

山腹をあてどなく昇り降りし、踏み分け道をたどり、大きな岩があれば文字どおりその下をのぞきこむ。隠れようと地上で身を寄せ合っている北ベトナム兵が見つかると、無線で本部に連絡しつつ、ロケット弾を発射できる距離まで後退する。命令は「待機せよ、確認する」だ。やがて悪い知らせが入る。「そこは区域がまずいな、フィクサー（ここでは敵兵を発見した偵察ヘリのこと）。降伏しそうか？」

「否定《ネガティブ》」と答えると「殺せそうなら殺せ」と来る。

「人員を送り込んで捕虜にするわけにいきませんか」

「そのへんには人手がないんだ。撃て！」

「了解《ラジャー》」と答えて攻撃に移る。ちゃんと心得ていて掩蔽《えんぺい》を求めて走り出すやつもいたが、たいていはそのまま穴にうずくまっていてロケット弾にやられてしまう。上官が正しいのは頭ではわかっている。三人か四人の武装集団をつかまえるのに小隊を派遣するなんてバカげている。それでも、自分のしていることを受容するには、ありったけの合理化技術が必要だった。

……いやな話だが、いま考えてみると、あれしか有効な方法はなかったとわかる。北ベトナム軍は、有効な追跡をはばむために軍を少人数に分散するという戦術をとっていたのだから。

以上はブレイの雑誌記事の序文からの引用である。続く本論で語られるのは、命令を仰がなかったときのエピソードだ。自分の命も副操縦士の命も危険にさらすことになるのに、ブレイは二人乗りの小型ヘリを着陸させて、ひとりきりでいた北ベトナム兵を捕虜にする。処刑したくなかったからだ。そして副操縦士の膝に座らせて、捕虜収容所へ連行したのである。

この記事からも、読者に必死で理解を求めているのが感じられる。ふつうは、このような殺人を正当化する必要などないと思うだろう。だが殺人者には必要なのだ。ここで大事なのは、ブレイが敵兵を捕虜にしたときのことを誇りに思っている（それは当然のことだと私は思うが）ということだ。雑誌という全国的な討論の場で彼が訴えたかったのはこのときのことなのだ。ベトナムについての個人の手記には、これと同じメッセージがくりかえし現れている。「おれたちは務めを果たした、立派にやってきた。好きでやったことではないが、必要なことだったんだ。だがときには、殺人を避けるために期待されている以上のことをやらなければならないときもあったんだ」。この記事を書いて雑誌に掲載することで、彼が言おうとしているのはたぶんこういうことなのだ――「このときだ。このときはだれも殺さなかった。このときのことをみんなに知ってもらいたい。このときのことを憶えていてほしい」。

ときに合理化は夢の中に現れる。一九八九年アメリカ軍のパナマ侵攻の際、接近戦を経験した帰還兵のレイは、くりかえし見る夢のことを私に話してくれた。その夢のなかで、彼は接近戦で殺した若いパナマ兵と決まって話をするのだという。「なんでおれを殺した?」と兵士はかならず尋ねる。レイは夢のなかで相手にそのわけを説明しようとする。だが実際には、彼は殺人という行為を自分自身に対して説明し、合理化しているのである。「おまえだって、おれの立場だったらおんなじことをしただろう?……殺すか、殺されるかじゃないか」。数年かけてレイは夢の中で合理化のプロセスを終えた。ついに兵士も兵士の問いかけも夢に出てくることはなくなったのである。

以上、合理化と受容がどのように作用するか、いくつかの側面から見てきた。しかし、これは一生続くプロセスのほんの一部の面でしかないことを忘れてはならない。もし途中で失敗すれば、心的外傷後ストレス障害を招くことになる。ベトナム戦争における合理化と受容のプロセスの失敗と、それがアメリカに及ぼした影響については、次の『ベトナムでの殺人』の部で見ることにする。

第32章　モデルの応用——殺人後の自殺、落選、狂気の確信

応用——殺人後の自殺と攻撃反応

殺人の反応段階がわかれば、戦闘以外の暴力に対する個人の反応についても理解できる。たとえば、殺人後の自殺を引き起こす心理である。殺人者、とくに暴力に酔って殺人を犯す人間は、殺人の高揚感の段階に固着していると考えて差し支えないだろう。だがいったんわれに返って、自分のやったことをじっくり考えるようになると、こんどは強烈な嫌悪感の段階が始まる。嫌悪感のあまり自殺という反応が起きる例は少しもめずらしくない。

平和な日常生活に攻撃が割り込んできたときでさえ、このような反応が起きることがある。接近戦で人を殺したときに比べると強烈さははるかに劣るものの、ただの殴り合いでも同様の反応が起きることがあるのだ。心理学者のリチャード・ヘクラーは合気道の上級者だが、自宅の車回しでティーンエイジの不良グループと争ったとき、この反応段階をすべて経験している。

背を向けると、後部座席からだれかが飛び出してきて、私の腕をつかんでぐるりと反転させた。アドレナリンが電光のように全身を駆け抜け、一瞬のためらいもなく、私は

相手の顔に逆手打ちを食わせていた。

ふいに抑制はすべて消え失せた。身体的な攻撃を受けたのだから、最初から感じていた怒りを解き放つ正当な権利がある。運転していた少年が向かってきた。つかみかかってくるのをかわし、喉輪を決めて車に押さえつけた。……私に殴られた少年は、顔をおさえてよろめいている。このころには義憤は頂点に達していた。正義を行う当然の権利があるとばかり、私は押さえ込んだ少年を片づけようと目を転じた。

だが、そこでぞっとして思いとどまった。少年の顔には、純然たる恐怖、絶対的な恐怖の表情が浮かんでいた。その目は恐怖に光り、全身ぶるぶる震えていた。灼けつくような痛みが心臓を貫き、胸いっぱいに広がる。思い知らせてやろうという気はたちまち失せてしまった。……喉を押さえられて震えている少年の恐怖を見て、ニーチェの言わんとすることがわかってきた。……「憎悪と恐怖よりは破滅のほうがまし。憎悪され恐怖されるよりは破滅したほうが倍もましである」。

最初の一撃は、考えるまもなく反射的に出ている。「一瞬のためらいもなく、私は相手の顔に逆手打ちを食わせていた」。次に高揚感と多幸感の段階が訪れる。「ふいに抑制はすべて消え失せた」。……最初から感じていた怒りを解き放つ正当な権利がある」。そして突然、嫌悪感の段階が始まる。「だが、そこでぞっとして思いとどまった。……灼けつくような痛みが心臓を貫き、胸いっぱいに広がる」。

このプロセスを当てはめれば、戦争中の殺人にたいする国民の反応さえ説明できるかもしれない。湾岸戦争のあと、ブッシュ大統領は現代アメリカ史上最も人気ある大統領となった。凱旋パレードが行われ、みずからの功績を称えるアメリカは多幸症の段階にあった。次に、嫌悪感の段階に非常によく似た一種の倫理的なあと作用が起き、それはちょうどブッシュ大統領の落選の時期にあたっている。これをモデルに当てはめるのは行き過ぎだろうか。あるいはそうかもしれない。しかし、第二次大戦後のチャーチルにも同じことが起きているし、一九四八年のトルーマンもう少しで同じ目にあうところだった。トルーマンが幸運だったのは、戦争が終わって三年後に選挙が行われたということだ。三年もあれば、国民が合理化と受容の段階に入るにはじゅうぶんだったのだろう。ここまでゆくとたしかにモデルの広げすぎかもしれない。しかし、戦争を始めるときは、政治家はこの点も考えてみたほうがいいのではないだろうか。

「頭がおかしくなっていたのだと思う」——高揚と自責の相互作用

帰還兵のグループを対象に殺人の反応段階について話をすると、決まって目ざましい反応が返ってくる。すぐれた講演者や教師なら、聴衆の琴線に触れたときはそれとわかるものだ。しかし、殺人の反応段階について帰還兵に話をすると、とくに高揚感と自責の段階との相互作用について話したときは、かつて経験したことのないきわめて強い反応が返ってくるのである。

戦闘中の兵士たちのあいだでは、高揚感の段階でハイになるという現象が見られるようだ。だが続いて自責の段階に入ると、殺人を強烈に楽しんでいた自分に気づいて、これはどこか「おかしい」、きっと「病気」なのだと思い込む。一般的な反応はこうだ――「なんてことだ、人を殺しといて楽しかったなんて。いったいおれはどうしちまったんだ」。

権威者の要求と敵の脅威が強烈で、殺人への抵抗感を上回るほどだった場合、兵士がなんらかの満足感を覚えるのはあまりにも当然のことだ。標的を仕留め、仲間を救い、自身の命を守ったのだ。遭遇戦をみごとに乗り切ったのだ。勝ったのだ。勝って生き残ったのだ! しかし、このあまりに自然で当たりまえの高揚感が、その後に激しい嫌悪感をもたらし、それが大きな原因になって自責と罪悪感が生じるようだ。だが、戦闘という異常な環境では、これはだれもが経験する正常な反応なのである。そのことを、将来の兵士にはぜひ理解させなければならない。そしてまた、戦闘にあって殺人に満足感を覚えるのは、ごく自然で当たりまえのことなのだと理解させなければならない。これこそ、殺人の反応段階を理解することで得られる最も重要な教訓だと私は思う。

ここで念のためくりかえしておくが、みんながみんなすべての段階を経験するわけではない。アメリカ海兵隊の古参兵であるエリックは、戦闘の際にこれらの段階がどのように起きたか話してくれた。ベトナムで初めて殺した敵兵は、エリックが最初見つけたとき道端で小便をしていた。小便をすませて近づいてきたところを射殺したのだ。「いい気持ちはしなかった」と彼はいう。「ぜんぜんいい気持ちはしなかったな」。高揚感どころか満足感さえまったくなかった。しかしその後、銃撃戦の際に「鉄条網を乗り越えようとしている」敵兵を殺したときは、「満足感、言ってみれば怒りの満足感」を感じたという。

エリックのケースから読み取れるのは次の二点である。まず、犠牲者を同類と認める理由がある（放尿、食事、喫煙など、いかにも人間くさい行動をとっているのを見るといった）場合は、殺人はずっとむずかしくなり、殺人にともなう満足感ははるかに小さくなる。殺したとき、自分や仲間に対する直接的な脅威になっていたとしてもである。第二点は、二回め以降の殺人はつねに容易だということだ。二回め以降は満足感または高揚感を感じる傾向が強く、逆に自責は感じにくくなってゆく。

直接に人を殺さなくても、これらの反応段階を経験し、また高揚感と自責の段階の相互作用を経験することがある。第二次大戦で海戦を経験した復員軍人のソルは、日本軍の占領した島を自艦が砲撃したときの高揚感を語っている。のちに、焼け焦げて原形もとどめない日本兵の遺体を見て自責と罪悪感を覚え、その後はずっと、砲撃の際に感じた喜びを合理化し受容しようと努めてきたという。胸の奥深くその暗い秘密をしまい込んでいたのだが、同様の経験をした兵士はみなそうだと知ったとき、ソルは心底ほっとしていた。私が話をした何千というほかの兵士たちと同じように。

ジャック・トンプスンの記事「戦闘中毒」に対して、ある帰還兵が編集部に手紙を寄せてきた。これを読むと、このようなプロセスを理解することがどれほど必要とされているかよくわかる。

［ジャック・トンプスンの］洞察力にはいつも驚かされますが、今回の記事はじつにすばらしかった。……とくに的を射ていたのは戦闘中毒の部分でした。私はもうずっと前から、自分はときどき頭がおかしくなるんだと思っていたのです。

その感情は普遍的なものだと教えるだけで、ひとりの人間の理解を助けることができるのだ。自分は狂っていたのではなく、たんに異常な状況に対してごくふつうの反応を示しただけなのだと。くりかえすが、これが本研究の目的である。裁くことでも非難することでもなく、ただ理解すること。理解することは力を得ることであり、その力には目をみはる効果があるからである。

第七部

ベトナムでの殺人

【アメリカは兵士たちになにをしたのか】

白い息に顔を包まれながら、新大統領は宣言した。「いまトランペットが鳴り響き、われわれを呼んでいるのです。……夜明けを迎えるために、長く苦しい戦闘の重荷を背負わねばなりません。……人類共通の敵である独裁、貧困、病い、そして戦争そのものと戦うために」。

ちょうど一二年後の一九七三年一月、パリで和平協定が調印され、ベトナムでのアメリカ軍の努力は終わりを告げる。トランペットは黙し、沈鬱な空気が漂う。アメリカの戦士たちは勝利を味わうことなく散ってゆく。アメリカ合衆国は二度と、みずから進んで犠牲を払うことはないだろう。

デーヴ・パーマー「トランペットの呼び声」

ベトナムで何が起きたのか。四〇万から一五〇万ともいわれるベトナム帰還兵が、悲劇的な戦争のすえにPTSD（心的外傷後ストレス障害）に苦しんでいるのはなぜなのか。いったい、アメリカは兵士になにをしてしまったのだろうか。

第33章　ベトナムでの脱感作と条件づけ——殺人への抵抗感の克服

「誰もわかってくれない」——VFW（海外戦争復員兵協会）ホールでのできごと

一九八九年の夏、フロリダのVFWホールで本研究のための面接調査を行っていたときのこと。ベトナム帰還兵ロジャーがビールを飲みながら自分の体験を語りだした。午後のまだ早い時間だったが、バーカウンターの端のほうから年配の女性が早くもからんできた。

「あんなつまんない戦争に行ったぐらいで、泣き言をいう資格なんてないわよ。第二次大戦こそ本物の戦争だったわ。あんたなんかまだ生まれてもいなかったんじゃないの。ふん、私の兄は第二次大戦で戦死したのよ」


私たちは無視しようとした。彼女はただの土地っ子なのだ。だが、とうとうロジャーは堪忍袋の緒を切らし、そちらに顔を向けると、穏やかだが冷たくこう言った。「あなたは人を殺したことがあるんですか」

「まあ、めっそうもない！」喧嘩腰で答える。

「そんな人が、この私になにを言う資格があるっていうんだ」


VFWホールじゅうに長く沈黙がのしかかった。人の家に招かれて、そこで家族の口論を見てしまったあとのようなばつの悪さだった。

ややあって、私は静かに尋ねた。「ロジャー、いまのことばから察するに、ベトナムで人を殺したという事実を背負って戻ってきたわけだ。それがいちばんつらいことだったのかな」

「まあね。半分はね」

だいぶ待っていたが、それきり彼は黙り込んでじっとビールを見つめている。ついにこちらから尋ねた。

「それで、残りの半分は？」

「帰ってきても、だれもわかってくれなかったことさ」

向こうで起きたこと、ここで起きたこと

先に述べたように、同類である人間を殺すことには大きな抵抗感がある。第二次大戦中、七五から八〇パーセントのライフル銃手は、敵にまともに銃を向けようとしなかった。自分や仲間の生命を救うためであってもだ。それ以前の戦争でも非発砲率は似たようなものだった。

それが、ベトナムでは五パーセント近くにまで下がっているのだ。

しかし、この非発砲率の低下、すなわち発砲率の上昇には隠れた代償がともなっていた。これほど強い心理的な安全装置が無効にされた場合、重度のトラウマを負う可能性はほとんど必然性に近づく。先の戦争で、大多数の兵士は殺人行為に手を染めるのを嫌う、あるいは手を染めることができないのが明らかになっていたのに、その兵士たち全員に心理的な条件づけが行われたのだ。こんな兵士たちは殺人体験を内に抱え込み、すでに心底震えあがっていた。そこへ、帰国してみたら同胞から非難され攻撃されたのだから、さらにトラウマを負い、長期的な精神障害をこうむったとしても不思議はない。

殺人への抵抗感の克服——問題点

しかし歩兵部隊にとっては、いまでは敵を殺すよう兵士を説得するのが重大な問題になっている。……第二次大戦時の歩兵中隊では、進んで武器をとる者は七人にひとりしかいなかったのに、それでもあれだけの破壊をなしえたのだ。現代兵器の威力がわかろうというものである。だが実情を把握するや、軍はただちに発砲率向上に乗り出した。つまり、人を殺すことを明瞭に目的として、兵士に訓練を施さなければならなかったのである。「本質的に戦争とは人を殺すことなのだが、人はそれを認めたくないのだ」と、マーシャルは一九四七年に書いている。だがいまでは、それがあっさり認められている。

グウィン・ダイア「戦争」

第二次大戦の終わりに問題は明らかになった。兵士には人が殺せない。兵士の発砲率が一五から二〇パーセントということは、校正者のなかに読み書きのできる者が一五から二〇パーセントしかいないようなものだ。上層部がこの問題の存在と重大性に気づいてしまえば、解決は時間の問題だった。

解答

こうして第二次大戦以後、現代戦に新たな時代が静かに幕を開けた。心理戦の時代——敵ではなく、自国の軍隊に対する心理戦である。プロパガンダを初めとして、いささか原始的な心理操作の道具は昔から戦争にはつきものだった。しかし、今世紀後半の心理学は、科学技術の進歩に劣らぬ絶大な影響を戦場にもたらした。

S・L・A・マーシャルは朝鮮戦争にも派遣され、第二次大戦のときと同種の調査を行った。その結果、(先の調査結果をふまえて導入された、新しい訓練法のおかげで)歩兵の五五パーセントが発砲していたことがわかった。しかも、周辺部防衛の危機に際してはほぼ全員が発砲していたのである。訓練技術はその後さらに磨きをかけられ、ベトナム戦争での発砲率は九〇から九五パーセントにも昇ったと言われている。この驚くべき殺傷率の上昇をもたらしたのは、脱感作、条件づけ、否認防衛機制の三方法の組み合わせだった。

†——脱感作——考えられないことを考える

ベトナムのころは、もちろんあのころはピークだったんだが、殺しの時代だった。朝のPT（体育）で走りながら、左足が甲板を打つたびに「殺せ、殺せ、殺せ、殺せ」と唱えなきゃならなかった。それが頭にたたき込まれて、いざって時にもへっちゃらってわけなんだ。そりゃ、初めてのときはへっちゃらとはいかないが、だんだん簡単になってくみたいな気はする。でもほんとは簡単になんかなりゃしないのさ。やっぱりどっかで気にしてるんだ。つまり、実際にひとり殺すたびに、ああまたやったなってわかってるわけだから。

アメリカ海兵隊軍曹、ベトナム経験者、一九八二年
グウィン・ダイア「戦争」より引用

ダイアの著書から引用したこのことばは、現代式訓練プログラムの一面、すなわち過去のそれとははっきり異なる一面について手がかりを与えてくれる。昔から、人はさまざまな心理機制を用いて自分自身にこう納得させてきた。敵は自分とは異質な人間なのだ、家族もいないし、それどころか人間でさえないのだと。未開部族のほとんどは、〈人〉あるいは〈人類〉という意味の名称を自分の部族名としている。つまり部族外の人間は、狩りや殺しの対象としてよい別種の動物だと暗黙に主張しているわけだ。敵をジャップ、クラウト、グック、スロープ（東洋人）、ディンク（ベトナム人）、コミー（共産党員）と呼ぶとき、私たちも同じことをしているのである。

ダイアやホームズらは、基礎訓練キャンプにおいて殺人が神聖視されるようになった過程をたどっている。それによれば、殺人の神聖視は第一次大戦時にはまず例がなく、第二

次大戦でもまれで、朝鮮戦争で増加し、ベトナム戦争時は完全に制度化されていたという。ベトナム時代に制度化されたこの暴力の観念化は、先の世代が経験したこととはまったく異なっている。そのことを、ダイアは正確に見抜いていた。

パリス島（サウスカロライナ州南部の島。米海兵隊訓練所がある）で殺人の喜びを表すのに使われることばは、その響きの凄まじさに反して、たいていは無意味な駄法螺にすぎない。面白がって口にしているときでさえ、新兵たちはそのことに気がついている。それでもやはり、〈敵〉の痛みに対して新兵たちを〈脱感作〉するのに役立っているのだ。それと同時に、（これは先の世代にはなかったことだが）新兵たちはきわめて明示的にたたき込まれる――たんに勇敢であるだけでは、よく戦うだけではだめだ。目的は人を殺すことなのだと。

――条件づけ――考えられないことをする

しかし、ごくふつうの人間は殺人にたいする根深い抵抗感を抱いており、それを克服するには脱感作のみではおそらく不十分だ。事実、この脱感作というプロセスは煙幕のようなもので、私が最重要と考える現代式訓練の特徴はその陰に隠されているのだ。ダイアを初めとする専門家の多くが見逃しているのは、（一）パブロフ派の古典的条件づけと（二）スキナー派のオペラント条件づけが現代の訓練に果たしている役割である。

一九〇四年、I・P・パブロフはノーベル賞を授与された。犬を使った実験によって、条件づけと連想という概念を発展させた功績を認められたのである。きわめて単純化してしまえば、パブロフはただ犬に餌をやる前にベルを鳴らしただけだ。犬はやがてベルの音から摂食行動を連想することを学習し、ベルの音を聞くと餌がなくても唾液を分泌するようになる。刺激として条件づけされたのはベル、反応として条件づけされたのは唾液の分泌である。犬はベルが鳴ると唾液を分泌するよう条件づけられたのだ。特定の行動と報酬を関連づけるというこのプロセスは、きわめて効果的な動物の訓練法の基礎になっている。二〇世紀なかば、B・F・スキナーはこのプロセスにさらに磨きをかけて、彼のいう行動工学を生み出した。スキナーの興した行動学派は、心理学の分野で最も科学的にして可能性を秘めた一派になっている。

今日の（そしてベトナム時代の）アメリカ陸軍および海兵隊で兵士の訓練に用いられている方法は、まさに条件づけ技術の応用そのものだ。これによって養われるのは、反射的な〈早撃ち〉の能力である。とはいえ、この方面での兵士の訓練に、だれかが意図的にオペラント条件づけや行動修正技術を応用したとは考えられない。これはまずまちがいないと思う。私は二〇年軍籍にあるが、兵卒、軍曹、将校のだれひとり、あるいは官民とわず関係者のだれひとり、射撃訓練で条件づけが行われていると口にした者も、あるいは理解していた者もいない。しかし、歴史学者であり職業軍人でもある心理学者の立場から見ると、そこで行われているのがまさに条件づけなのは火を見るより明らかだ。そのことは、時とともにいよいよはっきりしてくる。

　以前の兵士は、草地に腹這いになって丸い標的をのんびり撃っていたものだ。だが現代の兵士は、完全武装してタコツボのなかに立って何時間も過ごす。目の前に広がるのはまばらに木の茂るなだらかに起伏した土地。定期的に、緑褐色の人型の的がひとつかふたつ飛び出してはさっと引っ込む。射程はさまざまである。兵士は瞬時に狙いをつけて的を撃たねばならない。命中すれば即座にフィードバックが得られるので満足感は大きい。まるで生きたターゲットのように、的はばったり倒れてみせるのである。技量が上がれば大いに報酬を与えられ顕彰されるが、標的をすばやく正確に「とらえる」（ごく一般的な「殺す」の婉曲表現）のに失敗すると、軽い懲罰（再教育、同僚の圧力、基礎訓練キャンプを卒業できないなど）が待っている。

　この環境で教えられるのは伝統的な射撃術だけではなく、反射的かつ瞬間的に撃つ能力である。つまりこれは、現代の戦場における殺人行為の正確な再現なのだ。行動学の用語を使えば、射撃場に飛び出す人型は〈条件刺激〉であり、的を即座にとらえるのは〈目標行動〉である。命中すれば的が倒れて即座にフィードバックが与えられ、〈正の強化〉が行われる。命中分はのちに二級射手記章に交換されるが、これは一種の〈トークンエコノミー〉（報酬として物品と交換できるトークンを与える療法）といえる。また、この記章はなんらかの特権や報酬（賞賛、公式の顕彰、三日間の外出許可など）をともなうのがふつうである。

戦場でのあらゆる殺人状況が練習され、視覚化され、条件づけられる。特別な機会には、さらにリアルで複雑な標的が使われる。風船に戦闘服を着せて射撃ゾーンを移動させたり（風船が割れると標的は地面に落ちる）、赤ペンキを入れたミルク壜を使ったり、さまざまにくふうされているのだ。これで訓練がいよいよ面白くなり、条件刺激はさらにリアルになり、環境がどんなに変わっても、条件づけされた反応が確実に引き出せるようになる。

狙撃兵はこうした技術を広く用いる。ベトナムでは敵兵をひとり殺すのに平均五万発の弾薬が使われた。しかし同じベトナムで、アメリカ陸軍と海兵隊の狙撃兵はひとり殺すのにわずか一・三九発しか使っていない。ベトナムで殺人確認九三件の成績をあげた狙撃兵カルロス・ハスコックは、戦後、警察と軍の狙撃訓練に関わるようになった。彼が強く主張するのは、丸い的ではなく人に似せた的で訓練すべきだということである。訓練生たち（射程は一〇〇ヤード、女性の頭に銃を突きつける男の実物大写真を的にして撃っている）には、たいていこんな指示が出される――「あん畜生の右の目頭に三発撃ち込め」。

同様に、イスラエル国防軍の対テロリスト狙撃兵コースの訓練士チュク・クレイマーは、殺人の訓練法をできるだけ現実に近づけるようくふうしている。「標的はできるだけ人間らしくした」とクレイマーは語っている。

標準の射撃標的として、解剖学的にも正確な実物大の人間型の的を採用した。胸に大きな白い番号札をつけて走り回っているシリア兵などいないからだ。その標的に服を着せ、合成樹脂の頭をつけた。また、キャベツを切って中にケチャップを詰めてから元通りに張り合わせ、「スコープを覗くときは、頭が吹っ飛ぶのをよく見るんだ」と言ってきかせた。

デール・ダイ「チュク・クレイマー――イスラエル国防軍の名狙撃兵」

世界最高の軍隊では、たいていこれが当たり前の訓練法になっている。現代の歩兵指揮官は、即座にフィードバックの得られるリアルな訓練法が効果的だと理解しているものだ。現代の戦場で勝ち残るには、それが絶対に必要なのである。しかし、軍というのは概して内省的な組織とは言いがたく、私の経験から言えば、この訓練を命じ、実行し、参加する者のだれひとり、(一) なぜ効果があるのか、(二) 心理的・社会的にどんな副作用があるのか理解していないし、考えてもいない。効果がある、それだけでじゅうぶんなのだ。

この訓練法が有効なのは、パブロフの犬がよだれを垂らし、B・F・スキナーのラットがレバーを押すのと同じ理由だ。そこに作用しているのは、かつて心理学分野で発見され、現在戦争という分野で応用されている最も強力にして信頼性の高い行動修正プロセス、すなわちオペラント条件づけなのである。

†――否認防衛機制――考えられないことを否認する

このプロセスには副次的な効果があり、それについても考えてみなければならない。その効果とは、つまり否認防衛機制の発達である。否認と防衛の心理機制は、トラウマ的経験に対処するための無意識の手段だ。現代のアメリカ陸軍の訓練には、この否認防衛機制が初めからおまけでついてくるわけで、じつに巧妙としか言いようがない。

基本的に、兵士は殺人のプロセスをなんどもくりかえし練習している。そのため、戦闘で人を殺しても、自分が実際に人を殺しているという事実をある程度まで否認できるのだ。つまり、殺人行為の慎重なリハーサルとリアルな再現のおかげで、たんにいつもの標的を「とらえた」だけだと思い込むことができるのである。現代式訓練を受けたあるイギリスのフォークランド帰還兵は、ホームズに「敵は第二型（人型）標的としか思えなかった」と語っている。アメリカの兵士でもこれは同じことだ。いま撃っているのはE型標的（人型で緑褐色の的）であって人間ではない、そう自分に言い聞かせることができるのである。

ベテランの法執行官で、生え抜きのアメリカ国境警備隊員であるビル・ジョーダンは、数々の銃撃戦をくぐり抜けてきた古強者である。彼はこの否認のプロセスと脱感作を結びつけて、若い法執行官たちにこうアドバイスしている。

　銃を人に向けたとき……引金を引くのがためらわれるのは自然なことだ。たいていの法執行官は、最初の銃撃戦でこの問題に直面する。自分の生命が危険にさらされていてもである。この抵抗感を克服するには、敵は人間ではなくただの的なのだと考えるようにするとよい。そのうえで、その的の一点に狙いをつけるのだ。そうすれば集中しやすくなるし、人間的な部分を頭からさらに閉め出すことができる。これでうまくいくようなら、こんどはその考えをさらに進めて自責を感じないようにする。法執行官に武器をもって抵抗するような人間は、まっとうな人間の従う法や規則など屁とも思っていない連中だ。世界じゅうどこに行っても鼻つまみ者の無法者なのだ。そんな人間を排除するのはまったく正当なことなのだから、冷静に実行しなければならない。後悔を感じる必要はないのだ。

ジョーダンは、このプロセスを軽蔑の製造と呼んでいる。犠牲者の社会的役割の否認および軽蔑（脱感作）、それに犠牲者の人間性にたいする心理的な否認と軽蔑（否認防衛機制の発達）を組み合わせたこの心理過程は、法執行官が標的に銃弾を撃ち込むたびに、定着し強化されてゆく。そしてもちろん、軍と同じく警察も、もう丸い的に発砲してはいない。やはり人型のシルエットに向かって〈練習〉をしているのだ。

この条件づけと脱感作の効用はあまりに明らかである。個人のレベルでも、また国家や軍の能力のレベルでも、その効用は認められ、評価されているのだ。

†――条件づけの効果

ボブはアメリカ陸軍大佐である。彼はマーシャルの研究について知っており、第二次大戦時の発砲率に関するマーシャルの結論はおそらく正しいと認めている。どんなからくりでそうなったのかはわからないが、ともかくベトナムでは発砲率が上昇していたのには気づいていた。そこで私は、現代式訓練の条件づけの効果についてそれとなく話してみた。ボブはたちまち、自分にもそのプロセスが作用していたことに気がついた。はっと顔を上げ、わずかに目を見開いて言った。「引金を二回引く。バンバン。訓練どおりの『すばやい殺し』。まったくそのとおりにやっていた。完全に訓練どおり。なにも考えていなかった」。

同じく復員軍人のジェリーは、特殊部隊（グリーン・ベレー）の将校としてカンボジアで一期半年の勤務期間を六期も生き延びてきた。よくそんなことができましたねと言われると、自分は殺すように「プログラム」されていたのだとあっさり認めた。生き残るため、勝ち残るためにそれは必要なことだったのだと彼は肯定的に受け止めている。

面接調査に応じてくれた被験者のひとりに、もとCIA局員のドゥエインがいる。面接時には、大手の航空宇宙機器メーカーで上級保安管理職として働いていた。生涯にわたって、驚くほど多数の尋問を成功させており、一般に〈洗脳〉と呼ばれるプロセスに熟達していると自認している。自身もCIAで「あるていど洗脳された」し、また現代式戦闘訓練を受ける兵士たちも同様の洗脳を受けているのだと彼は言う。この問題について私と話をしてくれた復員軍人はみなそうだったが、彼もまた心理的条件づけは生き延びるために絶対必要であり、使命を達成するための効果的な方法だと理解していて、これに否定的な考えはまったく抱いていなかった。また、発砲タイミング訓練プログラムにおいても、非常によく似た、そして同じように強力なプロセスが作用しているという。このプログラムは、連邦政府および全国各地の法執行機関が行っているもので、さまざまな戦術状況を描いた映画の画面に向かって選択的に空砲を撃ち、いつ発砲しいつ発砲しないかを決断するプロセスを模倣・練習するというものである。

フォークランド紛争でのイギリス軍とアルゼンチン軍、そして一九八九年のパナマ侵攻におけるアメリカ軍とパナマ軍では、接近戦において殺傷率に歴然たる格差があった。この格差が、現代式訓練技術の信じられないほどの有効性を雄弁に物語っている。フォークランド紛争に従軍したイギリス人との面接調査の際、ホームズは第二次大戦時のマーシャルの観察結果を話し、同じような非発砲者がイギリス軍にもいたかと尋ねている。かれらはこれに答えて、自軍にはそんな例はまったく見られなかったが、「アルゼンチン軍にそれが当てはまるのはすぐにわかった。狙撃兵と機関銃手は効果的に発砲していたが、一般のライフル銃手はだめだった」。最新式の訓練を受けたイギリス軍射撃手の目ざましい有能ぶり、由緒正しい第二次大戦式の訓練を受けたアルゼンチン軍射撃手の驚くべき無能、という好対照がここに認められる。

同様の例が一九七〇年代のローデシアに見られる。当時のローデシア軍は世界で最もよく訓練された軍のひとつであり、対する反乱軍は装備は行き届いていたがまともな訓練は受けていなかった。ローデシア国防軍は、このゲリラ戦を通じて終始八倍という高い殺傷率を維持し、高度な訓練を受けたローデシア軽装歩兵隊などは、敵の三五倍から五〇倍の殺傷率を誇っていた。

アメリカの現代史にも格好の実例がある。アメリカ陸軍レンジャー中隊は、国連が追っていたソマリアのモハメド・アイディド将軍を逮捕しようとしたとき、待ち伏せ攻撃を受けて罠にはめられた。このときは砲撃も空襲も行われず、戦車や装甲車などの重火器もアメリカ軍はもっていなかったため、これは現代の小火器訓練技術の有効性を比較する絶好の評価例である。さてその結果であるが、アメリカ側の死者一八名にたいし、ソマリア軍がその夜に失った兵士の数は三六四名と見積もられている。

さらにまた、ベトナムでの本格的な交戦では、アメリカ軍が一度も敗れていないことも思い起こすべきだろう。ハリー・サマーズによれば、戦後にこれを指摘された北ベトナム軍のある高級軍人は、「そのとおりかもしれないが、そんなことはどうでもよいことだ」と答えたという。それはそうかもしれない。しかし、ベトナムにおけるアメリカ兵の接近戦での優越を、この結果が反映しているのは間違いないところだ。

無作為の錯誤や意図的な誇張があるとしても、ベトナム、パナマ、アルゼンチン、ローデシアにおける訓練と殺傷能力の優越性を見れば、これが実質的に戦場における革命と言ってよいのはまちがいない。すなわち、接近戦における圧倒的な優越性を意味する革命である。

†――条件づけの副作用

条件づけ、すなわち洗脳の副作用について理解する手がかりとして、元CIA局員のドゥエインが語ってくれたあるエピソードを紹介しよう。一九五〇年代なかば、西ドイツの隠れ家で、ドゥエインはある共産圏からの亡命者の警護にあたっていた。その亡命者は筋骨たくましい大男で、当時政権を握っていたスターリン派のなかでもとくに凶悪な人物だった。どう考えても狂っていると言われていた。ソ連の主人に愛想を尽かされたために亡命したのだが、新しい主人に仕えるのも考えものだと思いはじめたらしく、彼は逃亡を企てようとしていた。

鍵と閂《かんぬき》のかかった家にふたりきりで閉じ込められ、見張りを命じられた若き日のドゥエインは、なんども攻撃を受けるはめになった。こん棒だの家具だので向かってくるのだが、ドゥエインが銃を向けるとぎりぎりのところで攻撃をやめる。CIAの上司に電話をすると、床に仮に線が引いてあるものとして、この丸腰の（しかし敵意むき出しの危険きわまりない）男がその線を越えたら撃てという。いつかこいつはこの線を越える、そうドゥエインは確信しており、そのときにそなえて条件づけのありったけを奮い起こしていた。「その男は死んだも同然だった。いつか殺すことになるとわかっていた。頭の中ではすでに殺していたんだからね。身体を動かすのは簡単だったはずだ」。ところが、どうやら見かけほど狂っていたわけでも、破れかぶれだったわけでもなかったらしく、亡命者はその線を踏み越えてくることはなかった。

それでも、殺人のトラウマの一部はまぬがれなかった。「胸のうちでは、ずっとそいつを殺してしまったように感じていたからね」。ほとんどのベトナム帰還兵は、ベトナムでかならずしも対人的殺人の経験をしているわけではない。だが、訓練で非人格化を経験しているし、大多数は実際に発砲したか、あるいは胸のうちではいつでも自分が発砲できるとわかっていた。まさしくその事実、つまり発砲する気がある、発砲できるという事実（「頭の中ではすでに殺していた」）によって逃げ道がふさがれてしまい、戦争から持ち帰った自責という重荷から逃れられなくなったのだ。殺しはしなかったが、考えられないことを考えるよう教え込まれ、そのために通常なら殺人者しか知らないような自分自身の側面を見せられた。問題なのは、脱感作、条件づけ、否認防衛機制というこのプログラムを経験した者は、その後に戦争に参加した場合、いちども人を殺さなくても、殺人の罪悪感を共有する結果になりかねないということである。

†——条件づけにおける安全装置

ここできわめて重要なのは、戦闘中の兵士はつねに権威者の指揮下にあるということだ。この点はぜひ理解しておかねばならない。規律に反した、あるいは無差別な発砲を許す軍隊など存在しない。だから、兵士の条件づけにおいては、いかにして命じられたときに命じられた場所でのみ発砲するように条件づけするか、というのがきわめて重要な（だがどうしても見過ごされがちな）ポイントになる。兵士は上官に命じられたときに、指示された火線内でのみ発砲する。それ以外のときに、それ以外の方向へ発砲するのは憎むべき違反であり、ふつうの兵士ならそんなことは思いつきもしないほどだ。

兵士たちは、訓練のあいだずっと、そしてまた軍で過ごす期間中ずっと、権威者の指揮下でのみ発砲するよう条件づけられている。銃声は簡単に隠せるものではなく、ライフルの射撃場や野外演習において不適当な時に発砲すれば（たとえ空砲でも）かならず審問され、正当な理由がないと見なされればただちに厳罰に処せられる。

法執行官の訓練でも同様のことが言える。訓練の際にはさまざまな的が使われるが、そのなかには善意の傍観者を描いたものと、銃を振りまわす犯罪者を描いたものがあって、間違った的を撃つと厳しい制裁が待っているのだ。ＦＢＩの発砲タイミング訓練プログラムでは、撃っていいときと悪いときを判断する能力が水準以下と判定されると、銃の携行許可が取り消される場合もある。

無数の研究で実証されているように、今世紀のどの戦争についても、帰還兵の暴力がアメリカの社会にたいして明瞭な脅威になっているという事実はない。暴力犯罪を犯すベトナム帰還兵もいるが、統計的に見て帰還兵の暴力犯罪が非帰還兵のそれを上回っているわけではないのだ。社会にたいする潜在的脅威になっているのは、現代の対話型テレビゲームや暴力的なテレビや映画であり、それがもたらす無制限の脱感作、条件づけ、否認防衛機制なのである。だがこれについては、本書の最後の部『アメリカでの殺人――アメリカは子供たちになにをしているのか』でとりあげることにする。

第34章　アメリカは兵士になにをしたのか
殺人の合理化――なぜベトナムでうまく働かなかったのか

殺人の合理化と受容

だが火と怒りのあとに、
　だが探求と苦しみのあとに、
神の慈悲がわれらに道を拓く
　ふたたび自分自身を受容するための道を

ラドヤード・キプリング「選択」

殺人の高揚、自責、合理化と受容という殺人の反応段階についてはすでに見た。ベトナムで殺人の合理化と受容がどうして失敗したか理解するために、ここでこのモデルをベトナム帰還兵に当てはめてみよう。

合理化のプロセス

ベトナム帰還兵の場合、合理化のプロセスにおいて特異な現象が起きているようだ。以前のアメリカの戦争とくらべると、殺人体験の合理化と受容をうながすために伝統的に用

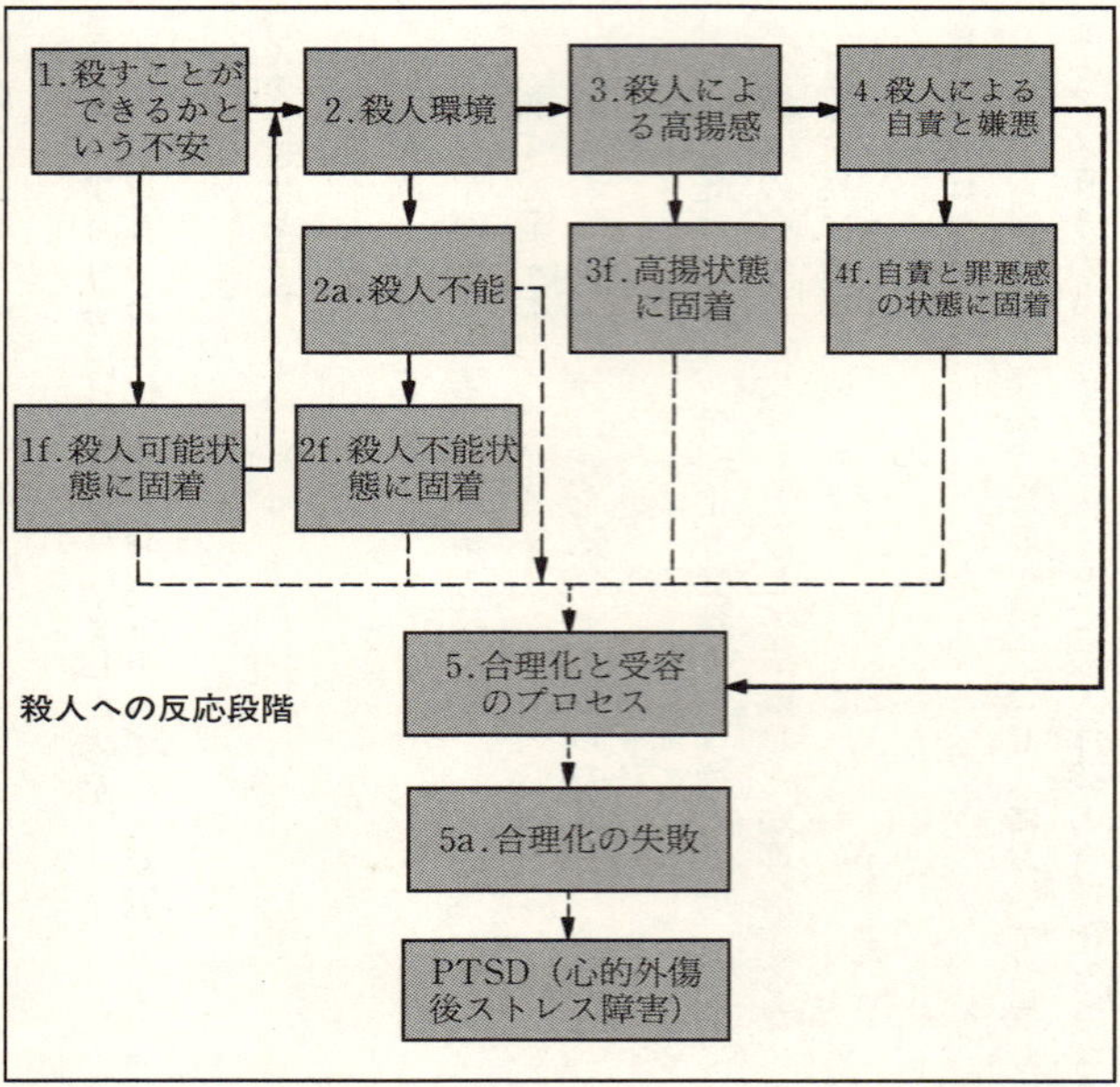
1.殺すことができるかという不安
2.殺人環境
3.殺人による高揚感
4.殺人による自責と嫌悪
2a.殺人不能
3f.高揚状態に固着
4f.自責と罪悪感の状態に固着
1f.殺人可能状態に固着
2f.殺人不能状態に固着
5.合理化と受容のプロセス
5a.合理化の失敗
PTSD（心的外傷後ストレス障害）
殺人への反応段階

いられてきた手法が、ベトナム戦ではほとんど逆転しているように思える。伝統的な手法とは以下のようなものである。

・同輩または上級者が「正しいことをしたのだ」とたえず称賛し、請け合ってやる（その物質的な表れとしてとくに重要なのが勲章の授与である）。
・頼りになる年上の（二〇代後半から三〇代の）同輩がかならずいて、戦闘環境における役割モデルとなり、安定的人格要因として機能する。
・両軍が戦争の規定や協定（一八六四年初めて締結されたジュネーヴ条約のような）を遵守し、民間人の戦闘被害や残虐行為が制限されている。
・後方または明確に定義された安全地帯があって、戦闘中でもそこへ行くことで緊張をほぐし、プレッシャーから逃れられる。
・親しい信頼できる友人がいる。訓練中に親しくなった友人が、戦闘体験をずっと共にする。
・戦友とともに戦場から船または徒歩で帰還するため、冷却期間が得られる。
・自分の払った犠牲により最終的に味方が勝ち、利益を得、目的を達成できたと感じられる。
・凱旋パレード、記念建造物。
・戦闘中に強いきずなで結ばれた人々との再会、および継続的な連絡（訪問、手紙など）。
・友人、家族、地域、社会が、無条件に温かく歓迎・称賛し、戦争も兵士の行為も、必要で適切で正しい大義のためだったとたえず兵士に請け合ってやる。

・勲章を自慢する。

ベトナムの特異性

ベトナム帰還兵の場合、これらの合理化の手法のうち確実に存在したのは一番めだけで、ほかはまずほとんど存在しなかった。それどころか多くは逆転しており、多大な苦痛とトラウマを与える原因になっている。

†——十代の戦争

若いうちにつかまえたほうが簡単だ。成人でも訓練して兵士にすることはできるし、過去の大戦争ではつねにそうされてきた。しかし、戦争を好きだと思い込ませることは絶対にできない。これが、軍が二〇歳前の新兵を募集しようとする最大の理由である。もちろん、他にも理由はある。若いほうが健康状態もいいし、扶養家族もいないし、経済活動に大して重要な役割を果たしていない。だから軍は十代の若者を好むのだが、質的に見て最も重要なのは、かれらが基礎訓練に熱狂と純真さをもって臨むことだ。……どこの国の軍隊も、若い男性の民間人を連れてくれば、ほんの数週間で反応も態度もりっぱな兵隊に仕立て上げる。たいていの新兵はまだこの世に生まれて二〇年も経っていないし、おまけにその二〇年の大半は子供だったのだ。対して軍のほうは、その長い歴史を通じて訓練技術を実践し、磨きをかけてきているのである。

グウィン・ダイア「戦争」

どんな戦争でも戦闘員はぞっとするほど若いものだが、ベトナム戦争に派遣されたアメリカ兵は、アメリカ史上のどの戦争よりも著しく若かった。ほとんどが一八で徴兵され、人生で最も多感な傷つきやすい時期に戦闘を経験したのである。これは、アメリカが初めて経験する〈十代の戦争〉だった。二〇歳に満たない戦闘員が当たり前だったのである。過去の戦争ではかならず成熟した年長の兵士がいたものだが、ベトナムではそんな兵士に感化される機会すらなかった。

発達心理学によれば、青年の心理的社会的発達においてこの段階は決定的に重大な時期である。この時期に、人は安定した持続的な人格と自己イメージを築くのである。

過去の戦争では、戦闘が青年に及ぼす影響は年長の古参兵の存在によって緩和されてきた。その全プロセスを通じて古参兵が役割モデルとなり、よき助言者となってこられたからである。しかしベトナムでは、そんな頼りになる者はほとんどいなかった。戦争の末期には、多くの軍曹は訓練学校を出立てのいわゆる即席軍曹になっており、他の兵士よりわずか数カ月長い訓練を受けているだけの未熟な兵士にすぎなかった。将校さえ多くはOCS（士官候補生学校）出で、大学教育などいっさい受けておらず、訓練量も熟練度も部下と大差はないというありさまだったのだ。

それはティーンエージャーに率いられたティーンエージャーの軍隊だった。いつ果てるとも知れない小部隊による作戦が続き、全員がそろって「蝿の王」の世界に取り込まれていった。現実世界で銃を手に演じられる「蝿の王」の世界。人生で最も傷つきやすい多感な時期に、かれらは戦闘の悲惨を内面化する破目になったのである。

†――「汚い」戦争

全員がいっせいにねらいをつけて発砲した。「なんてこった！」だれかが私の後ろで息をのんだ。敵の身体が、出てきたばかりの木立の奥へ吹っ飛ばされてゆく。肉と骨の塊が飛んできて、大きな岩にへばりついた。銃弾の一発が当たって兵士のもっていた手榴弾が爆発し、死体は地面に叩きつけられ、そこへ血の雨が降りそそぐ。……

その若いベトコンは、コミュニストではあったがすばらしい兵士だった。自分の信じるもののために死んだのだ。ハノイ側の銃手ではなく、ベトコンだった。北ベトナムの生まれではなく、南ベトナム人だった。サイゴン政府と異なる政治的信念を抱いたために、人民の敵というレッテルを貼られたのだ。……

幼いベトナム人の少女がどこからともなく現れて、死んだベトコンのひとりのそばに腰をおろした。ただそこに座って武器の山を見つめ、ゆっくりと身体を前後に揺すっている。泣いていたのかどうかわからない。いちども顔をあげてこちらを見ようとしなかったからだ。ただそこに座っていた。蠅が頬にたかっても、気づいたそぶりもなかった。少女はただ座っている。

ベトコン兵士の七歳の娘だった。あんな幼い子が、死と戦争と悲しみを乗り越えてゆけるものだろうか。孤児となったいま、少女の心にあるのは混乱なのだろうか。それとも悲しみか、だれにも理解できない空白だろうか。

行って慰めてやりたかったが、気がつくと仲間といっしょに丘を下っていた。いちどもふり返らずに。

ニック・ユールニク「血みどろの戦い」

フロリダでのベトナム帰還兵合同会議の席で、ある帰還兵が自分のいとこのことを話してくれた。やはり帰還兵なのだが、いつもこう言っているという。「おれは人を殺す訓練を受けて、ベトナムに送り込まれた。子供を相手に戦うことになるなんてひとことも聞いてなかった」。多くの者にとって、まさにこれがベトナムの悲惨の核心なのである。

殺人は常にトラウマ的なものだ。しかし女性や子供を殺さねばならないとき、または男であっても、その相手の自宅で妻子の目の前で殺さねばならないとき、そして二万フィートのかなたからではなく、相手が死ぬのが見える近距離で殺さねばならないとき、それはどんな描写も及ばぬ、想像を絶するおぞましい経験となるらしい。

ベトナム戦争は、多分に反乱分子に対する戦争だった。わが家を守ろうとする男たち、女たち、子供たち、民間人の格好をしたそんな敵を相手にすることも多かったのだ。そのために伝統的な慣例はすたれ、民間人の戦闘被害と残虐行為が増大し、その結果トラウマも大きかった。戦争を遂行するイデオロギー的な理由も、標的となる相手も、以前の戦争のときとは違っていた。

殺された父親の遺体にすがって子供が泣いていたり、敵自身が手榴弾を投げようとする子供であったりすると、その場で合理化を行う一般的な方法はうまく働かなくなる。北ベトナム軍もベトコンも、このことをよく知っていた。アル・サントーリの著書「いかなる重荷にも耐える」には、個人的な取材で収集したすばらしい体験談が数多く収録されているが、そのなかに〈うらなり〉トゥローンの話がある。メコンデルタでかつてベトコンのスパイをしていた人物だ。「手榴弾を投げるように子供は訓練されてたんだよ。恐怖を与えるためだけじゃなくて、南の政府やアメリカの兵士に子供を撃たせるためだったんだ。子供を撃つと、アメリカ人はひどく恥ずかしいことをしたと思う。自分たちを責めて、自分の国の兵隊を戦争犯罪人扱いするようになるんだ」。

たしかにこれは効いた。

手榴弾を投げようとしている子供を撃つと、手榴弾が爆発する。合理化しようにも残っているのはばらばらの死体だけ。犠牲者がこちらを殺そうとしていたこと、正当防衛だったことを世界に証明してくれる、反論の余地のない証拠である武器は残らないわけだ。残っているのは死んだ子供だけだ。むごたらしい死体が、無垢の喪失を無言のまま語りつづける。汚れなき子供時代も、兵士の潔白も、そして国家の正義も、すべてがたったひとつの行為で失われるのだ。その行為は無限とも思える十年を通じてなんどもなんども再演され、ついにいやけをさした国家は、おぞましさに震え、落胆に肩を落として長い悪夢から撤退したのである。

✝――逃げ場のない戦争

本物の境界線など存在せず、どこへ行っても襲撃される可能性があった。……終わりのない戦争。見えない敵、占領する土地もない。ただひっきりなしに軍隊が来ては去ってゆくばかりだ。目に見える戦果と言えば、次々に生まれる負傷者と数えきれない死体があるだけだ。

ジム・グッドウィン「心的外傷後ストレス障害」

「戦闘の顔」のなかで、ジョン・キーガンは数世紀にわたる戦闘の歴史をたどっているが、彼がとくに注目したのは、戦闘の持続期間と戦場の幅が年々増加していくということだった。中世には期間は二、三時間、幅はわずか二、三〇〇ヤードだった。それが今世紀に入ると、危険地帯の幅はマイル単位に広がって後方にまで食い込み、戦闘は数カ月も続くようになった。しかも次々に起こる戦争が一体化して、何年も続く果てしない戦闘が出現したのである。

第一次大戦と第二次大戦で、この果てしない戦闘が戦闘員に恐ろしい心理的な重圧を及ぼすことが明らかになった。そして兵士たちを交替で後方に回すことで、この終わりのない戦いに対処できるようになった。ところがベトナムでは、危険地帯は指数関数的に増大し、かつて経験したのとはまったく異なる戦争を一〇年間も戦ったのである。ベトナムには避難しようにも後方が存在せず、戦闘の緊張からの逃げ場もなく、たえず〈前線〉にいるという心理的緊張によって、兵士は途方もない代償を——すぐにではなくても——負わされることになった。

†——孤独な戦争

ベトナム以前のアメリカ兵は、戦闘の前から部隊に所属し、そこで仲間とともに訓練を受け、強いきずなで結ばれてから、初めて戦場を経験するというのがふつうだった。そして、戦争の続く限り、あるいはなんらかの基準に照らしてもうじゅうぶんに戦場で過ごしたと判断されるまで、自分が戦場にいるのだとわかっていた。いずれにしても、兵士にとっての戦闘の終わりは、不確かな未来のあやふやな〈いつか〉でしかなかったのである。

ベトナム戦争は、それ以前の戦争とも以降の戦争とも明らかに違っていた。個人の戦争だったからである。ごく少数の例外を除き、ベトナムに到着した戦闘員は全員、ばらばらの補充兵だった。勤務期間は一二カ月（海兵隊は一三カ月）と決まっていた。

ふつうの兵士は一年だけ地獄を耐え忍べばそれでよかった。つまり、史上初めて、身体的あるいは精神的な被害をこうむらなくても、戦闘から脱出する道がはっきり見えていたのである。こんな環境では、多くの兵士がたがいに無関心なまま終わるのも、じゅうぶんありうるどころかごく当然のことだ。先の戦争とはちがって、仲間とのきずなが生まれることもなく、成熟した終生におよぶ関係が育つこともなかった。この方針（そのほかに、薬物の使用、戦闘地帯への近接性の維持、戦闘への復帰の期待表明も影響した）のおかげで、ベトナムの精神的戦闘犠牲者の少なさはまさに空前の記録となったのである。

軍の精神科医と指揮官は、戦場における精神的戦闘被害という長年の問題がついに解決したと考えた。なにしろこれは大問題だったのだ。第二次大戦中には、補充兵が追いつかないほどの割合で精神的戦闘犠牲者が続出した時期もあったのだから。トラウマの少ない戦争環境を提供し、帰還兵には無条件に肯定的な第二次大戦式の歓迎をする。なかなか悪くないシステムになっていたかもしれない。しかしベトナムで起きたことは、多くの戦闘員が悲嘆や罪悪感に正面から対処しようとせず、除隊までの期間をカレンダーにして毎日一日ずつ消していく、といった現実逃避型の慰めにすがり、「あとたった四五日で帰れるんだ」と指折り数えて、（さもなければ耐えられなかったような）トラウマ的な経験をただじっと耐えた、そういうことだったのではないだろうか。

このローテーション方式によって作り出された環境では（精神科医の処方、あるいは自己処方による薬物が広く使用されたこととあいまって）、たしかに戦場における精神的戦闘犠牲者の発生率は二〇世紀の過去の戦争よりはるかに低かった。しかし、この環境は悲劇的かつ長期的な代償をもたらした。その短期的な利点はあまりに高くついたのである。

第二次大戦時の兵士たちは戦争の続く限りが任期だった。個々に補充要員として加わった者もいたかもしれないが、そんな兵士も戦争終結までずっと同じ部隊に所属すると知っていた。入ったばかりの部隊のなかで自己を確立するよう努力したし、もとから隊にいる者にもこの新参者ときずなを結ぶ理由があった。戦争の終わるまで付き合う仲間だとわかっていたからだ。兵士たちはよく成熟した満足すべき関係を育て、そのほとんどは死ぬまで続く友情に育っていった。

ベトナムでは、ほとんどの兵士はたったひとりで戦場にやってきた。頼れる友もなく怯えているのに、配属された部隊ではFNG〈くそいまいましい新米〉扱いだった。経験も能力もない新兵は、足手まといの迷惑な存在でしかなかったからである。数カ月もすると、短期間ではあるが古参兵になって、少しは親しい友人もでき、戦闘でりっぱな働きもできるようになる。だが、死亡や負傷や任期満了で友人はあっというまにいなくなり、自分も任期わずかになって、勤務期間の終了まで生き延びることしか考えなくなる。これでは、部隊の士気も結束もきずなもあったものではなく、せいぜいが際限なく別れと新顔を経験する兵士の寄せ集めにすぎない。戦場で兵士が務めを果たすためには、神聖な結束のプロセスが必要だ。しかし、過去のアメリカの戦争で古参兵たちが経験した支援構造は、ここではずたずたに引き裂かれて見る影もなかったのである。

なんのきずなも生まれなかったという意味ではない。死に直面すれば人はかならず強いきずなで結びつくものだ。しかし、そんなきずなはまれで、それもほんのつかのましか続かない。そもそも長くて一年、たいていはもっと早く終わりを迎えるさだめなのだから。

†——初めての薬物戦争

ローテーション制の採用に加えて、強力な新種の薬物が使用された。心的外傷を抑制するため、あるいは心的外傷への対処を後回しにするために、これが主要な要因として作用していたのである。過去の戦争でも兵士は精神を鈍麻させるために酔っぱらっていたし、ベトナムでもそれは同じだった。だがベトナムはまた、戦場の兵士を強化するために現代の薬学の力が応用された史上初の戦争だったのである。

前線で精神安定薬とフェノチアジン誘導体（抗精神病薬）が投与されたのは、ベトナム戦争が初めてだった。精神的損傷を受けた兵士は一般に、戦闘地帯の近くにある精神病治療施設へ移され、そこで医師や精神科医からこれらの薬を処方された。治療を受ける兵士たちは与えられた〈薬〉を進んで服用し、後送される精神的戦闘犠牲者を減らすうえで、このプログラムはきわめて有用とさかんに宣伝されていた。

同様に、直面する緊張に対処するために、多くの兵士はマリファナを〈自己処方〉していた。また一部ではあったが、阿片やヘロインが使われた例もあった。最初のうちは、違法な薬物が広く使われたことで精神的にマイナスの影響が出ることはないように思われた。

だが実際には、合法的に処方された精神安定薬とほとんど変わらない影響をもっていたのである。そのことはすぐに明らかになった。

合法違法に関わらず、基本的にこれらの薬物は一年限定の勤務方針（一二ヵ月「頑張れば」脱出できるとわかっている）とあいまって、戦闘のストレス反応を抑制し、あるいはその発現を遅らせる効果を発揮した。精神安定薬は精神的ストレスを治すわけではない。糖尿病にインシュリンを処方するようなもの、たんなる対症療法であって病気はそのまま残るのである。

薬物は、患者の治療への反応を引き出しやすくすることもある——治療が行われればの話だが。しかし、まだストレスを感じている最中に薬物を投与されると、ストレスにたいする有効な対処機制の発達が阻害されたり、無効にされたりして、結果的にストレスによる長期的なトラウマを増大させることになる。銃創を負った兵士に局部麻酔をかけて戦場に送り返すような、そんな残酷な行為がベトナムでは行われていたのである。

これらの薬物は、ベトナム帰還兵が抑圧し、内面に深く沈殿させていた痛み苦しみ、悲嘆、罪悪感との不可避の対決を遅らせるぐらいが関の山だった。悪くすれば、兵士のトラウマの影響を悪化させる場合さえあったのである。

†——浄められなかった帰還兵

かつての戦争では、部隊をまるごと徒歩または海路で帰国させていた。それが冷却期間をもたらし、一種のグループ・セラピーになっていたのだが、ベトナム帰還兵の場合にはこれが使えなかった。帰還兵の精神衛生に欠かせないことなのに、これまたベトナム帰還兵には与えられなかったのである。

アーサー・ハドリーは軍の心理作戦（PSYOP）の専門家で、「藁の巨人」というすぐれた著作もある、今世紀最大の軍の知性のひとりである。第二次大戦でPSYOP司令官として従軍（その功を認められて銀星章をふたつ授与されている）したあと、ハドリーは世界じゅうのおもな戦士社会について広範な研究を行った。この研究において、彼はこう結論している。すなわち、すべての戦士社会、部族、国家には、帰還戦士たちのためになんらかの浄めの儀式が組み込まれている。そしてこの儀式は、帰還戦士だけでなく社会全体の健康のために不可欠のようだ、というのである。

ゲイブリエルは、この浄めの儀式の役割とそれを欠いた場合の問題点について、非常にわかりやすく説明している。

戦争は人を変える。戻ってくるときは別人になっている。そのことを、社会は昔から理解していた。未開社会で、共同体に復帰する前に兵士に浄めの儀式を課すことが多かったのはそのためである。これらの儀式では、水で身体を洗うなど、形式的な洗浄の形をとることが多い。これを心理学的に解釈すれば、戦いのあと正気に戻ったときにかならず伴う、ストレスや恐ろしい罪悪感を乗り越えるための手段と見ることができる。それはまた、弱さや孤独を感じずに恐怖を鎮め、再体験できる枠組みを与えることで、罪悪感をいやす手段にもなっていた。そしてもうひとつ、おまえは正しいことをした、社会はおまえが戦ってくれたことを感謝しているし、なによりも正気で正常な人々から成る社会がおまえの帰還を歓迎している、そう戦士たちに伝える手段だったのである。

現代の軍にも同様の浄めの装置がある。第二次大戦の際には、帰国する兵士は仲間といっしょに何日も兵員輸送船で過ごすことが多かった。戦士たちは仲間どうしで感情を追体験し、失った仲間を悼み、自分の恐怖について話し合い、なによりもまず、仲間の兵士から支えを得ることができた。それが、自分の正気を確かめあう共鳴板になったのである。故国に帰り着けば、市民の感謝のしるしであるパレードなどの催しで歓迎された。共同体では尊敬され、両親や妻は胸を張って彼の体験を子供たちや親類縁者に語って聞かせる。こういうことが、昔の儀式と同様の浄めの役割を果たしていた。

このような儀式にあずかれなかった兵士は、情緒的に障害を受けやすい。罪悪感を一掃できない、つまりおまえのしたことは正しいと安心させてもらえないと、感情の内向が起きる。ベトナム戦争から戻った兵士たちは、この種の怠慢の犠牲者だった。輸送船での長旅のあいだに仲間どうし語り合うこともできなかった。勤務期間を終えた兵士たちは、飛行機でたちまち「世間に復帰」させられた。敵と最後に戦ってからわずか数日、ときにはたった数時間後である。迎えに来てくれる仲間の兵士はおらず、自分の体験を語りあえる同情的な共鳴板はどこにもなかった。だれひとり、かれらの正気を請け合ってくれる者はなかったのである。

ベトナム以後、さまざまな帰還軍がこの重大な教訓を取り入れている。フォークランドから戻るとき、イギリス軍は兵士を空輸することもできたはずだが、海軍の船で南大西洋を横断して帰国させることにした。長く、やるせない、しかし治療効果のある航海を選んだのである。

同様に、国際的に非難を浴びた一九八二年のレバノン侵攻からの撤退の際、イスラエル軍もこの冷却期間の必要性に配慮している。ベトナム戦争の終結に際して、この戦争とその道義的問題について論じるとき、アメリカでは〈暗黙の箝口令〉と一部で呼ばれる現象が起きていた。イスラエルはこのことに気づいていた。この問題を正しく認識し、また心理的なガス抜きの必要性を認識したイスラエルは、かれらの〈ベトナム〉に参加した者の精神の健康のために、おそらくこれ以上はないと思われる健全な手段をとった。シャリットによると、撤退するイスラエル兵たちは部隊ごとに会合に集められ、何カ月ぶりかで心からくつろぐ機会が与えられた。そして「軍の行動や計画の失敗から、仲間たちの無意味な死や、完全に失敗したという挫折感まで、あらゆる問題について自分の感情、疑問、疑惑、批判を吐き出す」という長いプロセスをくぐり抜けたのである。

また、グレナダ、パナマ、イラクに配置されたアメリカ軍は、完全に部隊単位で戦場を後にした。戦闘地帯を離れたあとも部隊を崩さなかったおかげで、本国の根拠地における詳細な（そして心理学的に重要な）作戦後のブリーフィングや反省会が可能になったのである。

†――敗戦の帰還兵

あれは正義の戦争だった、必要な行動だったというベトナム帰還兵の信念はたえずぐらついていたが、それがついに破綻したのは一九七五年、北の侵入についに南ベトナムが屈したときである。この種のトラウマは、第一次大戦にそのかすかな予兆を認めることができる。第一次大戦は敵が無条件降伏することなく終結し、これはほんとうの終わりではない、ここでは終わっていないという苦い思いを多くの帰還兵はかみしめていた。ソ連は崩壊し、冷戦は終わった。バルジの戦いと同じく、ベトナム戦争でもアメリカは負けたわけではない、そう胸を張って主張してもよいのかもしれない。しばらくは押し戻されたとはいえ、最終的には勝ったのだと。だが、いまごろになってそんなふうに言われても、ベトナム帰還兵には大して慰めにはならない。フランダース（バルジのある地方）の戦野を歩くこともできず、Dデーの再演行事もなく、仁川《インチョン》（朝鮮戦争の戦地）の祝典もなく、アメリカ人の血と汗と涙で平和と繁栄が守られたと、感謝して祝ってくれる国民もいない。長の年月、ベトナム帰還兵にわかっていたのは、かれらがそのために戦い苦しんだ国が敗北したことであり、生命を賭して戦うのもやむをえないほど邪悪で有害と信じた政体の勝利だけだった。

最後にはかれらの名誉は挽回された。かれらがその道具となって戦った封じ込め政策は成功し、いまではロシアがみずから共産主義の悪を進んで認めている。何十万というボートピープルの存在が、北ベトナム政権の悲惨な実態を物語っている。冷戦は勝利に終わった。見かたによっては、フィリピンやバルジ戦と同じく、アメリカはベトナムでも負けたわけではない。戦闘には敗れても戦争には勝ったのだ。ベトナムは戦う価値のある戦争だったのだ。いまでは、そんなふうにベトナムをとらえることができるだろうし、そんな見かたには真実があり、いやしがあると思う。しかし、ほとんどのベトナム帰還兵にとっては、この〈勝利〉は二〇年遅すぎた。

†——歓迎されなかった帰還兵、悼まれなかった戦没者

公的な顕彰と承認は兵士にとって絶対に必要なものだが、それを示す方法はふたつある。兵士の帰国を歓迎するために伝統的に行われてきたパレード、そして死んだ戦友を思い起こし、哀悼の意を表するための記念行事や記念碑である。バルミツバー（ユダヤ教成人の儀式）や堅信礼、卒業式、結婚式など、改まった儀式は、人生の節目節目で重要な通過儀礼である。それと同じように、パレードは帰還兵にとって絶対に欠かせない通過儀礼なのだ。愛する者を喪《うしな》った人に葬儀と墓標があるように、悲嘆を抱える帰還兵には記念行事や記念碑がある。ところがパレードや記念行事どころか、ベトナム帰還兵は周囲の冷やかな目に迎えられる破目になった。社会に訓練され、命じられたとおりに実行しただけなのに、

すでにアイデンティティの重要な一部になっていた制服や勲章を着けることさえ恥じねばならなかった。

二〇年遅れでようやく建造されたベトナム帰還兵の記念碑は、帰還兵たちが長く耐え忍んできたのとまったく同じ、侮辱と誤解に直面せねばならなかった。伝統的にこのような碑にはつきものである旗も像も、当初はこの記念碑には付属しないことになっていた。アメリカの歴史でもっとも長かった戦争の記念碑は、戦没者の名が刻み込まれたただの〈黒い恥辱の傷あと〉にされるところだったのだ。帰還兵たちの長く苦々しい戦いを経て初めて、その記念碑に彫像をとりつけ、アメリカ国旗の翻る旗ざおを立てることができたのである。

兵士にとって大きな意味のある国旗。その国旗を自分たちの記念碑に立てるためにさえ、かれらは戦わねばならなかったのである。

この〈嘆きの壁〉で何千何万という帰還兵が涙を流し、頰を涙で濡らしながら、二〇年遅れで行われた帰国歓迎パレードに行進し、ほとんどのアメリカ人がその存在すら知らなかった、心からの悲しみと真の苦痛を表現する機会を与えられた。だが、その機会に見られたのは和解といやしがほとんどだった。

「必要なものがあればアメリカ在郷軍人会に頼む」といってこの和解をはねつけている帰還兵たちは、自分の殻の奥の奥へ引きこもってしまっているのかもしれない。PTSDについての考察で見るように、殻に閉じこもることの代償はきわめて大きい。しかし、かれらには殻に閉じこもったままでいる権利があるのだろう。かれらをそこまで追い込んだ社会には、和解や赦しを期待する権利などどこにもないのかもしれない。

†――孤独な帰還兵

ベトナム帰還兵の体験したことは、アメリカが参加した以前の戦争の場合とは明らかに異なっている。勤務期間が明けると、ベトナム帰還兵はたいてい部隊や戦友とのあらゆるつながりを断ってしまった。いまだ戦場にいる仲間に帰還兵が手紙を書いた例はごくまれで、(第二次大戦の帰還兵がいつまでも親睦会を続けているのとはまったく対照的に) 一〇年以上ものあいだ、複数の帰還兵が集まるというのはさらにまれだった。「PTSD――臨床医のためのハンドブック」の中で、ベトナム帰還兵ジム・グッドウィンは次のような仮説を唱えている (おそらくこの仮説は正しい)。「先の見えないベトナムに仲間を残してきたという罪悪感があまりに強かったため、あとに残した者がどうなったか知るのが恐ろしくてならなかったのだろう」。二〇年を経てようやく、ベトナム帰還兵たちは生き残ったことへの罪悪感を乗り越え、帰還兵の協会をつくって集まろうとしはじめている。

ベトナム帰還兵にとって、戦争のあとの年月は長くて孤独な日々だった。だが、ベトナム帰還兵を称える記念碑と記念日のパレードに励まされ浄められ、長く失われた同胞と再会する強さと勇気をようやくにして見いだし、いまやっとかれらは互いに帰国を歓迎しあおうとしている。

＿＿非難された帰還兵

ベトナムから右腕を失くして帰国したとき、二度話しかけられた。……「どこで腕をなくした？　ベトナムかい」。そうだと答えると、相手はこうぬかした。「そうか、いい気味だ」。

ジェームズ・W・ワーガンバック　ボブ・グリーン「ホームカミング」より

パレードや記念建造物よりもさらに重要なのは、帰還兵に日々接する人々の基本的な態度である。モラン卿は、帰還兵の精神衛生に決定的な役割を果たすのは公的支援であると考えた。第一次、第二次両大戦でイギリスは兵士が必要とする支援を与えるのを怠り、それが多くの精神的な問題を引き起こしたというのである。

イギリスの配慮と受容の欠如が、両大戦の帰還兵の精神的な福祉に重大な影響を及ぼしたというモラン卿の観察が正しいとすれば、それよりはるかに冷やかに迎えられたベトナム帰還兵はどれほど悪影響を受けたことだろうか。

リチャード・ゲイブリエルはその体験をこう述べている。

故郷の町に軍服姿のベトナム帰還兵がいれば、白眼視され、非難されたものである。よくやったと称えてくれる者などいなかった。自分の国の、そして同胞たる市民の要請に応えただけだと励ましてはもらえなかった。励ましどころか、悪口雑言を浴びせられるのもしばしばだった。嬰児殺し、人殺しと罵られ、やがては自分でも自分のしたことを疑いはじめ、しまいには正気さえ疑うようになる。その結果、少なく見ても五〇万、おそらくは一五〇万ものベトナム帰還兵が、あるていどの精神疾患に苦しめられている。この病気は心的外傷後ストレス障害と呼ばれるが、この病名を聞けば、ベトナム戦争に送り込まれた世代のことがすぐに思い出されるほどになっている。

その結果、ベトナム戦争が生み出した精神的戦闘犠牲者の数は、アメリカの歴史に見えるどの戦争よりも多数に昇った、とゲイブリエルは結論している。

無数の心理学研究が明らかにしているように、戦場から戻ったときの社会の支援態勢のありかた、あるいはその欠如は、帰還兵の精神衛生に決定的な影響を及ぼしている。実際、戦後の社会的支援が戦闘体験の強度よりも重要な要因であることは、膨大な研究（精神病理学者、軍事心理学者、復員軍人庁の精神衛生部門の専門家、社会学者の）によって立証されているのである。ベトナム戦争の評価が地に堕ちはじめたとき、その戦争を戦っていた兵士たちは、帰国する以前からすでに心理的代償を支払いはじめていた。

精神的戦闘犠牲者は、兵士が孤立感を抱くと急激に増加する。そして祖国や社会からの心理的・社会的孤立は、本国における反戦感情の高まりのひとつの結果だった。この孤立感のひとつのあらわれとして、ゲイブリエルなど多数の著述家が注目しているのが、兵士に対する絶縁状の増加である。本国で戦争の評判が地に堕ちてゆくにつれて、恋人や許婚者、そして妻さえもが、兵士を見捨てることが多くなっていった。いっぽう、兵士のほうは彼女たちを頼りにしていたのだ。兵士にとって、彼女たちの手紙は正気と秩序——その正気と秩序のために自分たちは戦っているのだと信じていた——につながるへその緒だった。絶縁状の急激な増加をはじめとする、さまざまな心理的・社会的孤立を示す現象によって、戦争後期に精神的戦闘犠牲者が急激に増加した理由をかなりのていど説明できるのではないだろうか。ゲイブリエルによると、戦争の初期には、傷病を理由とする後送のうち、精神的な原因によるものは全体のわずか六パーセントにすぎなかったが、一九七一年にはそれが五〇パーセントにもなっている。これらの精神的戦闘犠牲者の増加は、この戦争に対する銃後の支持率の低下に対応している。つまり、精神的戦闘被害は国民感情に大きく影響されると考えてよいだろう。

祖国に戻った兵士を待っていたのは、積もり積もって山をなすすさまじい軽侮の念だった。帰還兵はののしられたり、身体的な攻撃を受けたり、唾を吐きかけられることさえあった。ここでは、唾を吐きかけられる帰還兵という現象にとくに注目したい。わが国には、ほんとうにそんなことがあったとは信じない（または信じたくない）人が多い。さる新聞社グループのコラムニストであるボブ・グリーンも、そんな話は根も葉もない噂だと考えた。そこで、ほんとうにこんな目にあったことのある人がいたら知らせてほしい、とコラムのなかで呼びかけた。するとその呼びかけに応えて、なんと一〇〇〇通を超す手紙が舞い込んだのである。グリーンは、この手紙を著書「ホームカミング」に収録している。典型的な例としてダグラス・デトマーの手紙を引用しよう。

私はサンフランシスコ空港で唾を吐きかけられました。……その男は左後ろから駆け寄ってきて、唾を吐きかけ、それからくるりと向き直って私の顔をまともに見すえてきたのです。唾は私の左肩にかかり、左の胸ポケットの上につけたささやかな勲章にかかりました。男は大声で「恥を知れ、この人殺し」と怒鳴りつけてきました。あまりのことに、私はぼうぜんとしてただ見返すばかりでした。

何カ月も戦争を経験して戻ってきた帰還兵が、こんな仕打ちをおとなしく受け入れた――このことから、その心理状態は察するにあまりある。ついに生きて故郷に戻ってこられて、かれらは多幸状態にあった。多くは数日の旅行のあとで疲れきり、戦争神経症状態であり、混乱し、脱水症状をおこし、何カ月もやぶのなかで過ごして衰弱し、異国で何カ月も過ごしたあとでカルチャーショックを起こし、「軍服をはずかしめる」ことはしてはならぬと命令されており、そして飛行機に乗り損なうのではとひどく心配していた。孤立感を抱えてただひとり、こんな状態で戻ってきた帰還兵は、かれらがおとなしいことを経験を通じて知っていた反戦論者から目をつけられ、侮辱されたのである。

反戦論者の非難の的になったのは殺人行為であり、殺人行為に参加した者は例外なく、嬰児殺し、人殺しと呼ばれた。帰還兵は国家のために苦しみ、犠牲を払ってきたというのに、その国家から敵意と非難に満ちた〈歓迎〉を受けたのである。その結果、深刻なトラウマと傷を受けることもしばしばだった。そしてこれが、唯一かれらの受けた歓迎だった——最悪の場合はあからさまな敵意と侮辱。せいぜいよくて、グリーンへの手紙にある帰還兵が書いていたように、「能天気といいたいほどの無関心」である。

精神的に健全な人間ならば、殺人行為を実行したり援助したりすれば、心のどこかで自分は「間違っている」「悪いことをした」と考えるのがふつうであり、何年もかかってその行為を合理化し、受容しなければならない。グリーンに手紙を寄せた多くの帰還兵は、この体験を人に話すのはこれがほんとうに初めてだと書いている。同胞たる市民の非難を、かれらは羞恥と沈黙のうちに受け入れた。究極のタブーを破り、人を殺した。心のどこかでは、唾をかけられ、罰せられてもしかたがないと感じていた。公然と侮辱されはずかしめられたとき、そのできごとを黙って受け入れたことが、トラウマを増幅させ、強化したのである。これらの侮辱は、かれらがそれを受け入れたこととあいまって、身内の奥深い恐怖と罪悪感を裏書きする結果になったのだ。

ＰＴＳＤを発症したベトナム帰還兵（おそらく症状の表れていない多くの帰還兵も）の心中では、合理化と受容のプロセスは失敗し、否認に置き換えられているようだ。以前の戦争の帰還兵ならば、「つらかったか」と尋ねられれば、第二次大戦のある帰還兵がハビガーストに答えたように、「あたりまえじゃないか。……つらい思いをしないで戦争から帰って来られるやつがいるもんか」と答えるのがふつうだった。ところがベトナム帰還兵の場合、嬰児殺し、人殺しと非難する国民への防衛的反応から、マンテルや私が何度となく聞かされたように、こんなふうに答えるのが常である――「いや、大してつらくなんかなかった。……慣れだよ」。この防衛的な感情の抑圧と否認が、心的外傷後ストレス障害の大きな原因のひとつだったように思われる。

多くの打撃による苦悶

このような要因はみな、過去の帰還兵もそのときどきに遭遇したものである。しかしアメリカの歴史において、これほど心理的な打撃がひとまとめになって、帰還戦士の一集団にかくも強烈に加えられたことはなかった。南軍は戦いには負けたが、帰郷した兵士たちはおおむね温かく迎えられ、手厚い支援を受けている。朝鮮戦争の帰還兵の場合は、記念碑もなく、ほとんどパレードも行われなかったが、敵は侵略軍であって暴徒ではなかった。なにより、かれらが戦ったおかげで自由で健全で繁栄する国、すなわち韓国が残り、その韓国から大いに感謝されている。帰国したとき、人殺しだの嬰児殺しだのとののしられることも、唾を吐きかけられることもなかった。同じアメリカ人から、一致して組織的心理的な攻撃を受けねばならなかったのは、ベトナム帰還兵だけだったのである。ダグラス・デトマーは、この攻撃の組織性と範囲について鋭い見解を述べている。

反戦論者は、ありとあらゆる手段を使って戦争努力を無効にしようとしました。そのひとつの手段として、戦争の伝統的なシンボルの多くを乗っ取って、反戦のシンボルにしてしまった。二本指を立てる勝利のVサインは平和のシンボルにされ、戦没者記念日のヘッドライトは、故人をしのぶのでなく戦争終結を呼びかけるのに使われ、過去の従軍の誇らしいシンボルであるべき昔の軍服を反戦の服装として着用し、正当な勇気ある行為をならず者のやりそうな殺人行為と非難し、帰還を祝うパレードを私が経験したようなものにすり替えたりしたのです。

アメリカの歴史を通じて、いやおそらく西欧文明の全歴史を通じて、これほど国民からさまざまな打撃を加えられて苦しんだ軍隊はほかにない。そして今日、これらの打撃が残した遺産をアメリカは刈り取っているのである。

第35章　心的外傷後ストレス障害とベトナムにおける殺人の代償

ベトナムの遺産——心的外傷後ストレス障害

　その日、私はニューヨーク州のユダヤ人復員軍人会の幹部を対象に講演を行うことになっていた。その講演の前に、キャッツキル山地（ニューヨーク州東部の山地。ユダヤ人の別荘地がある）の由緒ある豪華なホテルで、ボルシチを食べながらクレアと話をした。彼女はPTSDのなんたるかを知っていた。第二次大戦中ビルマで看護婦を務め、人間の苦しみをほかのだれよりも数多く見てきたが、そのことに本当の意味で悩まされたことはなかったという。ところが湾岸戦争が始まったのをきっかけに、悪夢に襲われるようになった。引き裂かれ、原形もとどめぬ死体が続々と現れる悪夢。彼女はPTSDを病んでいたのだ。軽症ではあるが、PTSDに変わりはない。

　やはりニューヨークで講演を行ったときのことだが、講演が終わったあと、ある退役軍人の細君が自分たち夫婦と話をしてもらえないかと申し出てきた。夫はアンツィオ（第二次大戦の戦場となったイタリアの都市）で勇敢に戦い、わが国で二番めに権威ある勲章の殊勲十字章を授与され、第二次大戦が終わるまでずっと戦場にあった。五年前に退役したのだが、いまでは一日じゅう家にいてずっと戦争映画を見ている。自分は臆病者だという考えにとり憑かれているのだ。まちがいなくPTSDだった。

心的外傷後ストレス障害は昔からある病気だが、発症するまでの期間が長く、その現れかたもまちまちである。古代ケルト人はセックスと妊娠の関係を理解していなかったが、この病気に関しては私たちも似たようなものだ。

PTSDとはなにか

ベトナムはアメリカの悪夢だった。そして帰還兵にとってはまだ終わっていない。アメリカは、その歴史上もっとも長い戦争になったこの大失敗を忘れようとあせり、なんとかスケープゴートをひねり出そうとして、ベトナム帰還兵の肩に責任の重荷を転嫁してしまった。その重荷はかれらを押しつぶした。自分たちを戦争へ送り出した当の国家に拒絶され、帰還兵たちは罪悪感と恨みに汚染されてきた。それが、先の戦争の帰還兵の経験しなかったアイデンティティの危機をもたらしたのである。D・アンドレイド

アメリカ精神医学会の「精神障害の診断と統計の手引き」では、心的外傷後ストレス障害について「通常の体験の範囲を越え、心的外傷をもたらす出来事にたいする反応」と解説している。PTSDの症状としては、問題の経験が夢や回想として繰り返し襲ってくる、感情の鈍麻、社会的な引きこもり、親密な関係を結んだり維持したりする能力または気力

の欠如、睡眠障害などがあげられる。このような症状のために一般社会への再適応が非常に困難になり、アルコール依存症、離婚、失業などの結果につながりやすい。トラウマを受けたあと、症状は何カ月も、あるいは何年間も続く。また長い期間を経てから発症する場合も多い。

PTSDに苦しむベトナム帰還兵の数に関しては、下は傷病アメリカ復員軍人会の五〇万から、上は一九八〇年のハリス・アンド・アソシエーツの一五〇万までさまざまに推計されている。率になおせば、ベトナムで従軍した二八〇万の軍人のうち一八～五四パーセントということになる。

PTSDと殺人との関連性

社会のために戦ってくれと兵士たちに頼む以上、その行為が容易にどのような結果をもたらすか、社会は理解しなければならない。　リチャード・ホームズ「戦争という行為」

一九八八年、コロンビア大学のジーンとスティーヴン・ステルマンは、PTSDの発症と兵士の殺人プロセスへの関与との関連性を調べるために大がかりな研究を行った。無作為抽出した六八一〇名の帰還兵を対象とするこの研究によって、はじめて戦闘の強度が定量化された。その結果わかったのは、PTSDの患者のほとんどは、強度の高い戦闘状況に参加した帰還兵ばかりだということである。これらの帰還兵は、離婚、夫婦間の不和、精神安定剤の服用、アルコール依存症、失業、心臓病、高血圧、潰瘍に苦しむ率がほかにくらべてはるかに高い。PTSDの症状に関するかぎり、ベトナムでも非戦闘的環境にいた兵士は、兵役期間をずっとアメリカ国内で過ごした兵士と統計的に差は認められなかった。

ベトナム戦争の時代、何百万というアメリカの青年が、強力な抵抗感を覚える行為を実行するよう条件づけられた。この条件づけは、社会によって送り込まれた環境で兵士が任務を果たし、生き残るために必要であった。戦争で勝利を収めるためには、そして国家を存続させるためには、戦場で敵の兵士を殺すことが必要なのかもしれない。軍隊の必要性を認めるのなら、その軍隊は生き残る能力を最大限に身につけねばならないという、そのことも認めねばならない。しかし、殺人への抵抗感を克服するよう兵士を訓練し、殺人を犯すべき環境に兵士をおくなら、兵士と社会がこうむる心理的な現象とその影響に、率直に、知的に、道義的に対処する義務を社会は負わねばならない。主としてこの心理的プロセスが、そしてそれにまつわる意味が知られていなかったために、ベトナム帰還兵の場合には社会はその義務を怠った。

PTSDと非殺人者――殺人の従犯？

ある州のベトナム帰還兵連合の幹部たちに、本書で述べる仮説の要点を説明したところ、

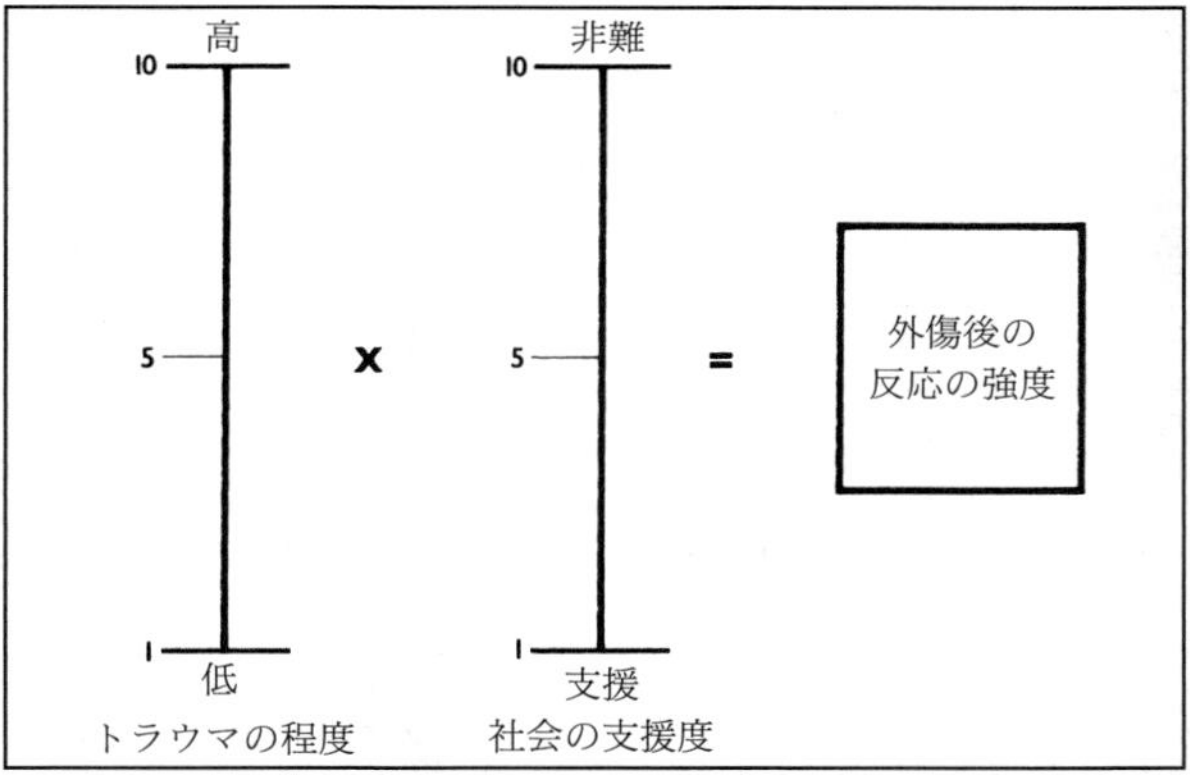

PTSDの原因におけるトラウマの程度と社会の支援度の関係

帰還兵のひとりが言った。「その条件［殺人のトラウマ、条件づけ、社会の〈歓迎〉による増幅］は、実際に殺した者だけでなく、殺しに協力した者にも当てはまりますね」。

こう言ったのは、その州の〈今年最高の帰還兵〉に選ばれた法律家で、名前はデーヴ。帰還兵連合のなかでも発言力のある精力的なリーダーである。「往きに弾薬を運んだトラックの運転手は、帰りには遺体を運んでいた。引金を引いた者と、ベトナムで支援業務をしていた者のあいだにははっきりした区別なんかありませんよ」。

別の帰還兵がつぶやくように口をはさんだ。「社会だって、唾を吐きかけるときには区別しないからね」。

デーヴは続けた。「ちょうど……たとえば、あなたがこの部屋に入ってきて私たちのひとりを攻撃すれば、全員を攻撃したのと同じことになるでしょう。それと同じで、社会は、この国は、私たち全員を攻撃したんです」。彼の指摘は正しい。その部屋にいる者はみな理解していた。彼が言っているのは、ベトナムで非戦闘状況にいた帰還兵のことではない。ステルマン夫妻によれば、勤務期間をずっと国内で過ごしていた者と統計的に差がないという、そんな帰還兵のことを言っているのではないのだ。

デーヴが言っているのは、強度の高い戦闘状況に参加していた帰還兵のことなのである。殺しはしなかったかもしれないが、殺戮のまっただなかにいて、かれらが遂行していた戦争の結果を日々まのあたりにしていた兵士たち。

どの研究を見ても、そこにくりかえし語られるのは、心的外傷後の反応の大きさを左右するふたつの決定的要因のことである。第一にしてもっとも目につくのは、最初のトラウマの強度である。これほどはっきりしてはいないが、第二の要因も極めて重要であって、それはトラウマを負った個人にたいする社会の支援構造である。強姦事件の場合、公判中に被告側から糾弾を受けることで、犠牲者がどれほど大きなトラウマを受けるかが理解されはじめており、いまでは被告側弁護人によるこのような攻撃を防止・制限する法的手段がとられている。戦闘においても、トラウマの性質と社会の支援構造の性質のあいだの関係は同じである。

第二次大戦帰還兵のPTSD

トラウマの程度と社会的な支援の程度とは一種の乗算の関係にあって、互いに互いを強めあうように作用する。たとえば、ここに第二次大戦の帰還兵がふたりいるとする。ひとりは二三歳の歩兵で、広く戦闘を経験し、接近戦で敵兵を殺し、小火器による近距離の交戦で、撃たれた戦友を腕に抱いて看取ったこともある。トラウマの程度を測る尺度で見れば、その最高得点にランクされるだろう。

もうひとりは二五歳のトラック運転手で（砲兵でも、航空機の整備士でも、補給船の甲板長でもかまわないが）、立派に任務を果たしたが、実際に前線に出たことは一度もない。砲撃（あるいは爆撃または魚雷攻撃）を受ける地域にいたことは何度かあるが、自分でだれかを撃たねばならないような状況に立たされたことはいちどもなく、だれかに直接撃たれたこともない。それでも、砲弾（もしくは爆弾や魚雷）による仲間の死は経験したし、前進する連合軍の前線のあとについて進みながら、死と殺戮の痕跡はたえず目にしていた。トラウマの尺度では、この兵士は非常に低い位置にランクするはずである。

さて戦争が終わって帰国するとき、このふたりの帰還兵は部隊単位で帰還した。戦争中苦労をともにした仲間と船の上で数週間を過ごし、冗談を言い、笑ったり、賭け事に興じたり、ほら話をしたりしながら、心を鎮め、緊張を発散させた。つまり、長い船旅のあいだに、心理学者ならきわめて支援的なグループセラピーと呼びそうな体験をしたわけである。自分のやったことに疑問を抱いていたとしても、あるいは将来に恐怖を感じていたとしても、それを打ち明ける信頼できる仲間がいた。ジム・グッドウィンの著書によれば、豪華なリゾート・ホテルが再配置根拠地に早変わりし、帰還兵たちはそこへ妻を連れてきた。まだ仲間の帰還兵に取り巻かれているという最高の条件のもと、二週間かけて家族との関係を再構築したのである。迎える一般社会のほうも、「灰色の服を着た男」、「我等の生涯の最良の年」、「海兵隊員の誇り」などの映画を通じて、帰還兵を支援し、理解する態勢が整っていた、とグッドウィンは述べている。兵士たちは勝って帰ってきたのだから、とうぜん自慢に思う権利がある。そして国のほうも兵士たちを誇りに思い、それを態度に表していた。

先にあげた歩兵は、第二次大戦の帰還兵としては比較的めずらしいことに、ニューヨークで紙吹雪の舞うパレードに参加した。兵士がほんとうに望んでいるのは、〈軍隊のクソタレ〉を忘れ去ることだとだれもがぶうぶう言っていた。しかし、何万という市民の喝采を浴びて行進したのは人生最高の瞬間だったと彼はひそかに思っていて、そのときのことを思い出すだけで、いまでも誇らしさに胸がすこし熱くなるのだった。

さてトラック運転手のほうは、大多数の帰還兵と同じく紙吹雪の舞うパレードには参加しなかったが、帰還兵が称えられたと知ればうれしいと言っただろう。そして翌年の記念日、米国在郷軍人会の記念式典の一環として行われた故郷のパレードに参加した。だれかにそうしろと言われたわけではないが、ともかく参加したのだ。えいちくしょう、そうとも、出たかったからさ。彼が子供のころ、町の第一次大戦の帰還兵がそうしていたように、これから毎年パレードに参加するだろう。

ふたりとも、第二次大戦の戦友たちとおおむね連絡を絶やさず、親睦会や私的な集まりで仲間とつながっていた。それも楽しいことだが、しかし帰還兵でなによりすばらしいのは、頭を昂然と上げていられること、そして自分の家族や友人や共同体や国家に尊敬され、誇りに思われているということだ。復員兵援護法は可決され、もし政治家や官僚やどこかの組織が復員兵に相応の敬意を払わなかったら、そのときには、米国在郷軍人会と海外戦争復員兵協会の影響力と票に立ち向かうはめになるのだ。帰還兵が正当な扱いを受けられるよう、そういう機関が確実に取り計らってくれる。

これらふたりの帰還兵に提供された社会的支援は、先にあげた尺度で言えばきわめて支援的と評価することができる。第二次大戦の帰還兵がみなこのような支援を受けられたわけではないし、どんなに環境に恵まれても戦闘から帰還するのはけっして楽な経験ではない。しかし、祖国はおおむねかれらのために最善を尽くしたのである。

トラウマの程度と社会的支援の関係が乗算的だということを思い起こしてほしい。このふたつの要因は互いを増幅しあう。われらが歩兵の場合、体験は非常にトラウマ的ではあったが、戻った社会構造が非常に支援的だったため、その影響は（完全にではなくても）大いに打ち消された。トラック運転手の場合は、トラウマはほとんど経験しておらず、しかも多大な支援を受けているから、戦闘体験にうまく対処してゆけるだろう。歩兵のほうは、在郷軍人会の酒場でちょくちょく自己治療に励む傾向はあるかもしれないが、たいていの帰還兵と同じく、おそらく自分の役割を果たし、完全に健全な一生を送ることができるだろう。

ベトナム帰還兵のPTSD

今度はふたりのベトナム帰還兵を想定してみよう。ひとりは一八歳の歩兵、もうひとりは一九歳のトラック運転手だ。ベトナムの兵士はたいていそうだが、この歩兵は戦闘地帯にひとりの補充兵として到着し、自分の部隊にただのひとりも知り合いはいなかった。しまいには彼も大規模な接近戦に参加し、数名の敵兵を殺したが、つらかったのは相手が民間人の格好をしていたことで、しかもそのうちのひとりは、くそ、なんてことだ、まだほんの子供で一二にもなっていなかった。おまけに、銃撃戦の際にいちばん仲のよかった仲間が彼の腕の中で息を引き取った。この歩兵の受けたトラウマは、まちがいなく尺度の最高値に達している。民間人の格好をした子供と戦い、後方は存在せず、芯から心の休まるときも、戦闘から逃れる機会もなかったのだから、そのトラウマは第二次大戦の帰還兵より大きかったかもしれない。しかし、トラウマの尺度の最高値のあたりまで来ると、細かく点数の高さを区別してもおそらくあまり意味がないだろう。

トラック運転手のほうもひとりでやって来た。仕事は第二次大戦時のトラック運転手と同じだが、働く環境は異なっていた。ベトナムには後方がなく、非番のときでも完全に警戒を解くことはできず、輸送車隊に混じってトラックを運転する道のりは、待ち伏せや地雷の恐怖に絶えずさらされて途方もなく長い。つねにバルジ戦下に生きているようなものだった。ベースキャンプの輸送車隊はいわば〈バストーニュ（バルジ戦の連合国側の拠点）の安息〉を得ているとしか思えないことも多く、トラックはつねに装甲され、サンドバッグで守られていた。第二次大戦のトラック運転手なら、そんなことをしようとは思いつきもしなかっただろう。幸いにも、このベトナムの運転手は敵をいちども撃たずにすんだが、その可能性はつねにあったし、装塡済みの銃をつねに手元に置いていた。何度か、おおぜいの人間から銃弾を浴びせられるという経験もした。とはいえ、トラウマの尺度ではたぶん得点はかなり低いほうだろう。第二次大戦のトラック運転手よりはやや高いかもしれないが、対処に苦しむほどではない。

さて、ふたりのベトナム帰還兵は、来たときと同じように去っていった。つまりひとりきりで、ということだ。生き延びた喜びと仲間をあとに残す後ろめたさをこもごも感じながら出発する。帰国したふたりを待っていたのは歓迎パレードではなく、反戦のデモ行進である。豪華なホテルで過ごす代わりに、隔離され警備された軍の基地に送られ、数日かけて一般社会に戻るための手続きをすませた。帰還兵の苦闘や、一般社会に戻るときの傷つきやすい心理状態を描いた映画の代わりに、メディアは帰還兵を〈下劣な悪党〉、〈精神病質の殺人者〉呼ばわりして世論を誘導し、若く美しい映画スターが国民の先頭に立って糾弾の歌を歌った。その歌声は帰還兵の魂を貫いて鳴り響く。「嬰児殺し……人殺し……虐殺者……」。

恋人には逃げられ、赤の他人に唾を吐きかけられ、非難され、ついには親しい友人知人にさえ自分が帰還兵だと打ち明けるのをためらうようになる。戦没者記念日のパレード(すでに流行遅れになっていた)にも参加せず、海外戦争復員兵協会にも在郷軍人会にも加わらず、かつての戦友たちとの親睦会や集会にも出席しなかった。自分の体験を否認し、固い殻のなかに苦痛も悲嘆も閉じ込めてしまった。

家族や共同体によって守られた帰還兵もいるが、たいていはテレビをつければ自分たちが攻撃されているのにいやでも気がつく。ごくごくふつうのベトナム帰還兵でさえ、まったく先例のない激しい社会の批判にさらされたのである。先にあげた社会的支援の尺度でいえば、このふたりのベトナム帰還兵は「非難」側のいちばん端にランクされる。

先にも述べたように、トラウマと社会的支援は乗算的な増幅関係にある。トラック運転手の場合、ベトナムでの戦闘のトラウマはさほどではないが、のちに受けた社会の非難を勘案して総合的な体験値を求めれば、第二次大戦で接近戦を体験した帰還兵よりも、心的外傷後のストレスを引き起こす可能性はむしろ高くなるかもしれない。歩兵のベトナム帰還兵の場合は、総合的トラウマの強度は想像するのも恐ろしいほどになる。

戦闘中に起こる責任の分散は双方向に働く。殺人者の側から見れば、命令を発した指揮官や、弾薬を輸送し死体を運び去るトラック運転手に罪悪感を分散して薄めることができる。だがそれは、殺人者の罪悪感の一部を他者に分け与えることであり、それを受け取った他者は殺人者と同じようにそれに対処しなければならなくなる。戦闘における殺人のこれら〈従犯〉たちが糾弾され非難されれば、分け与えられたトラウマと罪悪感と責任感は増幅され、ショックと自己嫌悪として胸のうちに鳴り響くことになるだろう。

敵をひとりも殺していない平均的なベトナム帰還兵でさえ、社会の非難が生み出した罪悪感と苦悩に打ちのめされている。ベトナム戦争中、そして戦争直後、アメリカの社会は何百万という帰還兵を殺人の従犯として裁き、有罪の判決を下した。怯え、混乱した帰還兵の多く、いやほとんどは、メディアに煽られた社会のでっちあげの有罪判決を正当な判決と受け入れ、心のなかの最悪の監獄にみずからを閉じ込めてしまった。その監獄の名はPTSDという。

この「架空の」第二次大戦の帰還兵も、ベトナム帰還兵も、どちらもありふれた人たちだ。架空の存在などではない。血の通った人間であり、その苦しみはほんものである。兵士は社会の要請に応えて戦うのだから、みずからの行為がどんな結果を生みやすいか、どんな代償をもたらす可能性が高いか、社会は理解しなければならない。

第36章　忍耐力の限界とベトナムの教訓

PTSDとベトナム――社会への衝撃の関係

前章で例にとったベトナムの歩兵の場合、帰還の際に非難されたために戦闘体験のおぞましさが増幅され、圧倒的なまでに高まる結果になった。このような事態は歴史的にきわめてまれである。したがっていわば当然のことだが、こんな状況に置かれた個人が多数存在するというのは、西欧文明の歴史にかつて例のない現象である。

この尺度モデルは、実際に起きていることを大雑把に反映したものでしかないが、それでも影響力の程度を表現できるようになってきている。ベトナム帰還兵に見る恐るべき自殺の頻発、痛ましいほどのホームレス化、薬物の乱用率など、これらの統計がはっきり物語っているのは、信じられないほど異質な現象が起きているということだ。第二次大戦をはじめとして、わが国が経験してきたどんな戦争のあとにも、このような現象はかつて起きたためしがなかった。

敵兵の死と反戦論者が吐きかけた唾。そして自殺、ホームレス化、精神病、離婚というパターン。この両者をつなぐ原因と結果の結びめがここにある。これらのパターンは、きたる数世代にわたってアメリカじゅうに波紋のように広がってゆくだろう。

大統領直属の精神衛生委員会による一九七八年の発表によれば、東南アジアで従軍したアメリカ兵はおよそ二八〇万、うち激しい戦闘を経験したか、敵対的で生命の危険のある状況にさらされた者は一〇〇万近くに昇るという。復員軍人庁によれば、ベトナム帰還兵のPTSDの発病率は一五パーセントであるが、このひかえめな数字を信じるとしても、アメリカには四〇万人を超すPTSD患者がいるということになる。また、ベトナム戦争の結果としてPTSDに苦しむ帰還兵は一五〇万人もいるという説もある。正確な数字はどうあれ、何十万という患者がいることはまちがいない。かれらは一般人とくらべて四倍も離婚率や別居率が高く（離婚していない者では、結婚生活に問題の生じる割合がきわめて高い）、アメリカのホームレス人口にも大きな割合を占め、年月が過ぎるにつれて自殺率も高まる傾向にある。

このように、ベトナム戦争はアメリカ社会に長期にわたる負の遺産を残した。問題を抱えた何十万という帰還兵だけではない。かれらは何十万という不幸な家庭を生み出し、それが女性や子供や将来の世代に影響を及ぼしているのだ。崩壊家庭の子供は精神的にも性的にも虐待を受けやすく、両親が離婚した子供は長じて自分も離婚する傾向が強く、児童虐待の犠牲者は児童を虐待するおとなになる傾向が強い。ベトナムのジャングルで起きた対人的殺人にたいしてわが国が支払う代償の、これはほんの一部にすぎないのである。

戦争は必要なことかもしれないが、戦争という営為がもたらす長期的な代償についても、私たちはそろそろ理解しなければならない。

遺産と教訓

人生という蜘蛛の巣を紡いだのは人間ではない。人はそのなかの一本の糸にすぎない。蜘蛛の巣にたいしてしたことはすべてわが身に返ってくる。

テッド・ペリー（〈チーフ・シアトル〉の仮名で執筆）

（チーフ・シアトルは名高いインディアンの首長の名）

訓練（すなわち条件づけ）によって、平均的兵士の殺傷能力は高まったかもしれない。だが、そのためになにが犠牲になったのだろうか。ベトナムにおける殺人にたいして支払う代償は、結局のところ金銭や生命にとどまらなかったし、これからもそれは同じである。兵士は殺すよう条件づけることができるし、また条件づけられてきた。かれらはこれを熱心に進んで受け入れ、社会の判断を信頼した。それなのに、その行為の倫理的・社会的な重荷に対処する能力は与えられなかった。社会には、社会が与えた命令の長期的な影響について考える道義的な責任がある。関連するプロセスを確実に理解したうえで、それに基づいて倫理的な方向づけと哲学的な指導を行わねばならない。これは、兵士の戦闘訓練や戦闘配置とともに行うことが必要である。

国家戦略のレベルで見ると、恐ろしい犠牲を払ったすえにようやく、現代の戦争にどのような社会的代償がともなうか認識されてきた。ワインバーガー・ドクトリンには、このような経験を通じて得た一種の倫理的・哲学的な指針が見てとれる。このドクトリンは、レーガン大統領時代の国防長官キャスパー・ワインバーガーにちなんでこう呼ばれているもので、ベトナムの教訓に基づいて一種の倫理的方向性と哲学的指針を定めようとする初の試みだった。ワインバーガー・ドクトリンは次のように謳っている。

・「国の重大な利益がかかっているのでないかぎり、合衆国は軍を戦闘に関与させない」
・「戦闘に関与する場合は、勝利を収めるにじゅうぶんな兵員とじゅうぶんな支援を与える」
・「政治的軍事的目的を明確にする」
・「勝つつもりのない戦争に二度とふたたび軍を送らない」
・「海外に軍を派遣する場合、合衆国政府は、国民および議会における国民の代表者から支援が得られるという一定の確証を事前に得なければならない。……合衆国軍が海外で勝利を得るために戦っているときに、本国で議会がそれに異論を唱えるようなことがあってはならない。大がかりな外交戦術のために、合衆国軍が捨て駒として派遣されるようなことは、アメリカ国民が黙認しないだろう」
・「合衆国軍の派遣は、最後の手段でなければならない」

†――さらなる理解を求めて

人を殺すために兵士を送り出す国家は、一見すると本国とは無縁に思える遠い国での行為にたいし、最終的にはどんな代償を支払わねばならないか理解せねばならない。ワインバーガー・ドクトリンを見れば、この点があるていど認識されてきていることがわかる。このドクトリン（原則）とそこに謳われた精神が広く浸透すれば、ベトナムの再来は防げるかもしれない。しかし、別のレベルで、現代の戦争は社会に破滅的な代償を課す危険性がある。このドクトリンは、その代償を理解する、基礎の基礎にすぎないのである。

軍の司令官、家族、そして社会が理解しなければならないのは、兵士が承認と受容を切実に必要としているということだ。兵士は傷つきやすい。おまえは正しいことをした、務めを果たしたのだとくりかえし請け合ってもらうことがどうしても必要なのである。そして、伝統的な承認と受容の行為によってかれらの要請に応えなかったら、社会は恐ろしい代償を支払わされる。ベトナム帰還兵の切実なニーズに気づき、ベトナム戦争記念碑と帰還パレードによってわが国がそれに応えるまで、ほとんど二〇年近くかかった。これは恥ずべきことである。これでようやく、帰還兵たちは「吐きかけられた唾をいくらか心からぬぐい去る」ことができたのだから。

軍もまた、戦中戦後において部隊を維持することの必要性を理解しなければならない。そのために陸軍は新しい兵員制度（戦闘中、個人単位でなく部隊単位で配置や交代を行う制度）を導入している。これは今後とも続けてゆかねばならない。また、長くゆっくりした船旅で兵士をフォークランドから帰還させたイギリス軍のように、冷却期間とパレードの必要性、そして戦場から帰還する不安定な時期に部隊を維持することの必要性を理解しなければならない。一九九一年の湾岸戦争の際には、アメリカはおおむねこれらの点に正しく対処したようだが、将来も常にこれを怠らないよう心せねばならない。

心理学、精神医学、医学、カウンセリング、そして社会福祉に携わる人々は、戦闘中の殺人が兵士に及ぼす影響を理解し、本書に概略を述べた合理化と受容のプロセスについてさらに理解し、強化するよう努めるべきである。共に専門は化学でありながら、ステルマン夫妻が一九八八年に行ったPTSDに関する研究は、戦闘体験とPTSDの関係について行われたものとしては初の大規模な相関研究だった。それによれば、精神衛生サービスを受けている帰還兵の〈圧倒的多数〉が、戦闘体験については質問されず、まして対人的殺人については何も訊かれていなかったという。

最後にもうひとつ、殺人という基本的な行為について理解するよう努めなければならない。たんに戦争中の殺人だけでなく、社会のいたるところで起きている殺人についても。

個人的な注

「なんだ、あのふたり。なんだってこんなとこに機関銃なんかもって来るんだろう」崖の縁からあとじさりながら尋ねた。

「ベトコンに決まってるだろ、このくそたれが……けつを吹っ飛ばして逃げるんだ。……」

あっちは私が隠れてることにぜんぜん気がついてなかった。崖の縁に生える低木の茂みに視界を遮られているからだ。だが、こっちからは丸見えだ。固い紅土にひじをついたとき、身体が痙攣でも起こしたようにがたがた震えはじめた。銃身を下に向け、照星をいっぽうの男の胸の下方に合わせた。そいつのほうが機関銃のそばに腰を下ろしていたから、そのせいで死ぬことになったのだ。

クソみてえな死にかただ、そっと引金をしぼりながら思った。

発射音が耳に大砲のように轟いた。標的は倒れ、とっさには伏せたのか命中したのかわからなかった。だが、すぐに疑念は消えた。足が引きつり、全身が震えている。死にかけているのだ。

その断末魔の苦しみにぼうぜんとすくんでしまって、もうひとりは撃つどころではなかった。そいつは南側の低木の茂みに逃げ込んだ。私は崖を飛びおり、死にかかっている男に駆け寄った。助けたかったのか、とどめを刺すつもりだったのか、よくわからない。なぜかわからないが、見ておかなければならないという気がしたのだ。どんなやつで、どんなふうに死んでゆくのか。

かたわらに膝をついた。埃っぽい地面に血がしみ込んでゆく。私が撃った一発は左胸に当たって背中まで貫通していた。仲間の斥候が崖をよじ登りながらなにごとかわめいていたが、私の耳には入らなかった。聞こえるのは、死んだ男の血が泡立ちながら地面にしみ込んでゆくかすかな音だけだ。目は開いたままだった。まだ幼さの残る顔。なんだかひどく穏やかな表情だった。こいつの戦争は終わったのだ。だが、私の戦争は始まったばかりだった。

傷口からどくどくと流れ出る血が、死体のまわりに黒っぽく丸いしみを広げてゆく。こいつが生命を失くしたように、おれは永遠に無垢を失くしたんだと思った。こうして私ははるばるベトナムにやって来たのだった。立ち去る日が来るのかどうかわからなかった。いまもわからない。

小隊の残りがその高台に到着したとき、私は焚き火の側面に茂みを見つけて、そこで激しく吐いた。

スティーヴ・バンコ「駆け出し歩兵、無垢の喪失」

いまあらためてこの体験談を読み直してみると、検討すべき要因が数多くあるのに気がつく。殺人学という新たに見いだされた科学のおかげで、ここにはきわめて重要なプロセスが作用していることがわかるのだ。殺人を命令される必要性（権威者の要求と責任の分散）、機関銃に近い敵兵の選択（標的誘因、および直接の脅威ではない二者のうち、潜在的脅威の大きいほうを選ぶことによる合理化プロセスへの支援）、そして殺人行為にたいする感情的反応としての激しい嫌悪。

だが、私の心にこびりついて離れないのは、「立ち去る日が来るのかどうかわからなかった。いまもわからない」という一節だ。このことばをどうしても忘れることができない。ランボーもどきの力の誇示はここにはない。これは、人生で最も恐ろしい出来事にたいして、若いアメリカ兵が現実に経験した心理的反応なのだ。理解し同情してくれるベトナム帰還兵の全国的なフォーラムにこれを発表するとき、彼は、そして彼と同様の大勢の男たちは、人を殺したことで胸が悪くなったとだれはばかることなく公言できる。そして体験を文章にして発表することが、きわめて重要なカタルシスをもたらすのである。こんな手記を書く帰還兵たちは、あの戦争が間違っていたとか、自分のしたことを後悔しているとか言おうとしているのではないだろう。かれらはただ、理解されたいと望んでいるのだと思う。

非情な殺人者でも、泣き言をいう意気地なしでもなく、ひとりの人間として理解されたいのだ。筆舌に尽くしがたい困難な任務を果たすために国家から送り出され、誇りをもってその務めを果たし、にもかかわらずだれにも感謝されなかった人間として。

帰還兵たちに面接調査しているとき、理解されたい、肯定してほしいという、口には出されないが切実なニーズに、私は兵士として心理学者として、そしてなによりひとりの人間として、つねに胸を衝かれるような思いをしてきた。自分たちは国家と社会に命じられたことを忠実に行っただけだ。この二〇〇〇年、アメリカの帰還兵たちが誇りをもってやったのとまったく同じことをしただけなのだ。それを理解してもらいたい。よくやった、おまえはよい人間だと肯定してもらいたいのだ。

くりかえし述べてきたことだが、最後の『アメリカでの殺人』の部に入る前に、ここでもういちど言っておきたい。みなさんが自分の気持ちを打ち明けてくれたことを、私は光栄に思う。あなたがたは、人が人に期待しうることをすべてやり遂げてきた。あなたがたと知り合えたことを私は心から誇りに思っている。みなさんのことばを引用することで、人々の理解を助けることができればと願っている。

第八部

アメリカでの殺人

【アメリカは子供たちになにをしているのか】

第37章　暴力のウイルス

私たちの祖先は、洞窟の外に立って忍び寄る捕食者の牙や爪を警戒していればよかった。いま考えると、それはなんと単純な仕事に思えることか。いまの私たちが警戒しなければならない悪はウイルスのようなもので、人の身内の奥深くで発生し、外側に向かって食い荒らしてゆく。人がついに食いつくされ、その狂気に呑み込まれてしまうまで。

リチャード・ヘクラー「戦士魂とはなにか」

問題の重大性

次にあげるのは、一九五七年以来のアメリカにおける、殺人と加重暴行と受刑者数との関係を示した表である。これを見ると驚くべきことがわかってくる。

〈加重暴行〉とは、「統計抄録」誌（このデータの出典である）の定義によると「殺人もしくは重大な身体的損傷を負わせることを目的とする暴行。銃、刃物、毒物、火炎、酸、爆発物その他の手段による」。また、「単純暴行は除外する」とされている。

つまり加重暴行率とは、アメリカ人が互いに殺しあおうとした事件の発生率を表しているのだが、これが信じられないほどの速さで増加しつつある。殺人事件の件数も加重暴行

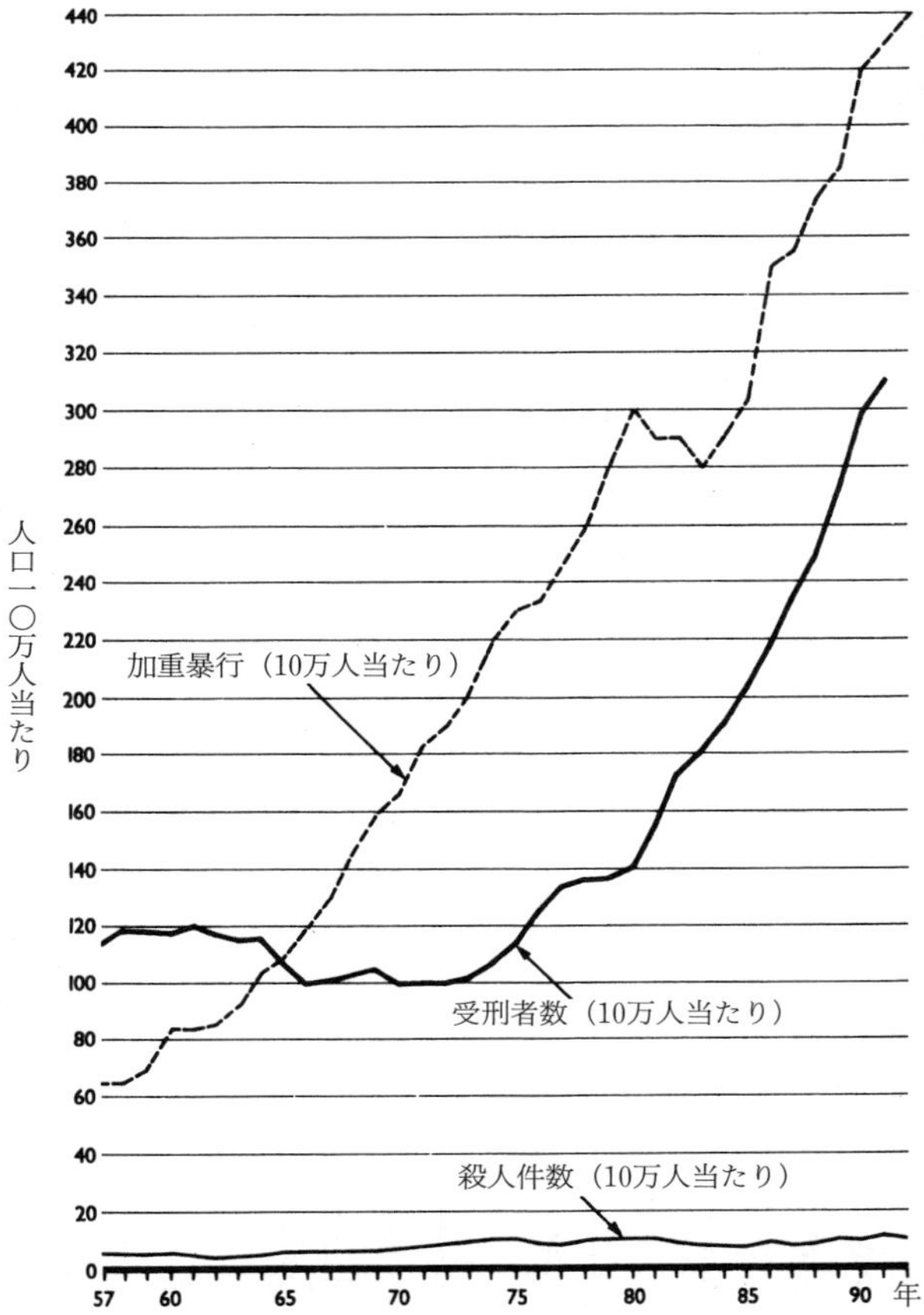

1957年以降のアメリカの加重暴行・殺人・受刑者数

と同じ割合で増加していたら大変なことだが、そうはなっていない。おもにふたつの要因が、大出血を抑える止血装置の役割を果たしているからである。ひとつは、総人口にたいする受刑者の割合が着実に増加していることだ。つまり暴力犯罪を起こしそうな者はすでに刑務所に入っているのである。アメリカの受刑者数は、一九七五年以来四倍に増加している(二〇万そこそこだったのが、九二年には八〇万をわずかに上回っている。一〇〇万近いアメリカ人が監獄に入っているのだ!)。プリンストン大学のジョン・J・ディユリオ教授は、こう明言している。「何十という信頼できる経験的分析によれば、……監獄の使用率の上昇が何百万という重犯罪の抑制に役立っていることは疑問の余地がない」。受刑者の割合がこれほど膨大でなかったら(世界の主要先進国中最高)、加重暴行と殺人の発生率はどちらもさらに高くなっていただろう。

殺人を未遂にとどめているもうひとつの要因は、医療の技術と方法論が着実に進歩していることだ。カリフォルニア大学のジェームズ・Q・ウィルスン教授の推計によれば、医療(とくに外傷および緊急医療)の水準が一九五七年と同じだったならば、殺人事件の発生率は三倍になっていただろうという。救急ヘリ、九一一のオペレーター、落下傘軍医、外傷センターは、つねに救命率を高めつづけている技術的・方法論的な改革のほんの一例にすぎない。犠牲者にたいする迅速かつ有効な対応、救出、治療こそが、殺人事件の発生率を現在のレベルに抑えている唯一決定的な要因なのである。これがなかったら、殺人の発生率は何倍にもなっていただろう。

八〇年から八三年にかけて、加重暴行の発生件数が落ち込んでいるのも興味深い現象だ。専門家のなかには、これはベビーブーム世代が成人に達し、アメリカ全体で高齢化が進んだためだと考え、今後暴力犯罪は減少しつづけるだろうと予想する者もいた。しかし、そうはならなかった。たしかに、アメリカ社会の高齢化は暴力犯罪を減少させる原因にはなっているのだろう。だがいまから考えると、この急激な落ち込みのおもな原因は、この時期に受刑者の割合が急激に上昇したことだったのかもしれない。

だが統計学者の予測によれば、ベビーブーム世代の子供たちが十代の子供を持つころには、この高齢化社会はふたたび若返るだろうという。総人口にたいして上昇しつづける受刑者率を、アメリカはいったいいつまで支えきれるだろうか。医療技術の進歩は、いつまで加重暴行の増加に追いついていけるだろうか。

鏡の国のアリスではないが、全力で走っていなければ、私たちはいまいる場所にとどまることもできないのだ。とてつもなく高い受刑者率を維持し、医学の進歩をけんめいに応用すること、このふたつの技術的な止血装置のおかげで、氾濫する暴力のなかにあってアメリカは失血死をまぬがれている。しかしこれでは、根本的原因は放置したまま、その問題の症状に対処しているだけだ。

問題の原因——国の安全装置を解除する

全人類はいま墓場の縁で踊っている。それは、いま私たちが生きているのと同じくらいたしかなことだ。……

現在のジレンマをたんなる戦争技術のせいにするとしたら、これ以上安易で危険な過ちはない。……真に注目すべきなのは、戦争にたいする考えかた、戦争の使いかたなのである。

グウィン・ダイア「戦争」

アメリカ社会にこの暴力の蔓延をもたらした根本原因は、いったいなんなのだろうか。戦闘での殺人について学んだことを応用すれば、平和な時代の暴力を抑制し、コントロールするための貴重な教訓が得られるかもしれない。ベトナムで青年期の徴募兵に殺人をさせるために軍がたくみに用いたプロセス、それと同じプロセスが、この国の一般市民に無差別に適用されているということがあるだろうか。

暴力を可能にするプロセスには、おもに三つの心理学的プロセスが作用している。古典的条件づけ（パブロフの犬）、オペラント条件づけ（B・F・スキナーのラット）、そして社会的学習における代理役割モデルの観察・模倣である。

全国の映画館や家庭のテレビの前で、いわば逆「時計じかけのオレンジ」式の古典的条件づけが行われている。若者たちは人間の恐ろしい苦しみや殺害の様子をことこまかに見せられる。そして、娯楽や快楽、お気に入りのソフトドリンク、キャンディバー、恋人との親密な接触と、画面上の苦しみや殺人とを関連づけることを学習するのである。

現代の軍隊は、飛び出す標的とすばやいフィードバックによって兵士の訓練を行っているが、現代の子供たちが遊んでいる対話型テレビゲームには、それとまったく同じオペラント条件づけの射撃場を見いだすことができる。しかし、青年期のベトナム帰還兵には、権威者に命令された場合にのみ発砲するように刺激の識別装置が組み込まれていた。テレビゲームで遊ぶ若者たちの場合、その条件づけにはそんな安全装置はまったく組み込まれていない。

三つめの社会的学習は、子供たちが代理役割モデルの観察と模倣を学習するときに行われている。だが、その代理役割モデルは、まったく新しい種類の刺激的なモデルである。すなわち、果てしなく再生産される「十三日の金曜日」や「エルム街の悪夢」のジェイソンやフレディたちであり、その他のおぞましいサディスティックな殺人者たちの群れなのだ。もっと古典的なヒーロー、たとえば法の番人である原型的な警察官でさえ、今日では情け容赦のない情緒不安定な男として描かれ、法の枠外で私的に制裁を加えている始末だ。

ここにはさらに多くの要因が関わっている。これは複雑で相互作用的なプロセスであり、戦闘での殺人を可能にするあらゆる要因が含まれている。暴力団のボスやメンバーは暴力行為、ときには殺人行為さえも要求し、個人の責任を分散させる。暴力団への加入、家族や宗教的きずなのゆるみ、人種差別、階級の差、容易に手に入る武器といった要因が、殺

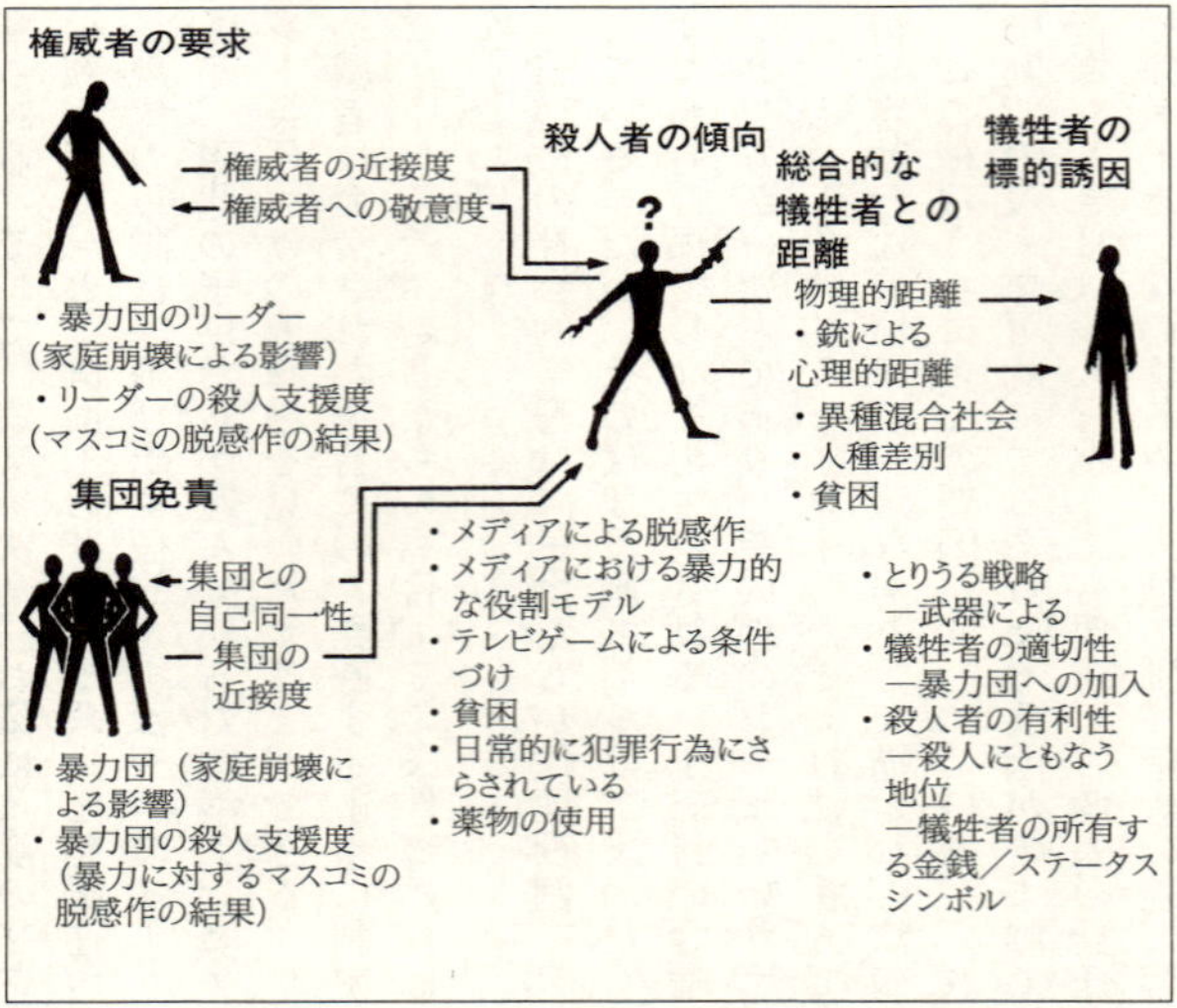
権威者の要求
権威者の近接度
権威者への敬意度
・暴力団のリーダー
(家庭崩壊による影響)
・リーダーの殺人支援度
(マスコミの脱感作の結果)
集団免責
集団との
自己同一性
集団の
近接度
・暴力団(家庭崩壊による影響)
・暴力団の殺人支援度
(暴力に対するマスコミの脱感作の結果)
殺人者の傾向
?
・メディアによる脱感作
・メディアにおける暴力的な役割モデル
・テレビゲームによる条件づけ
・貧困
・日常的に犯罪行為にさらされている
・薬物の使用
総合的な
犠牲者との
距離
物理的距離
・銃による
心理的距離
・異種混合社会
・人種差別
・貧困
犠牲者の
標的誘因
・とりうる戦略
―武器による
・犠牲者の適切性
―暴力団への加入
・殺人者の有利性
―殺人にともなう地位
―犠牲者の所有する金銭/ステータスシンボル

人者と犠牲者のあいだにさまざまな形で現実的・心理的距離を生み出す。先に見た殺人を可能にする要因のモデルをここでもういちどふりかえり、それを一般社会での殺人に当てはめてみよう。そうすれば、これらの要因すべてがどのように相互に作用しあって、アメリカでの暴力を可能にしているかがわかってくるはずだ。

これらの要因はすべて重要である。麻薬、暴力団、貧困、人種差別、そして銃という要因は、現代社会に暴力事件が急増するプロセスにおいて、すべて重要な役割を果たしている。だが、戦闘でも薬物（アルコールなど）がつねに使われてきたように、薬物は最近になって急に出現したわけではない。戦闘がつねに組織された軍隊によって行われてきたように、暴力団も昔からずっと存在していた。戦闘でプロパガンダや階級差別や人種差別がつねに操作されてきたように、貧困も人種差別も昔からアメリカ社会の一部だった（現代よりもはるかに大きな一部だった時代も多い）。そしてアメリカの戦争につねに銃が存在したように、銃はアメリカ社会に昔から変わらず存在していた。

五〇年代から六〇年代にかけて、ハイスクールの生徒たちは学校にナイフを持ってきたものだが、今日では二二口径を持ってくる。だが二二口径は、たいていどんな時代にも家庭にあったものだ。新しい武器が次々に登場するいっぽうで、一五分も弓のこを使えば、どんな双銃身の散弾銃からでもピストルぐらい作れる。接近戦なら、ピストルは世界中のどんな武器にも劣らず有効である。一〇〇年前もそうだったし、それは今日も変わらない。

いまアメリカが問うべきなのは、銃の出どころではない。銃は家庭にあったのであり、昔からずっと使おうと思えば使えたのだ。あるいは、麻薬文化のおかげで街で買えるようになったのかもしれない。違法な薬物を売りさばく者は、違法な銃器も平気で売りさばくものだ。ともかくいま問われるべきなのは、親たちが持ってゆかなかった銃を、なぜいまの子供たちは学校に持ってゆくのか、という問題なのである。この問題の答えはおそらくこういうことだ。現代戦での殺人、そして現代アメリカ社会での殺人、それに絶対に欠かせない、新しくて異質なきわめて重要な要素のせいだ。つまり、同種の生物に暴力的に被害を及ぼすことへの抑制、健全な個人がみな備えていて、太古の昔から伝わる心理的な抑制が、いま体系的なプロセスによって破壊されつつあるということだ。銃の安全装置をはずすように、確実に、簡単に、私たちは国民の安全装置をはずそうとしているのではないだろうか。安全装置がはずれたら、その結果は銃でも国民でも同じなのではないだろうか。

八五年から九一年にかけて、一五〜一九歳の男子のうち殺人事件を起こした者の割合は一五四パーセント上昇した。医療技術は質量ともに向上しつづけているのに、一五歳から一九歳の男子では殺人は死因の第二位を占める。黒人男子に限れば第一位だ。このデータを報じるAP通信（米国連合通信社）の記事には、こんな見出しがついていた――「わが国の十代は殺しあいで全滅する」。今回にかぎっては、マスコミにありがちな誇張とは言えない。

第二次大戦では、個々の兵士の発砲率は一五〜二〇パーセントだった。それがベトナムでは、脱感作、条件づけ、そして訓練の体系的プロセスによって、つねに九五パーセントもの高率を維持するまでになったのである。これとよく似た体系的な脱感作、条件づけ、代理学習というプロセスが、今日アメリカに疫病を解き放とうとしている。暴力というウイルス性の疫病を。

ベトナムで発砲率を四倍以上に高めるのに使われたのと同じ道具が、いま一般社会で広く使われているのだ。自分自身に、そして兵士たちに何をしてきたのか、軍はようやく理解し、受け入れはじめたばかりだ。兵士の生存と勝利のために利用するときでさえ、これらのメカニズムには慎重に対処しなければならない。とすれば、子供たちが同様のプロセスに無差別にさらされている現状を、私たちはいくら心配してもし足りないはずである。

第38章　映画に見る脱感作とパブロフの犬

声がかれるまで「殺せ、殺せ」とわめいた。銃剣と格闘訓練をしながらわめくのだ。行進しながらこんな歌を歌った。「空挺レンジャーになりたい……ベトコンを殺したい」。ハンティングをやめたのは一六歳のときだった。リスを撃ったせいだ。大きな優しい茶色の目でこちらを見上げるリスに、私はとどめを刺してやった。そのあと銃を掃除して、以来二度と使わなかった。一九六九年に徴兵されたとき、私は心もとない気分だった。ベトコンを憎む理由がなにもなかった。だが基礎訓練を終えたときには、いつでも殺してやるという気分になっていた。

ジャック（ベトナム帰還兵）

軍における古典的条件づけ

ワトスンの著書「精神の戦争」で暴露された事実のうち、とくに注目すべきは、合衆国政府が暗殺者の訓練に用いたという条件づけ技術の話である。一九七五年、海軍の精神科医で中佐の階級にあったナルート博士がワトスンに語ったところによれば、博士は合衆国政府の要請で条件づけ技術を開発したという。その目的は、古典的条件づけと社会的学習の方法論を用いて、軍の暗殺者が殺人への抵抗感を克服できるように訓練することだった。

ナルートによれば、ここで用いられているのは〈象徴的モデル化〉という手法である。これには「暴力的に人々が殺されたり傷つけられたりするさまを描いた、専用の映画が使われた。映画を通じて順応させることで、このような状況から自分の感情を切り離せるようになると考えられたのである」。

ナルートは続ける。「被験者は射撃訓練を受けたが、殺人に良心の呵責を覚えても抑えられるように、特殊な『時計じかけのオレンジ』式の訓練も同時に行われた。一連の身の毛もよだつ映画を見せるのだが、その映像はしだいに恐怖の度合いを増してゆくようになっている。被験者は、顔をそむけられないように頭を締め金で固定され、特殊な装置を使って瞼を閉じられないようにされていた」。心理学の用語で言えば、この段階的な抵抗感の除去は、体系的脱感作と呼ばれる一種の古典的（パブロフ的な）条件づけである。

映画「時計じかけのオレンジ」では、薬物の投与を通じてそのような条件づけが行われ、暴力への嫌悪感が植えつけられていた。つまり、暴力的な映画を見せながら薬物を投与して、吐き気と暴力行為とを関連づけたわけである。ナルート中佐による現実の訓練では、この吐き気を起こす薬は用いられず、逆に自然な嫌悪感を克服した者には報酬が与えられ、それによってスタンリー・キューブリックの映画とは正反対の効果を上げていたのである。政府はそのような事実はないと否定したが、ナルート中佐から暴力映画の注文を受けたと称する人物から、客観的な補強証拠を得ることができたとワトスンは主張している。のちに、ナルートの話はロンドンの「タイムズ」紙に掲載された。

現代式の戦闘訓練プログラムには殺人を可能にする技術がいくつか用いられているが、ここで忘れてならないのは、そのなかでも脱感作は欠かすことのできない要素だということである。本章の初めに引いたジャックの経験は、脱感作と殺人美化の一例であり、これはしだいに新兵の戦闘訓練に組み込まれるようになっていった。私は一九七四年に基礎訓練を受けたが、同じような歌を何度も歌ったものだ。いささか極端な例をあげると、ランニング用のこんな歌もあった（左足が地面を蹴るたびに強勢をおく）。

レイプするぞ、
ぶっ殺すぞ、
ぶんどって
焼き捨てて、
死んだ赤んぼを
食ってやる

さすがにこんな脱感作はもう認められなくなったが、何十年ものあいだ、これは重要な脱感作の方法として用いられており、基礎訓練において青年期の男子に暴力崇拝をたたき込む手段になっていたのである。

映画における古典的条件づけ

ナルート中佐の方法に効果がありそうだと思うなら、政府が兵士にそんなことをしようと考えたというだけで身の毛もよだつ思いがするなら、国じゅうの何百万という子供たちに同じことが行われているのをどうして放置していられるだろう。いまこの国では、まちがいなくそんな現象が起きているのである。子供たちが娯楽として観ている映像では、苦悶や暴力の描写がいよいよ生々しくなってゆくのに、社会はそれを黙認しているのだから。

最初は害のなさそうなマンガから始まり、成長するにつれて何千回何万回とテレビの暴力描写を目にすることになる。しかも、視聴率争奪戦のためにテレビの暴力のしきい値は着実に上昇している。ある年齢に達すると、子供たちはPG一三（一三歳以下は保護者の同伴が望ましい）に指定される映画を見るようになる。飛び散る血や、手足の切断や銃創がちらと映るていどの映画である。やがて両親は、怠慢あるいは良心的決定で、子供たちがR（成人向け）指定の映画を見るのを許可するようになる。このランクの映画では、ナイフが身体を貫き通すさまを生々しく描写したり、切断された手足から血がほとばしるさまや、銃弾が人体に命中して背後にどっと血や脳漿《のうしょう》が飛び散るさまを、長々と映し出すことが許される。

そして一七歳になると、少年はこのR指定の映画を（たいていはとっくに飽きるほど見ているが）合法的に見ることができるし、一八歳になったらR指定以上の映画も見られるようになる。この種の映画の描写はあまりにすさまじく、眼球をえぐり出すシーンでさえ大したことはないと思えるほどである。一七、八歳というのは順応性が高く、昔から軍が殺人という仕事をたたき込みはじめる年代だ。子供のころから体系的に脱感作をされてきたアメリカの若者は、そんな年頃にさらに暴力崇拝の次の一歩を踏み出すのである。

青年も成人も、陰惨でいよいよおぞましさを増す〈娯楽〉にどっぷり浸かっている。人喰い《カニバル》ハニバル（「羊たちの沈黙」に登場する殺人鬼）、ジェイソン、フレディなどのアンチヒーローたちは、不気味で不死身、明らかに邪悪な社会病質の犯罪者である。かつてのホラー映画のフランケンシュタインや狼男のような、奇怪で異教的な、人々に誤解される悪漢とはなんの共通点もない。昔の怪奇小説やホラー映画では、現実のものではあるが無意識的な恐怖は、神秘的で非現実的な怪物、たとえばドラキュラなどによって象徴され、また心臓に杭を打ち込むといった奇怪な方法で祓われていた。いっぽう現代のホラーでは、どこにでもいそうな隣人か、かかりつけの医師によく似た登場人物が恐怖を象徴しているのだ。重要なのは、人喰いハニバルもジェイソンもフレディも殺されず、まして祓われることもなく、くりかえしよみがえってくるということだ。

明らかに社会病質の殺人者が登場しない映画でさえ、罪もない犠牲者がおぞましい暴行を受ける生々しいシーンでいきなり始まる。これによって、復讐という暴力行為を正当化するのが常套手段になっているのだ。犠牲者はたいてい主人公となんらかのつながりがあって、それが主人公のその後の（同じく生々しく描かれる）私刑行為を正当化するわけである。

私たちの社会は、世代をとわず全アメリカ人に殺人能力を与える強力な処方箋を手にしているのだ。映画製作者、監督、俳優は、想像を絶するほど暴力的で陰惨でおぞましい映画をつくって莫大な収入を得ている。罪のない男女や子供たちが刺され、撃たれ、虐待され、拷問されるさまが微に入り細をうがって描写される映画。そんな暴力的であると同時に娯楽でもある映画を、（一般に）青年期にある観客が、キャンディだのソフトドリンクだのを口にしながら、仲間たちといっしょに、あるいは恋人と身を寄せ合って観ている。ここで理解しなければならないのは、若者たちはいま観ている映像と、いま得ている報酬との関連づけを学習しているということだ。

凄惨な場面に目をつぶったり視線をそらしたりすれば、強力な集団のプロセスによって軽蔑されあなどられることになりやすい。暴力を目の当たりにしてもびくともしないというハリウッドの価値観を体現している者は、青年期の同輩たちのグループでは尊敬と賞賛という報酬を得る。結果として、多くの観客は心理的な締め金で頭を固定され、社会的な圧力によって瞼を閉じることができなくなるのだ。

ウエスト・ポイント（陸軍士官学校）における心理学の講義で、私はこれらの映画とその影響をとりあげたことがある。そのとき、罪もない若い犠牲者がとくにおぞましい方法で殺される場面で、観客はどんな反応を示したかと私は学生にくりかえし質問した。そしてそのたびに、「やんやの喝采だった」という答えが戻ってくる。その有害な本質を社会はいま否認している状態だが、じつはこの現象は大きな影響を及ぼしているのである。

「時計じかけのオレンジ」や政府の取るに足りない努力など、効率の面でも質的な面でも範囲の面でも、その影響力は遠く及ばない。ナルート中佐でさえ夢にも見られなかったほどに、市民を殺人のために脱感作し、条件づけするという仕事を社会は首尾よく進めている。権威者にも犠牲者の性質にもまったく左右されない、暗殺者と殺人者の世代。そんな世代を育てることを最初から明確に意図していたとしても、これ以上にうまくやる方法はちょっと思いつかない。

ビデオショップのホラーコーナーでは、むきだしの乳房（血が流れていることが多い）やえぐられた眼窩、手足を切断された身体などの写真がいつでも見られる。地味なカバーのかかった成人指定の映画は、一般に多くのビデオショップでは扱っていないし、かりに扱っていても未成年者お断りの別室に置かれている。それなのに、ホラービデオは子供でも見られるところに並べてあるのだ。生きた女性の乳房なら見せてはいけないが、切り刻まれた死体の乳房なら見せてもいいというのだろうか。

ムッソリーニとその愛人が公開処刑されて逆さ吊りにされたとき、愛人のドレスがめくれて脚と下着が丸見えになった。すると、野次馬のなかからひとりの女性が進み出て、慎み深くも遺体のドレスを両脚のあいだにたくしこんだという。こうして亡くなった女性への敬意を表したのである。死に値する罪を犯していたとしても、死んだあとまでこれほどの辱めを受けるいわれはないと考えられたのだ。

死の尊厳にたいするこんなたしなみを、私たちはどこで失ってしまったのだろう。どうしてこれほど無感覚になってしまったのだろうか。

その答えはこうだ――社会全体が、他者の痛みや苦しみに対して体系的な脱感作を行っているのである。タブロイド紙やセンセーショナルなテレビ番組がさかんに犠牲者の話を伝えているのだから、人は他者の苦しみに過度に敏感になっているはずだと思うかもしれない。だが現実には、人々はそんな問題に無感覚になり、とるに足りないことと考えるようになってゆくのだ。だから、しだいにすれてくる読者や視聴者を満足させるために、新聞やテレビはいっそう陰惨なニュースを見つけなければならなくなる。

現代人はすでに脱感作による無感覚の段階にまで達しようとしている。ここでは痛みや苦しみを与えることが娯楽のもとになり、嫌悪感どころか代理満足をもたらしている。私たちは殺人を学習し、殺人を好きになることを学習しているのである。

第39章 B・F・スキナーのラットとゲームセンターでのオペラント条件づけ

基礎訓練キャンプで個人戦の訓練を受けたとき、待ち伏せに出くわしたらとにかく右向け右だと言われた。銃弾がどっちから飛んできたって関係なく、いっせいに右か左を向いて突撃しろっていうんだ。おれは言った。「そんなばかな。おれはぜったいにそんなことはしないね。ばかばかしい」。

初めて銃撃にあったのは、ラオスのビューティ・キャニオン作戦で第一〇四四丘陵に行ったときだが、そのとき無意識にそうしていた。いま何時かなと思うとすぐに腕時計に目をやるみたいに。みんなで右向け右をして、丘に突撃をかけたんだ。その丘っていうのは、コンクリートで掩蔽壕が作ってあって、機関銃やオートマティック銃で武装した要塞だったんだが、おれたちはそこを占領した。そして殺した。この突撃でたぶん北ベトナム兵を三五人ぐらい殺したと思う。こっちが失ったのはたった三人だった。……わかるだろう、教わったことなんて、実際に役に立つときがくるまで忘れてる。だけど、頭のどこかに残ってるんだ。車を運転してて、赤信号を見たらどうする？　それとおんなじで、頭のどこかに残ってて無意識に反応するんだ。

ベトナム帰還兵

グウィン・ダイア「戦争」より引用

軍における殺人者の条件づけ

世界の主要な軍隊の訓練基地で、国家は若者を殺人者に作りかえるために戦っている。しかし、兵士の精神をめぐるこの〈戦い〉は最初から不平等だ。軍のほうは何千年もかけて技術を磨いてきているのに、その対戦相手は二〇年足らずの人生経験しかないのだから。全員が志願兵からなる今日のアメリカ軍ではとくにそうだが、これは基本的にはどこも曲がったところのない、昔ながらの互恵的なプロセスである。兵士は自分がなにに参加しようとしているか直観的に理解し、たいていは「ゲームに参加する」ことで、そして自分の個性や青年期の熱狂を抑制することで協力しようとする。これに対して軍のほうは、兵士が戦場で敵を殺して生き残れるように、国家の資源と技術を組織的に用いて訓練と装備を与えるのだ。現代のほとんどの軍隊が武装部隊にほどこしている訓練は、革新的なオペラント条件づけを伝統的な訓練法に組み込んだ、まったく新しいレベルの訓練である。

オペラント条件づけは、古典的な条件づけより高度な学習形式である。これはB・F・スキナーが提唱した方法だが、オペラント条件づけと聞けば、たいていの人はハトやラットを使った学習実験を思い出すだろう。レバーを押せば餌が出ると学習するスキナー・ボックスのラット、というおなじみのイメージは、この分野におけるスキナーの研究に由来している。スキナーは人格の発達に関するフロイト派の人間主義的な学説を否定し、人間の行動はすべて過去の報酬と懲罰の結果であると主張した。B・F・スキナーにとって、子供はタブラ・ラサつまり〈何も書かれていない石板〉であり、相応の早い時期に子供の環境をじゅうぶんにコントロールできれば、どんなものにでも作り上げることができるのである。

現代の兵士はもう丸い的を撃ちはしない。指定された射撃コース内で、飛び出してはすぐに引っ込む人型の的を撃っている。兵士は的をとらえるのにほんの一瞬の間しかないことを学習し、正しく反応できれば的が倒れて、その行動はただちに強化される。一定数の的を倒すことができたら、二級射手の記章が与えられて、たいていは三日間の外出許可がつく。ライフル射撃場でこのような訓練を受けたあとは、自発運動と呼ばれる無意識的な条件反射が身につき、適切な刺激が与えられれば望ましい反応をとるように条件づけられる。単純で基本的な当たり前のことのように思えるかもしれない。しかし、第二次大戦で一五から二〇パーセントだった発砲率をベトナムで九〇から九五パーセントまで引き上げた訓練法、その方法論の決め手になった要素のひとつはこのプロセスだったのだ。そのことを示す証拠がちゃんと存在するのである。

ゲームセンターでの条件づけ

ゲームセンターでは、子供たちは口をぽかんと開けて立ち、しかし機関銃の向こうの画面を一心に見つめて、そこに飛び出す電子の標的を撃つのに熱中している。引金を引けば手の中で武器が振動し、けたたましい音を立てて銃弾が飛び出す。狙った〈敵〉に命中すればばったりと倒れ、血や肉の破片が盛大に飛び散る。

同じく殺人を可能にするプロセスではあるが、ゲームセンターで行われていることと軍で行われていることには重要な違いがある。軍では対象が敵兵にしぼられており、しかも権威者の命令にかならず従うよう徹底的にたたき込まれるということだ。しかし、これらの安全装置があっても、こんな暴力的な世代から軍隊をつくるのでは、将来ミライ村の虐殺がくりかえされる危険は無視できない。だから、『殺人と残虐行為』の部で見たように、将来の戦闘の際に部隊の暴力をコントロールし、抑制し、方向づけするためにアメリカの軍隊はさまざまな手段をとっている。だが、子供たちが戦闘訓練をしているテレビゲームには、誤った的を撃っても本物の罰則などなにもないのである。

テレビゲームはすべてよくないと言っているわけではない。テレビゲームは対話型の媒体だ。試行錯誤や系統的な問題解決能力を養い、ものごとを計画し、位置関係を把握することを教え、満足は簡単には得られないことを教える。近所の子供たちといっしょにテレビゲームに興じている子供たちを見ればわかる。映画やコメディ番組などお定まりのコースをへて成長してきた親たちにとって、子供が何時間もぶっ続けで「マリオ・ブラザーズ」をしているのを見るのはあまり愉快ではないかもしれないが、まさにそれが肝心なところなのだ。子供たちは遊びながら問題を解決し、わざとあいまいでわかりにくくされている命令をクリアしていく。戦略をとっかえひっかえし、ルートを覚え、位置関係を把握する。ついにゲームに勝ったという満足を得るために、何時間も真剣に努力するのだ。なにしろそのあいだはコマーシャルがない。甘いお菓子や暴力的なおもちゃにそそられることもなく、まともな靴や服を着けていない者は社会的な落伍者だというメッセージにさらされることもない。

本を読んだり運動したり、外で遊んで本物の現実世界と交わってほしいと親は思うかもしれないが、たいていのテレビ番組にくらべれば、テレビゲームのほうがはるかに好ましい。しかし、テレビゲームはまた暴力を教える絶好の手段ともなりうる。現代兵士の発砲率を四倍以上に高めたのと同じフォーマットで、暴力をパッケージすることができるのである。

暴力を可能にするというのは、お化けの頭を叩いてやっつけるようなテレビゲームのことではない。剣士や弓兵を動かして怪物を退治するようなものでもない。暴力を促進するゲームに非常に近いのは、ジョイスティックで画面上の照準を操作して、飛び出してきてこちらに発砲する悪漢を殺すようなゲームである。明らかに暴力を促進すると言えるのは、実際に手に武器を持ち、画面に現れる人間型の標的に発砲する種類のゲームである。この種のゲームには家庭でもできるものもあるが、たいていはゲームセンターに置かれている。リアリズムと暴力促進の程度とのあいだには直接的な関係がある。もっともリアルなのは、敵を撃ったときに大量の血糊が飛び散るようなゲームである。

また、これとは非常に異なるタイプとして、西部劇型のゲームがある。大きな画面の前に立ち、画面に登場する〈無法者〉の画像に向かってピストルを発砲するというものだ。

これはまさしく、発砲タイミング訓練プログラムそのものだ。FBIで設計され、警察が銃を発砲できるように全国の警察で使われているプログラムである。

この発砲タイミング訓練プログラムが導入されたのは、二〇年近く前のことだ。暴力犯罪がエスカレートして、実際の戦闘状況で警察官が発砲をためらって殺害される例が増えたためである。言うまでもないが、これもまたオペラント条件づけの一種であって、法の執行官だけでなく罪のない部外者の命を守るのにも効果をあげてきた。このプログラムでは、不適切な状況で発砲すると厳しい罰則が課せられるからである。つまり、これは警官の攻撃を促進するだけでなく、抑制するうえでも有効に働いたわけである。しかし、ゲームセンターにある同種のゲームには、暴力を抑制する罰則などはない。ただひたすら促進するばかりなのである。

だが、恐ろしいのはこれからだ。映画の暴力描写や死の描写はどんどんリアルになってゆくが、テレビゲームも例外ではない。仮想現実《バーチャルリアリティ》の時代が始まりつつあるのだ。ヘルメットをかぶれば目の前に画像が見える。頭を動かせば画像は変化し、まるで画面のなかの世界にいるような錯覚を覚える。手に持った銃で周囲に飛び出す敵を撃ったり、剣をふりまわして周囲の敵を切ったり突いたりすることもできる。

「未来の衝撃」の著者アルヴィン・トフラーはこう述べている。「このリアリティの操作技術によって、エキサイティングなゲームや娯楽が誕生するかもしれない。しかし、そんな娯楽はバーチャルリアリティではなくて、偽のリアリティを生み出すだけだ。どこがごまかされているのかわからないのだから、どんな社会も許容できないほどに人々の不信と疑惑は高まるだろう」。この〈偽の現実〉が登場すれば、人気の暴力映画の流血や暴力をそっくり複製することがついに可能になる。いま現在、映画スターであるとか、殺人者であるとか、何千もの犠牲者を殺した犯人だという人には必要ないだろうが。

B・F・スキナーは、オペラント条件づけを用いれば、どんな子供でも思いのままの人間に仕立てることができると考えた。そしてベトナムで、アメリカ軍はスキナーが少なくとも部分的には正しかったことを実証した。オペラント条件づけによって、世界にかつて例のない効果的な戦闘集団を生み出すことに成功したのだ。アメリカはいま、そのスキナーの方法論を用いて、途方もなく暴力的な社会を作ることに血道をあげているのではないだろうか。

第40章　メディアにおける社会的学習と役割モデル

基礎教練キャンプの目的は、新兵のそれまでの考えかたや信念をすべて土台から突き崩し、市民としての価値観を突き崩し、自己イメージを変化させること——すなわち、完全に軍隊組織に従属させることである。

ベン・シャリット「抗争と戦闘の心理学」

古典的（パブロフ派の）条件づけはミミズにも応用できるし、（スキナー派の）オペラント条件づけはラットやハトにも行うことができる。しかし、このほかに第三レベルの学習が存在する。これはほとんど霊長類と人間にしかできないもので、社会的学習と呼ばれている。

この第三レベルの学習のうちもっとも効果的なのは、基本的に役割モデルの観察と模倣を中心とする学習法である。オペラント条件づけとはちがい、学習効果を引き出すために学習者に直接的な強化を行うことはかならずしも必要でない。社会的学習で重要なのは、役割モデルに必要とされる性格を理解し、それに基づいて特定の個人を役割モデルとして選択することである。

特定の人物が望ましい役割モデルになっていくプロセスは次のようである。

・代理強化――役割モデルが強化されるのを見て、自分もそれを代理的に経験する。
・学習者との類似性――重要な特性において、役割モデルに自分と似たところがあることを認める。
・社会的影響力――役割モデルには報酬を与える力がある（ただし、つねに与えるとはかぎらない）。
・ステータスへの羨望――役割モデルが他者から報酬を受けるのを見て羨ましいと思う。

これらのプロセスを分析すれば、軍の訓練における練兵係軍曹の役割が理解しやすくなるだろう。練兵係軍曹は、暴力を可能にするプロセスで役割モデルとしての役割を果たしているのである。また、アメリカの若者のあいだで、新しいタイプの暴力的な役割モデルがこれほどもてはやされる理由も、これによってわかってくるはずである。

基礎訓練における暴力、役割モデル、練兵係軍曹

たったいまから私が諸君の母であり、父であり、姉であり、また兄でもある。最良の友であり、最悪の敵である。朝は起こしに来るし、夜は寝かしつけに来る。私が「カエル」と言ったら跳ねなければいかんし、「糞をたれろ」と言ったら「何色の？」以外の

質問はしてはならん。わかったか？

練兵係軍曹G

カリフォルニア州フォート・オードにて　一九七四年

目を閉じれば、かつて世話になった練兵係軍曹の姿がありありと浮かんでくる。古参兵ならだれでもそうだと思う。長い人生で、一〇〇人もの上司、教師、教授、指導係、軍曹、将校にさまざまな指導を受けてきたが、一九七四年の寒い朝に出会った練兵係軍曹Gほど、私に強烈な影響を及ぼした人物はほかにひとりもいなかった。

兵士の攻撃性を養ううえで社会的学習がどんな役割を果たしているか、世界中の軍隊は昔から理解していた。そのための場が基礎訓練であり、道具が練兵係軍曹だった。練兵係軍曹は役割モデルである。究極の役割モデルだ。周到に選抜され、訓練されて、攻撃性と服従という兵士の美徳をたたき込む役割モデルとして養成されてきたのだ。非行少年や恵まれない環境で育った若者にとって、兵役は昔からつねにプラスの要因として働いてきたが、それもこの練兵係軍曹のおかげだった。

練兵係軍曹は、例外なく勲章持ちの古参兵である。新兵たちは、軍曹に与えられた名誉と顕彰を心からうらやみ、自分も欲しいと思っている。若き兵士を取り巻く新しい環境のなかでは、練兵係軍曹は絶大にして遍在する権威の持ち主であり、それが彼に社会的な影響力を与えている。また、訓練生たちとよく似ている。制服を着ているし、髪形も同じだし、命令に服従するし、やっていることも同じだ。ただ、ずっとうまくやってのける。

練兵係軍曹が教えるのは、身体的攻撃性は男らしさの真髄であり、暴力は兵士が戦場で直面する問題の効果的にして望ましい解決策だ、ということである。ただ、練兵係軍曹はまた服従をも教える。このことはぜひとも理解しておかねばならない。訓練の際、命令されていないときに一発でも殴ったり発砲したりすれば容赦しない。空砲を別の方向に向けたり、命令されていないときにこぶしを振り上げたりするだけでも、厳しい罰を食らうのだ。戦場で命令に従わない兵士を見逃す国などどこにもない。戦闘で命令に従わないことは、敗北と破滅への最も確実な道である。

これは数百年、おそらくは数千年も前から受け継がれてきたことで、兵士が戦闘で生き残り、命令に服従するために絶対必要なプロセスなのである。ベトナム時代、練兵係軍曹はかつてなかったほど熱烈に、殺人と暴力の栄光を新兵に吹き込んだ。それは意図的に、計算ずくで行われたことだった。軍隊が存在するかぎり、なんらかの形で適切な役割モデルを提供しつづけることは必要だ。息子たちや娘たちが将来の戦場で生き残るために、それは必要なことなのである。

役割モデル、映画、そして新種のヒーロー

このような〈感じやすい十代の心の操作〉が必要悪であり、戦闘員にかぎってやむをえず認められるものだとするならば、わが国の一般社会において、十代の若者にその操作が無差別に適用されている現状をどう考えればよいのか。なぜなら、今日の娯楽産業が提供

する役割モデルを通じて行われているのは、まさしくそういうことだからである。練兵係軍曹は、法と権威を遵守したうえでの攻撃性を教え、そのモデルになっている。それに対してハリウッドの新しい役割モデルが教える攻撃性には、遵法の抑制などかけらもない。練兵係軍曹の影響は絶大ではあっても一時的なものだ。ところが、メディアによる影響は一生つづく。積もり積もれば、練兵係軍曹より大きな影響を及ぼすこともじゅうぶんに考えられる。

この役割モデルのプロセスを通じて、映画が社会にマイナスの影響を及ぼすことがあるのは昔から知られていた。たとえば、映画「国民の創生」がもとでクー・クラックス・クランが復活したとまことしやかに喧伝された例もある。だが概して言えば、その黄金時代を通じて、ハリウッドは社会に害を及ぼす潜在的な可能性を直観的に理解し、社会にとってプラスとなる役割モデルを提供するよう責任をもって行動してきた。過去の戦争映画、西部劇、探偵映画のヒーローは、法の権威の下でのみ人を殺し、そうでない場合は罰せられたものだ。悪人が最後に暴力のおかげで栄えることはけっしてなく、犯した罪にたいして裁きを受けた。これらの映画が伝えるメッセージは単純明快である。人はみな法に支配されており、犯罪は引き合わず、暴力が認められるのは法の抑制に従う場合だけだということだ。法に従い、復讐への渇望を法の権威を通じて満たすことで、ヒーローは報われる。観客はヒーローと一体化し、ヒーローの強化を通じて代理強化される。そしてだれもが、公正で法の支配する世界の存在を感じながら、幸せな気分で映画館をあとにするのだ。

だが今日では、映画には新種のヒーローが登場する。法の外で行動するヒーローだ。復讐は、法よりも古く陰湿で、先祖返り的、原始的である。新しいアンチヒーローたちは、法の神でなく復讐の神に服従することで動機づけされ、また報われるように描かれている。アメリカ社会におけるこの新たな復讐崇拝のひとつの結実が、オクラホマ・シティの爆破事件である。テレビ画面という鏡をのぞけば、法の支配する社会から、暴力と用心棒と復讐の支配する社会へと退歩してゆく国民の姿がそこには映っている。

アメリカの警察がみずからの暴力を抑制できないように思えるなら、そして（ロドニー・キングとロサンゼルス警察のビデオテープを見て）人々が警察を恐れるようになるとしたら、その理由は娯楽産業のうちに見いだすことができる。役割モデルを見るがいい。警官たちがそれを見て育ってきた原型を見るがいい。クリント・イーストウッドのダーティ・ハリーは、法に縛られない新世代の警官の原型となった。ハリウッドの産んだこの新種の警官が、法よりも復讐を重視することで報われたとき、観客もまたその同じ行動によって代理的に報われたのである。

このような復讐に燃える無法の役割モデルを通じて、次々に観客に代理強化を与えることで、映画は社会をならしてゆき、ついには真に醜怪で社会病質的な新種の役割モデルを受け入れさせてしまうのだ。この新種の役割モデルの場合、その本質は残忍な殺人者であり、たいていは超自然的な能力を備えている。画面には、かれらが罪もない犠牲者を責めさいなみ、殺害するさまがまざまざと描き出される。

この種の映画では、犠牲者を犯罪者として描く努力はほとんどなされていない。犠牲者が俗物だとか、他者に社会的な侮辱を加えたとか（古典的なホラー映画「キャリー」がそのよい例だ。この映画は同じ型から作った何十という類似映画を生み出している）、あるいは観客層である若者に軽蔑されがちな社会集団や階級に属しているという理由で、その殺害を正当化することが一般に受け入れられているのである。これらの映画を観る観客は、実生活において自分を社会的に冷遇した者や、「なめた」（無礼な態度をとった）者を代理的に殺すことで強化されている。そして実生活では、法を無視して勝手に制裁を加えることを学習し、自分を「なめた」者に〈正義〉を行うことを学習した若者や暴力団が、アメリカの暴力をエスカレートさせてゆくのだ。

さらに低レベルの代理役割モデル、すなわち薬にしたいほどの正当な理由もなく人を殺す役割モデルも存在する。右に述べたような映画で脱感作された者のなかには、まったくなんの理由もなく人を殺す役割モデルを進んで受け入れる者も出てくる。ここでの代理強化は、いわゆる社会的蔑視にたいする復讐でさえない。たんに殺戮と苦痛そのものが目的であり、究極的にはそれによって力を得ることが目的である。

ここで注目したいのは、代理役割モデルが連鎖的にらせん状に下降してゆくということだ。出発点は、法の範囲内で殺すヒーローだった。それが道をたどるうちに、「死に値する」とわかっている犯罪者を殺すために法の外へ「出なければならなかった」役割モデルをいつしか受け入れはじめていた。その次は、青年期にありがちな、社会的蔑視への怒りを晴らすために人を殺す代理役割モデルを、ついにはまったくなんの理由も目的もなく人を殺すモデルを受け入れるようになっていったのである。

この道を一歩進むごとに、身内にひそむもっとも邪悪な空想の実現によって、私たちは代理強化されてきた。この新種の役割モデルは社会的な力ももっている。邪悪なもの、罰するに値するものとして描かれる社会において、自分のやりたいことをやる力である。こうした役割モデルは社会の規範を超越しており、それが大きな〈ステータス〉につながる。この新種の名士を崇拝するようになった一部の人間は、そのステータスをうらやむのだ。そして言うまでもなく、この役割モデルの怒りには学習者との類似性が見られる。軽視されたとき、また社会によって不法が働かれたと感じたとき、たいていの人間は怒りを感じるものだが、その怒りがとくに強烈なのは青年期である。

アメリカ社会において、離婚、十代の母親、片親家庭が増大していることは、しばしば注目され、また遺憾なこととされてきた。だが、この傾向にはあまり気づかれていない副作用がある。新種の暴力的な役割モデルに、子供たちが影響されやすくなるということだ。伝統的な核家族には安定した父親像があり、幼い少年にとってそれが役割モデルの役割を果たしている。だが、安定した男性像をもたずに成長する少年たちは、必死で役割モデルを捜し求める。そんな少年たちの生の空白を満たすのは、映画やテレビの提供する、強くたくましくステータスの高い役割モデルなのだ。社会は少年たちから父親を取り上げ、その代わりに新しい役割モデルを与えた。あらゆる状況を暴力で解決する役割モデルを。そのくせ、なぜアメリカの子供たちは昔より暴力的になっているのかと首をひねっているのである。

第41章　アメリカの再感作

本書全体を通じて、軍隊の訓練に関連する要因について見てきた。新兵は心理学的に順応性の高い年齢で募集される。敵とのあいだに心理的な距離を吹き込まれ、敵を憎み非人格化することを教え込まれる。権威者への畏怖と、集団の免責と圧力を学ぶ。だがこの時点ではまだ抵抗感があり、そう簡単に人は殺せない。空に向かって発砲し、非暴力的な仕事を見つけてそちらに没頭する。というわけで、このうえにまだ条件づけが必要なのだ。条件づけは驚くほどの効果を発揮するが、それには心理的な代償がともなう。

この最後の部では、戦場での殺人についてわかったことを応用して、アメリカ社会での殺人について理解を深めてきた。暴力的な映画の観客層は男女を問わず若者である。つまり、殺人という目的のために、もっとも教化しやすいと軍が考えてきたのと同じ世代ということだ。暴力的なテレビゲームは、人間に向けて銃を発砲するよう若者の回路を配線しなおす。娯楽産業は、軍とまったく同じやりかたで若者を条件づけしている。一般社会は、命がけで軍の訓練と条件づけの技術を猿まねしているのだ。

おまけに家庭は崩壊している。どの経済的階層をとっても、もう家庭には子供たちの指導者も相談相手も役割モデルも存在しない。子供たちは権威者を仲間のなかに探そうとする。場合によっては、暴力団を家族がわりにする子供も出てくる。

そのうえ、この社会には心理的距離をもたらす要因がある。人種や性などの溝は深まるいっぽうで、アメリカの社会は細かく分断されつつある。貧民街の住人は自分の街からほとんど外へ出ない。より大きな世界、大きな国は外国も同然なのだ。いっぽう中流・上流階級はまったく逆である。かれらは世界中どこでも旅するが、ただし貧民街は別だ。貧民街だけは慎重に避けて通る。この距離を維持するのはいともたやすいことだ。自家用車で移動し、郊外に住み、高級レストランで食事をするだけでいい。兵士は敵をけだものと見なし、〈グック〉と呼ぶよう教え込まれるのだから、それに比べたら穏健なものではあるが、距離があることはたしかである。

この社会に存在する唯一の接点はメディアである。だが、国民を結束させるようふるまうべきメディアは、逆に私たちを引き離す役にしか立っていない。暴力をふるうよう条件づけし、教育し、邪悪な本能を助長し、根深い恐怖を育てる暴力的なステレオタイプを国民に提供しているのだ。

アメリカは確実に破滅への道をたどっている。足を踏み入れてしまったこの陰惨で恐ろしい場所から、わが家に帰る道をどうしても見つけなければならない。

破滅への道

自然状態には、芸術もなく、文字もなく、社会もない。なにより恐ろしいのは、無惨な死の恐怖と危険がつねにつきまとうことだ。畜生同然の人間の生は、孤独で貧しく、あさましく、そして短い。

トマス・ホッブズ「リバイアサン」

ここまで、現代の超暴力的な映画や、それに匹敵するテレビゲームについて見てきたが、これらが一種の昇華作用を果たして暴力や戦争がなくなっていくと主張する者もいるだろう。〈昇華〉というのはジグムント・フロイトの造語で、社会に受け入れられない衝動や欲望を、社会的に望ましいものに振り向けるという意味である。イドという邪悪で受け入れがたい原動力を、崇高な目的に転用するわけだ。人体を切り裂きたいという欲求をもつ者は外科医になり、暴力に向かう反社会的な衝動をもつ者は、その衝動をスポーツや軍隊や法の執行に振り向けるわけである。しかし、映画を観ることは昇華にはならない。娯楽産業は、社会的に受容できる方向へのエネルギーの捌け口を提供するわけではない。それどころか、テレビや映画を受け身で観る際には、おおむねろくにエネルギーなど費やされはしない。社会的に受容できる、あるいは望ましいエネルギーの捌け口とはとても言えない。法の権威の外で人を殺したり、罪もない犠牲者を殺すことが社会的に望ましい行為になれば話は別だが——というのも、娯楽産業の歪んだ世界ではそういうことになっているからである。

テレビや映画の暴力が昇華の一形態であって、それが多少でも効果を発揮しているのなら、国民ひとりあたりの暴力事件の発生件数は減少するはずだ。ところが実際には、その昇華が作用しているはずの世代全体で、暴力事件の発生件数は七倍近くに昇っているのである。昇華ではないし、それどころか無害な娯楽ですらない。古典的条件づけ、オペラント条件づけ、社会的学習であり、そのすべてが社会全体の暴力化を目指しているのだ。

一九九二年のオリンピックで、このような競技会ではかつて見られなかった過度の反則と暴力と攻撃性をアメリカのホッケーチームが見せたとき、おかしいと思うべきだった。あるハイスクールのチアリーダーの母親が、そのチアリーダー・チームの娘のライバルを殺すために殺し屋を雇ったかどで有罪になったとき、オリンピック代表のフィギュアスケート選手の〈ボディガード〉が、ライバルを傷つけて蹴落とそうとしたとき、私たちは理解しはじめるべきだったのだ。この社会はいよいよ条件づけが進んでいる。ありとあらゆる問題を暴力で解決するよう、だれもが条件づけされつつある。

わが家へ帰る道——アメリカの再感作

男の力、男の支配、男らしさ、男の性欲、男の攻撃性は、生物学的に決定されたものではない。男たちは条件づけされているのだ。……条件づけは解消することができる。

男は変われるのだ。　キャサリン・イッツィン「ポルノグラフィ——女、暴力、市民的自由」ではどうすればいいのか。足を踏み入れてしまったこの陰惨で恐ろしい場所から、どうすればわが家に帰る道は見つけられるのか。

たぶん、そろそろアメリカの〈再感作〉を始めるときなのだ。

武器の所有と携帯の権利を保証する修正第二条を書いたとき、合衆国憲法の起草者たちは、〈武器〉の概念に都市を丸ごと蒸発させられる大量破壊兵器が含まれる日がくるとは夢にも思わなかっただろう。同様に、今世紀の末になるまで、言論の自由に大衆の条件づけと脱感作というメカニズムが含まれる日がくるとは想像もしなかったにちがいない。高性能爆薬の取り扱いを規制する必要性を、アメリカが初めて検討しはじめたのは一九三〇年代のことだ。今日では、もっとも過激な修正第二条の擁護者でさえ、高性能爆薬を満載したトラックだの、大砲だの神経ガスだの、あるいは核兵器だのを個人が所有する権利を擁護したりはしないだろう。それと同じように、修正第一条（言論の自由を保証する条項）の保証する権利に科学技術がもたらす影響について、そのために支払っている代償について、そろそろ社会は考え直す時期に来ているのではないだろうか。

猟刀やトマホーク（軽量の斧）や火打石式のライフルを規制する必要がないのと同じように、印刷物を取り締まる必要はない。しかし、印刷物や火打石銃を越える技術については、規制するだけのじゅうぶんな理由があるのではないだろうか。技術が進歩するほど規制の必要性は増大する。武器の分野で言えば爆発物や大砲や機関銃はそれにあたるし、突撃銃やピストルもそろそろ規制を考えるべきときだろう。メディア技術の分野で言えば、テレビや映画やテレビゲームの規制を考慮するときが来ているような気がする。

科学技術はさまざまな面で飛躍的に進歩し、社会における暴力の文脈を変化させている。今日の科学技術のおかげで、多種多様な娯楽が広く提供されるようになった。映画があり、テレビやビデオがあり、テレビゲーム、マルチメディア、対話型テレビ、専門雑誌、そしてインターネットもある。その結果、いまでは娯楽は個人的な行為になった。多くの場合は問題ない。だが、娯楽の個人化には、個人の病理を発現させ、悪化させ、維持する方向に働く潜在的な可能性もあり、事実そちらに作用する場合も多いのだ。アメリカには、言論の自由と武器携帯の権利を二〇〇年間守ってきた伝統がある。しかし、建国の父たちが合衆国憲法を書いたとき、これらの要因などまったく（ましてオペラント条件づけなど！）念頭になかったことはまちがいないところだ。

メディア批判で知られるマイクル・メドヴェッドは、なんらかの検閲制度（自己検閲または正式な法に基づく）がそのうちできるだろうと考えている。そしてまた、それはさほど悪いことでもないだろうと言う。その証拠として、ハリウッドに検閲制度があった時代はまた、「風と共に去りぬ」、「カサブランカ」などを産んだ高い芸術性の時代でもあったことを指摘している。サイモン・ジェンキンズはタイムズ紙の社説でこう述べている。

検閲は外からの規制であり、そのために忌み嫌われる。しかしこうした制裁規定は、安定を脅かす恐れがあるものに対し、共同体が示す自然な反応である。不純物の混入した食品であっても、危険な薬物、銃器、社会悪を誘発する映画であってもそれは同じだ。芸術家はみなそうだが、映画製作者はこのような制裁の免除を主張する。かれらは外から社会を眺めているからだ。しかし、その免除は条件つきであって無制限のものではない。取り消されることもありうるのだ。

だが、正規の検閲制度は再感作への道ではないと私は思う。将来には新たな法と法的規制の余地も生まれるかもしれないが、抑圧が別の抑圧によって完全に解消されることはありえない。今日のビデオ社会では、暴力を可能にする表現をすべて完全に弾圧するのはむずかしいだろう。しかし妥協点を見いだすことはできるかもしれない。それによって、お互いの権利を尊重しながら、国民のほとんどが望むような社会につながる道へ、立ち戻ることができるかもしれない。必要なのは検閲ではない。少なくとも、法的または立法的な意味での検閲ではないのだ。

修正第一条の保証する権利について、その解釈や適用法を変更しようというまじめな主張がなされているが、私はこれにはくみしない。しかし、儲けのために暴力を利用する者を（検閲ではなく）譴責すべきときが来ているとは思う。A・M・ローゼンタールはこう言っている。「その醜い人々を完全に拒絶しなければならない。許容せず、尊重しないことによって打ち負かさねばならない」。

いま気づかねばならないのは、この社会が悲惨な悪循環にからめとられているということだ。すべてのベクトルが内部に引き込まれ、暴力と破壊の輪はいよいよ狭まってゆく。

現在の暗い状態に続く道がそうだったように、再感作の処方は複雑で相互作用的である。銃器、薬物、貧困、暴力団、戦争、人種差別、性差別、そして核家族の崩壊は、人命を軽んじる方向に働く要因のほんの一部にすぎない。安楽死、中絶、死刑についての現在の論争が示しているように、生と死をめぐる倫理についていまの社会は割れている。程度に差はあるものの、これらの要因はすべて社会を破滅へ引き寄せる動きを助長する。犯罪に全面戦争をしかけるには、この要因をすべて考慮しなければならない。とはいえ、これはすべて昔から存在していたものばかりだ。今日の社会に新しい要因が作用しているとすれば、それは、第二次大戦時に一五～二〇パーセントだった発砲率を、ベトナムで九〇～九五パーセントまで引き上げたのと同じ要因だ。すなわち、メディアによる脱感作と殺人訓練なのである。

マイクル・メドヴェッドのことばを借りれば、テレビ番組の製作者はつねに不愉快なほど相いれない「ふたつの世界の両方から利益を得ようと」してきた。これはじつは新しい指摘でも深遠な指摘でもないのだが、テレビには人々の行為に影響を及ぼしたり、行動を変えさせる力はないとテレビ局は何年も前から主張してきた。それが本当なら、アメリカの主要な大企業は、いったいなんのために何十億ドルという大金を数秒から数分につぎ込んできたのか。それも何十年も前から。スポンサーに対しては、ここぞという時間に数秒使うだけで、アメリカ人の行動をコントロールして、汗水たらして得た金を使う気にさせられると力説し、ところが議会や監督官庁に対しては、視聴者の行動を変化させる力はないと言い張っている。感情的で険悪な状況に巻き込まれたときに人々がどう反応するか、それがテレビのせいで変化することはありえないというのだ。一九九四年現在、二〇〇を越える研究によって、テレビと暴力との関連性が実証されているにもかかわらずである。

圧倒的な量の科学的証拠がメディアの責任を示している。九四年三月、イギリスのノッティンガム大学で発達心理学部門の長を務めるエリザベス・ニューソン教授は、心理学者と小児科医ら二五名の署名つきの論文を発表した。

私たちの多くは、表現の自由というリベラルな理想を神聖視してきた。しかしいまでは、あまりにも無邪気すぎたと感じはじめている。これほど有害な表現が氾濫し、簡単に子供たちの目に触れるようになるとは予測もしなかった。これはまさに児童虐待である。このような表現が家庭に侵入するのを規制しなければならない。社会には子供たちを保護する責任がある。

〈有害ビデオ〉の販売の法的な規制を訴えることで、ニューソン教授らはイギリスに論争の嵐を巻き起こした。科学的研究に基づいて、メディアの暴力と暴力犯罪との関連性を信じる人々の戦列は日増しに膨れ上がっており、その戦列に公然と馳せ参じる科学者はひきもきらない。ニューソン教授らは、そのような科学者の一員として新たに名を連ねることになったのである。

「ザ・パブリック・インタレスト（公益）」誌の一九九三年春号で、ワシントン大学の疫学教授ブランドン・キャンタウォール博士は、この科学的な証拠の山を整理し、とくに強烈な説得力のあるデータをまとめて発表した。彼の論文の中心をなしているのは、カナダの僻地の孤立した共同体にテレビが導入されたときの影響、そして七五年に南アフリカで英語のテレビ放送が許可された——アフリカの言語を公用語とする政府によって、それまで禁じられていたのである——ときの影響である。どちらの場合も、子供たちによる暴力犯罪が著しく増加しているのだ。

キャンタウォールによれば、人間の示すほとんどの現象と同じく、攻撃的衝動の分布はベル形のカーブを描く。この場合、変化が起きたときに大きな影響が出るのはカーブの両端の部分であるという。

このような〈ベル形曲線〉分布の場合、その本来的な特徴として、平均上は小さな変化が両端では大きな変化を意味することになる。つまり、テレビの導入によって、人口の八パーセントで攻撃性が平均以下から平均以上に移行したとすれば、殺人事件の発生率は倍増することになるのだ。

統計的に見れば、人口の八パーセントというのは大した数値ではない。五パーセント未満の現象は統計的に意味があるとさえ考えられないのである。しかし社会から見れば、殺人事件が倍増するというのは一大事だ。キャンタウォールは次のように結論する。

証拠に基づいて判断するなら、テレビ技術の進歩がなかったとすれば、今日のアメリカで発生する殺人事件は年間一万件は少なかっただろう。強姦事件は七万件、傷害事件は七〇万件少なかったはずである。すなわち、凶悪犯罪はいまの半分だったという計算になる。

証拠はひたすらに圧倒的である。一九九三年、米国心理学会の暴力と青少年に関する委員会はこう結論している。「テレビで暴力シーンを視聴する頻度が高いほど、攻撃的態度を受容しやすくなり、攻撃的行動をとりやすくなる。この関連性には疑いの余地はまったくない」。

このような証拠を前にしては、メディアの暴力表現の魅力は色あせ、批判が高まるのはいずれは避けられないことだ。人間の生命と都市と文明を破壊する暴力犯罪の助長に対抗するために社会が立ち上がるとき、それは完全な自衛として行われることになるだろう。おそらくは近年の麻薬や煙草にたいする反対運動とほぼ同じ道筋、同じ理由で行われるはずである。

歴史を通じて、国家も企業も個人も、州権、生活圏、自由市場経済、憲法修正第一条、第二条などという一見すると崇高な理念を掲げて、自分の行為を覆い隠してきた。しかし、結局は自分の利益だけが目的であり、意図的か否かは別として、その結果として罪もない男女や子供が殺されているのである。みずからを〈煙草産業〉とか〈娯楽産業〉と称することでかれらは責任の分散に加担し、私たちはそれを許容している。しかし、かれらは究極には個人なのであり、同胞たる市民の破滅に関与するという不道徳な決断を下しているのはかれら個人なのである。

現代社会では、暴力の潮流は高まるいっぽうである。これをくい止めなければならない。暴力行為のひとつひとつがさらに大きな暴力を生み、ある一線を越えると魔物を壜に戻すことは二度とできなくなる。戦闘における殺人の研究で明らかになったように、戦闘で友や親族が死傷すると、敵を殺すのは容易になり、戦争犯罪も起こしやすくなる。暴力犯罪によって人がひとり殺されたり傷ついたりするたびに、それが友人や家族がさらなる暴力を引き起こす原因になってゆくのである。破壊行為はすべて、他者の自制をむしばんでゆく。暴力行為はすべて、社会の組織を浸食してゆく。癌のように全身に広がり自己増殖をくりかえして、恐怖と破壊の輪をしだいに広げてゆくのである。暴力という魔物は、現実には壜のなかに戻して閉じ込めることはできない。いまここで断ち切ることしかできないのだ。そうして初めて、治癒と再感作のゆるやかなプロセスが作用しはじめるのである。

不可能なことではない。過去に実例があるのだ。リチャード・ヘクラーが述べているように、暴力を可能にする技術が制限された前例はある。最初の例は古典時代のギリシアである。ペルシアの弓兵によって苦杯をきっしたあとでさえ、四世紀にもわたって弓矢を取り入れることを拒否してきたのだ。

また、ノエル・ペリンの「鉄砲を捨てた日本人」には、一五〇〇年代にポルトガルから鉄砲が伝わったのち、日本がいかにこれを禁止したかが語られている。火薬を戦争に使用すれば社会と文化が土台から脅かされるとすばやく見抜き、伝統的な生きかたを守るために積極的に手を打ったのである。封建時代の日本の将軍たちは、既存の銃をすべて破壊し、新しい銃砲の製造や輸入を死罪をもって禁じた。三世紀後、ペリー提督に開国を迫られたとき、日本には火器を製造する技術さえなくなっていた。同様に、火薬を発明した中国もそれを戦争では使用しないことを選んでいる。

しかし、殺人技術を制限した実例のうち、なにより励みになるのはすべて今世紀の例である。第一次大戦で毒ガスの使用という悲惨な体験をして以来、世界は毒ガスの使用を全般的に拒否している。大気圏内での核実験禁止条約は三〇年近く続いているし、衛星攻撃兵器の配備禁止は二〇年を経てなお強化されつづけている。アメリカも旧ソ連も、ここ一〇年にわたって核兵器の保有量を減らしてきている。大量破壊兵器を段階的に減少させてきたように、大量脱感作の具も段階的に減少させてゆけるはずだ。

ヘクラーが指摘するように、「ほとんど知られていないが、道義的見地から軍事力を縮小した一連の前例」が存在する。その前例が示しているのは、理解に至る道——すなわち、戦争を、殺人を、そして社会における人間の生命の価値をどう考えるか、その選択権は私たちが握っているのだという、その理解に至る道なのである。近年、人類はこの選択権を行使して、核による滅亡の瀬戸際から身を退いた。同様に、殺人を可能にする技術を社会から遠ざけることもできるはずだ。教育と理解が第一段階だ。そしてやがてはこの暗い時代を過去のものにして、いまよりも健全な社会、いまよりも自己についてよく知っている社会を作り上げることができるだろう。

だがそれに失敗すれば、残された可能性はふたつしかない。かつてのモンゴル帝国や第三帝国と同じ道をたどるか、レバノンやユーゴスラビアと同じ道をたどるかだ。次の世代も、またその次の世代も、同類たる人間の苦しみにたいしてますます脱感作されて育ってゆくなら、そのほかの可能性などありえない。私たちは、社会に安全装置を掛けなおさねばならないのである。

かつて理解したことのないことを理解しなければならない。すなわち、なぜ人は人と戦い殺すのかということ、だが等しく重要なのは、なぜ人は人を殺さないのかということだ。人間行動の理解という基盤のうえに立ってはじめて、それを変えられる見込みも出てくる。本書で私が訴えたかったのは、人間のうちには、自分自身の生命を危険にさらしても人を殺すことに抵抗しようとする力がある、ということだ。歴史に残るかぎりの昔から、その力はずっと人間のうちにあった。戦場でより効果的に敵を殺すことを目的に、社会がその構成員に殺人への抵抗を克服させようと努力してきた歴史、軍事史はそのように解釈することも可能である。

しかし生を希求する力、フロイトのいうエロスは、タナトスすなわち死の衝動と均衡している。すでに見てきたように、人間の歴史を通じて、そしていたるところに、このふたつの力のせめぎ合いを見ることができる。

どうすればタナトスを強化できるのか、ここまでその方法を見てきた。人間の心理的な安全装置は、銃のスイッチを〈安全位置〉から〈発砲位置〉へ切り換えるのと同じように簡単に外せることもわかった。私たちが理解しなければならないのは、心理的な安全装置とはどんなもので、どこに存在するのか、そしてどのように作用し、元通りに掛けなおすにはどうしたらいいのか、ということだ。それを明らかにするのが殺人学の目的であり、本書の目的でもあったのである。

訳者あとがき

ベトナム戦争に送り出された若者には、「条件づけ」とか「プログラミング」と呼べるような訓練がほどこされていた――そう聞いても、ことさら耳新しい話ではないと思う人もいるかもしれない。だが、第二次大戦までは一五～二〇パーセントの兵士しか敵に向かって発砲していなかったのに、ベトナムでは九〇パーセント以上が発砲するようになっていた、と聞いたらどうだろうか。本書では、「条件づけ」を取り入れた訓練がなぜこれほどの有効性を発揮したのか、心理学理論と豊富な体験談を基にしてわかりやすく説明されている。不気味なのはその「わかりやすさ」だ。そんな簡単なことだったのかと、むしろそのことにだれもがショックを覚えるのではないだろうか。

著者は「なぜ人は人を殺すのか」を問いながらも、「なぜ人は人を殺さないのか」という問いもそれに負けず劣らず重要だと再三にわたって述べている。同類である人間を殺すことにたいして、人間には強烈な抵抗感が生まれつき備わっているというのだ。そんなことはあたりまえじゃないかと思うだろうか。だがそのいっぽうで、戦場で兵士が敵を殺すのを私たちはあたりまえだと思っていないだろうか。その矛盾、その無意識の思い込みこそが現代社会の盲点であり、病弊の根源なのだという著者の指摘には、なにか虚を衝かれるような思いがする。

著者デーヴ・グロスマンは、心理学者にして歴史学者、そのうえたたき上げの軍人でもある。それも一兵卒をふりだしに下士官、将校と昇進し、いまは中佐としてアーカンソー州立大学で軍事学教授を務めている。おまけにレンジャー隊員や落下傘部隊員の資格までもっており、まさに最精鋭の実戦部隊に属してきた人なのだ。それこそ文武両道を地でいっているわけだが、本書はそんな著者だったからこそ書けた本だと言ってよいだろう。

ただ、軍人の書いた本というとどうしても色眼鏡で見られがちだ。しかし、本書は戦争賛美の書ではないし、かといって皮相な反戦の書でもない。戦争に兵士を送り出すとはどういうことなのか、そのために兵士を訓練するとはどういうことなのか。いままで正面切ってとりあげられることのなかったこの問いに、兵士の立場から（それも心理学と歴史学をふまえた兵士の立場から）答えようと試みた本、それが本書である。太平洋戦争の後遺症をいまなお引きずっている日本人にとって、これはとうてい他人事ではない。戦後に生まれ、戦後の教育を受けてきた者には、太平洋戦争は侵略戦争ではなかったと主張し、靖国神社を崇める人々の心情はどうしても理解しがたい。しかし、本書を読めば少なくともあるていどは理解できるのではないかと思う。著者も述べているように、理解することには大きな力がある。理解は問題解決の第一歩だ。その意味で、戦争を憎む人にも、必要悪として認める人にも、あるいは積極的に肯定する人にも、考えかたの違いを越えて読んでほしい一冊だ。

本書の訳出にあたっては、多田昌子氏にたいへんお世話になった。末尾ながら、この場を借りてお礼を申し上げたい。

一九九八年六月

安原和見

本書は一九九八年七月二一日、原書房より
『「人殺し」の心理学』として刊行されたものである。

ちくま学芸文庫

戦争《せんそう》における「人殺《ひとごろ》し」の心理《しんり》学《がく》

二〇〇四年五月十日　第　一　刷発行
二〇二四年十月十日　第二十六刷発行

著　者　デーヴ・グロスマン
訳　者　安原和見（やすはら・かずみ）
発行者　増田健史
発行所　株式会社　筑摩書房
東京都台東区蔵前二―五―三　〒一一一―八七五五
電話番号　〇三―五六八七―二六〇一（代表）
装幀者　安野光雅
印刷所　中央精版印刷株式会社
製本所　中央精版印刷株式会社

ISBN978-4-480-08859-8 C0111